水利工程建设与生态环境效应研究

程 鲲 岳本江 苏佳园 主 编

北京工业大学出版社

图书在版编目（CIP）数据

水利工程建设与生态环境效应研究 / 程鲲，岳本江，苏佳园主编. -- 北京：北京工业大学出版社，2024.12. -- ISBN 978-7-5639-8757-3

Ⅰ．TV-05；X171.4

中国国家版本馆CIP数据核字第2025NY4834号

水利工程建设与生态环境效应研究
SHUILI GONGCHENG JIANSHE YU SHENGTAI HUANJING XIAOYING YANJIU

主　　编：程　鲲　岳本江　苏佳园
责任编辑：付　存
封面设计：知更壹点
出版发行：北京工业大学出版社
（北京市朝阳区平乐园100号　邮编：100124）
010-67391722（传真）　bgdcbs@sina.com
经销单位：全国各地新华书店
承印单位：三河市南阳印刷有限公司
开　　本：787毫米×1092毫米　1/16
印　　张：17.5
字　　数：442千字
版　　次：2025年6月第1版
印　　次：2025年6月第1次印刷
标准书号：ISBN 978-7-5639-8757-3
定　　价：111.00元

版权所有　　翻印必究

（如发现印装质量问题，请寄本社发行部调换 010-67391106）

作者简介

程鲲，本科，毕业于华北水利水电大学，现任职于黄河水利委员会黄河上中游管理局，高级工程师职称。主要研究方向：水利工程及水土保持工程规划、设计、研究。

岳本江，博士研究生，毕业于中国科学院水利部水土保持研究所土壤学专业，现任职于黄河水利委员会黄河上中游管理局，高级工程师职称。主要研究方向：水利工程及水土保持工程规划、设计、研究。

苏佳园，硕士研究生，毕业于西北大学环境科学专业，现任职于黄河水利委员会晋陕蒙接壤地区水土保持监督局，高级工程师职称。主要研究方向：水利工程及水土保持工程规划、设计、研究和管理。

编委会

主　编　程　鲲　岳本江　苏佳园
副主编　程红刚　王　满　曹炜林

前　言

随着我国社会经济的不断发展，水利工程建设数量与规模不断扩大，在防洪、排涝、灌溉、供水、发电等方面为社会经济发展提供了重要保障。然而，水利工程建设对生态环境也造成了很大影响，如气温、降水、地质、土壤、水生生物、陆生生物、景观等。因此，水利工程建设过程中，需要充分考虑生态环境效应，采取科学合理的工程措施，减少对生态环境的负面影响，实现水利工程建设与生态环境的协调发展。基于此，本书通过对水利工程建设与生态环境效应展开研究，旨在为实现水利工程建设与生态环境保护的双赢局面提供理论支持和实践指导。

全书共10章。第一章为绪论，主要阐述了水利工程的建设与发展、水利工程建设项目的特点、水利工程建设的基本程序、水利工程建设的基本原则、水利工程建设与生态环境可持续发展等内容；第二章为水利工程的组成，主要阐述了防洪治河工程、取水枢纽工程、灌排工程、蓄泄水枢纽工程、给排水工程等内容；第三章为水利工程施工建设，主要阐述了水利工程施工导流、水利工程堤防施工、水利工程水闸施工、水利工程混凝土施工等内容；第四章为水利工程建设项目管理，主要阐述了水利工程建设项目管理的方法、水利工程建设项目管理的模式、水利工程建设项目管理的现代化等内容；第五章为水利工程建设施工管理，主要阐述了水利工程施工成本管理、水利工程施工进度管理、水利工程施工质量管理、水利工程施工安全管理、水利工程施工合同管理等内容；第六章为水利工程建设与生态环境的相互作用，主要阐述了水利工程与生态环境、水利工程建设对生态环境的影响等内容；第七章为水利工程建设生态环境效应的理论与功能，主要阐述了水利工程建设生态环境效应的理论、水利工程建设生态环境效应的功能等内容；第八章为水利工程建设对生态水文的效应，主要阐述了水电站建设对流域生态水文过程的影响、水利工程泥沙沉积及其生态效应、水利工程建设对水温的影响及其生态效应等内容；第九章为水利工程建设对陆域生态的效应，主要阐述了水利工程对生态系统的影响及评价、水利工程对水陆交错景观的生态效应评价、水利工程建设对库区景观的生态效应等内容；第十章为水利工程建设中的生态环境保护，主要阐述了水利工程建设中生态环境保护的要求、水利工程建设项目的水土保持管理、水利工程建设中生态环境保护的措施等内容。

程鲲统稿，并担任第一主编，负责编写第一章、第二章，共计11万字；岳本江担任第二主编，负责编写第四章、第六章、第七章，共计11万字；苏佳园担任第三主编，负责编写第九章、第十章，共计 10 万字；程红刚担任第一副主编，负责编写第三章，共计 4 万字；王满担任第二副主编，负责编写第五章，共计 4 万字；曹炜林担任第三副主编，负责编写第八章，共计 4 万字。

本书编写过程中，编者借鉴了许多前人的研究成果，在此表示衷心的感谢！并衷心期待这本书在读者的学习生活以及工作实践中结出丰硕的果实。

探索知识的道路是永无止境的，本书还存在着许多不足之处，恳请前辈、同行以及广大读者斧正，以便改进和提高。

编者

2024 年 8 月

目 录

第一章 绪论 ··· 1
    第一节 水利工程的建设与发展 ··· 1
    第二节 水利工程建设项目的特点 ··· 11
    第三节 水利工程建设的基本程序 ··· 13
    第四节 水利工程建设的基本原则 ··· 17
    第五节 水利工程建设与生态环境可持续发展 ····························· 20

第二章 水利工程的组成 ·· 26
    第一节 防洪治河工程 ·· 26
    第二节 取水枢纽工程 ·· 34
    第三节 灌排工程 ·· 38
    第四节 蓄泄水枢纽工程 ··· 48
    第五节 给排水工程 ··· 52

第三章 水利工程施工建设 ·· 62
    第一节 水利工程施工导流 ··· 62
    第二节 水利工程堤防施工 ··· 65
    第三节 水利工程水闸施工 ··· 72
    第四节 水利工程混凝土施工 ·· 80

第四章 水利工程建设项目管理 ··· 89
    第一节 水利工程建设项目的管理方法 ······································ 89
    第二节 水利工程建设项目的管理模式 ······································ 95
    第三节 水利工程建设项目的管理现代化 ·································· 103

第五章　水利工程建设施工管理 ... 112
第一节　水利工程施工成本管理 ... 112
第二节　水利工程施工进度管理 ... 119
第三节　水利工程施工质量管理 ... 124
第四节　水利工程施工安全管理 ... 134
第五节　水利工程施工合同管理 ... 140

第六章　水利工程建设与生态环境的相互作用 ... 145
第一节　水利工程与生态环境 ... 145
第二节　水利工程建设对生态环境的影响 ... 154

第七章　水利工程建设生态环境效应的理论与功能 ... 167
第一节　水利工程建设生态环境效应的理论 ... 167
第二节　水利工程建设生态环境效应的功能 ... 184

第八章　水利工程建设对生态水文的效应 ... 187
第一节　水电站建设对流域生态水文过程的影响 ... 187
第二节　水利工程泥沙沉积及其生态效应 ... 194
第三节　水利工程建设对水温的影响及其生态效应 ... 214

第九章　水利工程建设对陆域生态的效应 ... 218
第一节　水利工程对生态系统的影响及评价 ... 218
第二节　水利工程对水陆交错带景观的生态效应评价 ... 229
第三节　水利工程建设对库区景观的生态效应 ... 235

第十章　水利工程建设中的生态环境保护 ... 241
第一节　水利工程建设中生态环境保护的要求 ... 241
第二节　水利工程建设项目的水土保持管理 ... 252
第三节　水利工程建设中生态环境保护的措施 ... 259

参考文献 ... 266

第一章 绪论

水利工程是社会经济发展中不可或缺的组成部分，对于保障水资源的合理利用和生态环境的可持续发展具有重要意义。只有充分认识和理解水利工程建设项目的特点、基本程序、基本原则等，才能更好地推动水利工程建设的进程，实现资源的合理利用和生态环境的可持续发展，为人民群众创造更美好的生活环境。本章将从水利工程的建设与发展、水利工程建设项目的特点、水利工程建设的基本程序以及水利工程建设与生态环境可持续发展四个方面展开论述，旨在为后续的研究提供理论依据。

第一节 水利工程的建设与发展

一、我国古代水利工程建设成就

千百年来，百姓在水利资源的开发利用、洪水灾害的治理以及农田灌溉的发展等方面，进行了持续且大规模的水利工程建设。他们积累了丰富的经验，并成功建设了众多水利工程项目。大禹治水的故事便是其中的典范，他巧妙地结合堵塞与疏导的方法，成功治理了洪水，他的事迹更是被传为佳话，有"三过家门而不入"的美誉流传至今。我国古代的水利工程建设成果丰硕，以下将重点介绍几个具有代表性的工程。

（一）邗沟

邗沟，现今的里运河，在公元前486年开始修建，它位于江苏的扬州至淮阴段，巧妙地连接了长江与淮河两大水系。作为中华历史上第一条有确切记载的人工运河，邗沟不仅代表了古代劳动人民的卓越智慧，更是南北大运河的起源。其作为隋唐时期南北运河的重要组成部分，对于当时的南北水上交通具有至关重要的作用。邗沟在唐诗中被屡次提及，成了沟通南北的水运要道，在送别、行旅等主题的诗作中更是频繁出现，展现了它在历史上的重要地位。

邗沟沿线，津渡驿路繁忙异常，无论是旅程的起点、终点还是途中，都与这些重要的交通节点息息相关。在唐诗中，津渡水驿等地名常常被提及，它们不仅是简单的地点符号，更承载着诗人的情感和思绪。例如，在《汴路水驿》一诗中，"晚泊水边驿，柳塘初起风"，诗人通过描绘水驿周围的柳树和池塘，以及初起的风，营造出一种宁静而恬淡的氛围，寄托了自己的思乡之情。而在《津亭有怀》中，"津亭一望乡，淮海晚茫茫"，诗人则通过描写津亭远眺家乡的景象，以及淮海晚间的茫茫景象，表达了自己对家乡的深深思念。这些诗歌不仅展现了邗沟沿线的繁忙景象，更通过描绘周围风景，抒发了诗人的情感，赋予了这些津渡驿路更深厚的文化内涵。

唐诗之中，对于邗沟的开挖多有笔墨，主要聚焦在隋炀帝所主导的运河工程。秦韬玉曾言，"柳开河为胜游，堤前常使路人愁"，透露出了对隋炀帝的不满情绪。罗邺则言，"炀帝开河鬼亦悲，生民不独力空疲"。孙光宪也批评道，"太平天子，等闲游戏，疏河千里"。这些诗句都强烈地批评了隋炀帝的这一浩大工程。然而，皮日休却有着不同的观点，"应是天教开汴水，一千余里地无山"。他认为，运河的开通实际上造福了人民，带动了经济的发展。许棠则对隋炀帝的心思进行了揣测，"宁独为扬州，所思千里便"。他认为，隋炀帝开挖运河，或许有着更为深远的考虑，虽然过程中可能让百姓受苦，但这也是在权衡利弊之后做出的决策。这样的观点，似乎给隋炀帝的行为找到了一丝合理性。其实，运河的开挖本身并没有错，问题在于实施过程中是否真正考虑到了人民的利益。

（二）都江堰

都江堰坐落于四川省成都市，位于成都平原西部的岷江之滨，始建于公元前256年。这一伟大的水利工程是在蜀郡太守李冰的领导下，依托前人的基础，动员民众共同完成的。都江堰不仅是大禹治水和鳖灵治水的成果，更是中国古代劳动人民智慧和勤劳的集中体现。

公元前316年，秦惠文王成功统一了蜀国，使得饱受战乱之苦的民众对国家的统一充满了期待。此时，经过商鞅的变法改革，秦国涌现出一批杰出的君主和贤能的大臣，国力逐渐强盛。秦国高层深刻认识到巴蜀地区在统一中国的战略中占据的重要位置，认为控制蜀地即能掌握楚地，天下便可统一。因此，为了将蜀国打造成灭楚和最终统一天下的关键战略基地，秦国决定着手解决长期困扰蜀地的岷江水患问题。秦昭襄王在统治后期（大约公元前277年），任命了水利家李冰为蜀郡太守，负责领导这一重大的水利工程建设。李冰深受大禹治水和鳖灵治水智慧的启发，他巧妙地结合了地形和河势等自然条件，因势利导，因地制宜地设计了都江堰的渠首枢纽工程，其中包括了鱼嘴、飞沙堰和宝瓶口等关键部分。都江堰的完成不仅有效地解决了岷江的水患问题，更发挥了灌溉和防洪等多重功能。都江堰的修建使得成都平原焕发出勃勃生机，迅速崛起为物资丰富、百姓富足的天府之国。在都江堰的助力下，秦国凭借蜀郡所奠定的坚实物质基础，于公元前223年成功消灭楚国，最终在公元前221年实现了国家的统一。

（三）郑国渠

郑国渠的渠首工程坐落于泾河与关中平原的交汇处，海拔达到450 m，相较于咸阳段的渭河，它高出了约50 m。关中平原的北缘，位于山前的南倾冲洪积扇平原，整体上呈现出西北高、东南低的地势。郑国渠渠首位于泾河与北洛河之间的关中平原北缘，处于这个南倾冲洪积扇平原的西北方向相对较高的位置。因此，利用自流灌溉，它可以有效地覆盖泾河以东、北洛河以西的关中北山山前南倾冲洪积扇平原。在郑国渠渠首的张家山位置，其上游的流域面积相当广阔，多年的平均径流量大，平均流量也十分充足，因此这里的水资源十分丰富。

郑国渠可以与都江堰相提并论，同为我国古代卓越的灌溉水利杰作。该项目涵盖了渠首以及灌区两大板块。自秦朝至今，郑国渠的渠首工程经历了多次修缮与损毁，其地理位置也屡次变迁，导致不同历史时期的水利工程命名各异。然而，无论名称如何变化，其核心理念始终如一，就是如何将泾河的滔滔水流有效引入灌区，为农田带来勃勃生机。

以王桥镇西街为界，西部是不同时期渠首工程的所在地，而东部则是灌溉区域。在王桥镇西街以西，泾河的地形由山区的狭窄隘谷转变为U形河谷，这个特定位置被称为谷口。谷口及其以北地区是北山山前的断裂带，地形多变。由于阶梯状断层的组合，谷口以北基本保持了北山的山势，因此，在谷口以上的泾河，其下侵蚀作用显著，形成了典型的隘谷地貌。而谷口以下则是平原地区，河流的侧向侵蚀作用明显，河面迅速拓宽，河曲发育明显，王桥镇西街附近的谷口处形成了两个明显的河曲，构成了一个S形的河道。从平面视角来看，从谷口至王桥镇西街，泾河的河道形状宛如葫芦，而葫芦的口部恰好就是谷口。"瓠"乃葫芦之古称，史书记载的"瓠口"正是指谷口及以南一带区域。在此区域，秦至隋唐时期的引水渠首工程遗迹历历在目。往北望去，直至现代的泾惠渠大坝，宋朝至今的引水渠首工程遗迹则散布其间。谷口一带为黄土区，其引水渠以土质构建为主。而谷口以北的宋元明清及至现代的引水渠首工程遗迹，则位于奥陶纪石灰岩与第三纪砾岩区域，其引水渠多采用石质材料。宋代丰利渠的引水口遗迹尤为显著，它是在石灰岩中开凿而成，其位置高出泾河水面约20 m。所有这些渠首引水工程，多数最终汇聚于王桥镇西街，并与向东延伸的灌区古河道相连。

（四）灵渠

灵渠，位于广西兴安县城的东南方，其历史可追溯至公元前214年。这一伟大的工程成功地将珠江与长江两大水系相连通，为当时的南北航运开辟了一条重要通道。灵渠的结构复杂而精妙，主要由大天平、小天平、南渠和北渠等部分组成。其中，大天平和小天平是高达3.9 m、长达500 m的拦河坝，它们的主要作用是提升湘江的水位，使江水得以顺畅地流入南渠和北渠（漓江）。

多余的洪水通过大天平和小天平的顶部溢出，回归湘江的原河道。这两座天平采用坚固的鱼鳞石结构进行砌筑，因此拥有出色的抗冲能力。整个灵渠工程顺应地势而建，历经千年风霜，至今仍然保持完好。与北方的都江堰相比，灵渠同样展现了卓越的水利工程技艺，两者堪称南北水利工程的双璧。

（五）京杭大运河

京杭大运河，其历史可追溯到春秋时期，经过多个朝代的修建与扩建，最终成为世界上里程最长、工程最宏伟的古代运河。它穿越了北京、河北、天津、山东、江苏、浙江等多个地区，成功连接了海河、黄河、淮河、长江和钱塘江五大水系，形成了庞大而复杂的水运网络。

在明清两代，京杭大运河得到了进一步的完善，凭借其独特的漕运功能，成功地将全国的经济中心与政治中心紧密相连，汇聚了江河流域的原料及成品生产地。这条运河起始于杭州，一路向北延伸至北京的通州，将海河、黄河、淮河、长江和钱塘江这五大水系融为一体。其中，山东微山湖作为"南四湖"之一，为运河提供了主要的水源。京杭大运河的总长度约为1794 km，穿越了6个省及直辖市，包括北京的通州区、天津的武清区、河北的廊坊市、沧州市、衡水市和邢台市，以及山东、江苏和浙江的多个城市。这一庞大的水运网络不仅促进了区域间的经济文化交流，也展现了我国古代水利工程的卓越成就。

京杭大运河不仅承载着物质运输的重任，更是一条流淌着千年文化脉络的河流。岁月长河中，它见证了中华文化的交融与繁荣，成为南北文化交流沟通的桥梁。运河文化丰富多彩，蕴含着深厚的文学底蕴、历史记忆、艺术瑰宝和地域风情，是当代中国文化传承与创新的重要源泉。它既是两岸经济繁荣的基石，也是多元文化交流的舞台，孕育出独具特色的建筑、园林、文学、绘画和戏剧等高雅文化，同时传承着民间习俗、民歌民谣和曲艺等民俗风情。大运河，这条中华文明的"文化长河"和"历史宝库"，展现着中华民族的智慧和创造力。

京杭大运河，这条蜿蜒曲折的水道，不仅见证了中华文化的深厚底蕴，也承载了中外文化交流的辉煌历史。它如同一条文化丝带，将中华文明的瑰宝传递给世界，同时也接纳了来自五湖四海的异域风情。这一文化特性正如联合国教育、科学及文化组织（简称"教科文组织"）所总结的，京杭大运河不仅反映了人类迁移与流动的历史轨迹，更展现了多元价值的交流、知识与思想的碰撞、商品与文化的互惠共生。历经千年的沧桑巨变，京杭大运河沿线孕育了丰富多彩的人文景观和物质财富。如今，沿线地区举办的各类文化节庆活动以及独具特色的品牌形象，如嘉兴灶头画的细腻、天津杨柳青镇的古朴，都在向世界展示着独特的文化魅力。

再者，京杭大运河沿线因历史的深远积淀，逐渐孕育出别具一格的人文风貌，如码头、河道、桥梁、船闸、沿岸驿站、会馆、衙署等建筑设施一应俱全。时至今日，京杭大运河的价值已不止作为漕运交通的生命线，而是经过数千年的演变与发展，逐渐塑造出今日运河沿岸的璀璨文明。在元、明、清三代，北京作为中国的政治中心，使得北方地区成为一时的权力集结地。庞大的官僚体系和军队需要大量的物资支撑，而当时中国的经济重心已经南移，因此，大量的赋税和商品不得不通过京杭大运河从南方源源不断地运往北方。京杭大运河的核心作用在于沟通南北，促进南北地区在经济和文化上的深入交流。

中国南方城市的特色产物，如茶叶和丝织品，深受其地理环境的影响，具有鲜明的地域特色；而人参、毛皮等则是北方地区的独特资源。这些不同区域的资金和物资，都通过京杭大运河进行南北贸易往来，实现互补与共享。在1292年，元朝著名的天文学家、数学家、水利工程专家郭守敬成功引流白浮泉水，经过精心规划，水流经过大都西门，最终汇聚于积水潭。之后，水流从崇文门出发，一直延伸到北京通州的高立庄，最终汇入白河。这段全长 82 km 的运河，被称为通惠河。自通惠河投入使用后的数百年间，京杭大运河作为南北交通的重要枢纽和关键环节，极大地推动了沿岸地区的贸易和运输业发展。随着大运河的繁荣，沿岸地区涌现出数十个商业城镇，为古代经济注入了强大活力。京杭大运河不仅流经京、津、冀、鲁、苏、浙等各个地区，更巧妙地编织了一张覆盖钱塘江、淮河、长江、黄河以及海河的水路运输网络。这一网络在促进中国历史上南北地区交流融合方面，发挥了无可替代的作用。值得一提的是，天津、杭州、苏州和扬州等沿岸城市，因地处京杭大运河的主要商品集散中心，其商业的兴衰与大运河的历史演变紧密相连，共同见证了这条古老水道的辉煌与变迁。

（六）其他水利工程

此外，中国各地还有许多古老而杰出的水利工程。例如，安徽寿县境内的芍陂灌溉工程，有效地利用了黄河水资源；还有秦渠、汉渠以及河北的引漳十二渠等。这些古代的水利工程不仅在当时取得了显著的社会和经济效益，而且有些至今仍在持续地为人们带来福祉。

自汉晋时期起，我们的先祖们便智慧地利用水能作为动力源。他们利用水流驱动水车、水碾、水磨等工具，不仅为农田灌溉提供了源源不断的动力，还实现了碾米、磨面等生活所需。这种对水能的巧妙利用，展示了古代劳动人民的智慧和勤劳，也为后来的水利工程技术发展奠定了基础。

二、我国现代水利工程建设成就

我国自古以来更是饱受水旱灾害的侵袭，可以说，中华民族五千年的辉煌文明史，在某种意义上，也是一部与水共舞的治水史。兴修水利、消除水患，历来被视为国家治理与社会安定的关键。新中国成立后，党和国家始终把水利工作置于极其重要的位置，引领全国各族人民共同开展波澜壮阔的水利建设，取得了世界瞩目的辉煌成就。近年来，党中央、国务院更是做出了一系列关于加速水利改革发展的重大决策，进一步明确了新时代背景下水利的战略地位，以及水利改革发展的指导思想、目标任务、工作重心和策略措施，必将助力水利事业实现跨越式的发展。

新中国成立初期，我国大多数江河尚处于自然状态，缺乏有效的控制和管理，水资源开发利用水平极为有限，农田灌溉和排水设施严重匮乏，而现有的水利工程也大多破败不堪。然而，经过几十年的不懈努力，我国针对防洪、供水、灌溉等关键领域，坚持除害兴利并举，大力发展水利建设。如今，我国已经初步构建了一个涵盖大、中、小、微型水利工程的综合体系，水利事业的面貌发生了翻天覆地的变化。

（一）水资源配置格局逐步完善

时至今日，我国已构建起一个综合了蓄水、引水和调水的全面水资源配置体系。以密云水库和潘家口水库为例，这两大工程为北京和天津两大直辖市提供了稳定可靠的水资源支持。同样，辽宁的大伙房输水工程和"引黄济青"工程的建立，有效地缓解了辽宁中部城市群和青岛市的供水压力。随着南水北调工程的不断推进，我国的水资源配置格局正逐渐形成"四横三纵、南北互补、东西相连"的新局面。与新中国成立初期相比，全国水利工程的年供水能力有了显著提升，城乡供水条件明显改善，即使在中等干旱年份，也能确保城乡供水的基本安全。

（二）农田灌排体系建立

新中国成立以来，尤其在20世纪50—70年代，我国进行了广泛而深入的农田水利建设。这一时期的重点在于扩大灌溉面积，提升低洼易涝区域的排水能力，从而初步构建了农田的灌排体系。如今，全国范围内已建立7 330处万亩（1亩≈667 m²）以上的大中型灌区，这些灌区的农田不仅能在干旱时得到及时灌溉，还能在涝灾时迅速排水。我国的农田灌溉水有效利用率得到了显著提升，每年节水能力高达480亿 m³。2012—2022年，我国新增并恢复了6 000万亩的灌溉面积，同时改善了近3亿亩的灌溉条件，成功扭转了灌溉面积减少的趋势。目前，全国农田有效灌溉面积已达到10.37亿亩，相较于2012年的9.37亿亩有了显著增长。通过持续的灌区建设和节水改造，我国农业灌溉用水有效利用系数已从新中国成立初期的 0.3 提升至 0.5。农田水利建设的深入实施，显著提高了农业的整体生产力，全国不到一半的耕地面积的灌溉农田，却贡献了 75% 的粮食产量和 90% 以上的经济作物产量，为国家粮食安全提供了坚实的保障。据水利部统计，在《乡村振兴水利保障工作简报》2024 年第 3 期中指出，截至 2023 年底，仅黑龙江省已累计实施完成改造面积 8 015 万亩，2024 年将提前一年完成全省 8 899 万亩改革任务，大力推进了青龙山现代化灌区水价改革试点建设，打造具有北方特色的东北寒地粮食主产区现代化灌区新样板。

（三）水土资源保护能力得到提高

水土流失防治工作，以小流域为单位，全面考虑了山、水、田、林、路、村等多个要素，综合运用了工程、生物和农业技术等多种措施。在长江、黄河等水土流失严重的地区，实施了重点治理，积极利用大自然的自我恢复能力，并在关键区域进行了封禁保护。至今，已经成功治理了 105 万 km² 的水土流失面积，每年平均减少了 15 亿吨的土壤侵蚀量。在生态脆弱的河流治理方面，通过强化水资源的统一调度和管理，加大节水力度，以及保护涵养水源等措施，确保了黄河连续 11 年不断流，并改善了塔里木河、黑河、石羊河和白洋淀等河湖的生态环境。同时，也建立了以水功能区和入河排污口监管为主的水资源保护制度，重点关注"三河三湖"、南水北调水源区、饮用水水源地和地下水超采区，有效遏制部分地区水环境恶化的趋势。

（四）大江大河得到了治理

黄河，被誉为中华民族的生命之源，其水患之严重有时甚至超越长江。自新中国成立以来，我国已在黄河主流上相继建立了龙羊峡、刘家峡、青铜峡、万家寨、三门峡以及小浪底等规模宏大的水库工程，用以拦截和储存洪水。同时，黄河下游的大堤也经过了加固处理，确保在黄河的伏秋大汛期间，河堤不会溃决，从而保障了黄河上下游地区的安全与稳定。

经过对淮河的大力整治，我国成功建设了佛子岭、梅山、响洪甸等一批关键性水库，以及三河闸等重要的排滞洪工程。此外，还新修了淮河入海通道，这一系列举措彻底改变了淮河流域"大雨大灾、小雨小灾、无雨旱灾"的困境。现在，淮河流域的防洪能力和水资源利用效率得到了显著提升，为当地的可持续发展奠定了坚实的基础。

海河流域在经历了一次大洪水后，我国开始了全面整治。在上游地区，修建了水库来调节水流；中游区域，建立了防洪除涝系统，确保水流顺畅；而在下游，疏通并新增了入海通道，从而彻底消除了海河流域的洪涝隐患。

在长江上游的支流上，我国也建设了一系列重要的防洪兴利工程，如安康、丹江口、乌江渡、东江、江坪、隔河岩和二滩等。同时，在长江干流上，葛洲坝和三峡水电工程的建成，以及荆江大堤的整治加固，使得长江中下游的防洪能力得到了显著提升，从原先的 10 年一遇提升到了 500 年一遇的高标准。此外，还对珠江流域、东北三江流域等其他主要江河流域进行了综合治理，大幅提升了这些地区的防洪水平。

（五）水电建设逐渐完善

从 20 世纪 60 年代新安江水电站的奠基开始，历经半个多世纪的努力，我国已经建成了一批具有里程碑意义的大型水电工程。随着技术的不断革新和进步，水电站的装机容量和单机容量持续攀升。目前，我国已有20多座装机容量超过1 000 MW的大型水电站，其中三峡水电站更是引人注目。三峡水电站单机容量高达700 MW，总装机容量达到了惊人的18 200 MW，是当今世界无可争议的最大水力发电站。

我国正积极推进十大水电基地的建设工作，旨在开发利用西部及西南地区丰富的水电资源，实施"西电东送"战略。此举将极大地缓解华南、华东地区电力供应紧张的局面，为我国的经济可持续发展提供坚实可靠的能源保障。这一战略不仅有助于优化能源结构，提高清洁能源比重，还将促进区域经济的平衡发展，为我国未来的繁荣和稳定奠定坚实基础。

（六）城镇供水得到保障

鉴于目前多个地区正面临水资源短缺的问题，城市及乡村之间的供水矛盾日益尖锐。为确保工业和居民用水的稳定供应，我国已经投入了大量的资源和资金，实施了一系列专项的引水与供水项目。这些项目的成功建设，有效缓解了一些大型和中型城市的供水压力，为我国工业与农业生产的持续发展以及人民群众生活水平的提升奠定了坚实的基础。

21世纪，必须加快大型水利工程的建设步伐，秉承综合规划、防治结合、标本兼治、和谐统一的原则。这意味着我国需要构建一批具有关键性控制作用的工程，旨在调蓄水量、提供能源，以满足社会经济发展的需求。在此过程中，必须珍视并合理开发宝贵的水资源，实现高效利用和优化配置，同时确保对水资源的有效保护，以实现水资源的可持续利用和生态环境的和谐共生。

三、我国水利工程的发展趋势

随着我国社会经济的蓬勃发展和现代化建设的深入推进，水利工程建设正步入一个崭新的快速发展时期。为了实现对大江大河洪水的有效管理和降低洪涝灾害的影响，我国需要建设一系列大型水利枢纽工程。在已掌握的高拱坝、高面板堆石坝、碾压混凝土坝等先进建坝技术的基础上，结合三峡、二滩、小浪底等世界级大型水利工程的建设经验，能够构建出技术更为先进、水平更高的水电工程。这些工程不仅能减少洪涝灾害，有助于保障人民生命财产的安全，还能提升我们的水资源利用效率。

（一）人与自然和谐共生

为了进一步提升水利工程建设的品质，我们需要深入总结历史治水经验，并对当前社会经济发展的需求进行详尽的分析研究。在此基础上，需要更新观念，由工程水利逐步过渡到资源水利，从传统水利向现代水利迈进。应该树立可持续发展的观念，以水资源的持久利用来保障社会经济的长期繁荣。这样的转变不仅是必要的，而且是紧迫的，它将为我们的国家和社会带来深远的影响。

深刻转变对水和大自然的认知观念，不仅要防御水患对人类的影响，更要警觉人类活动对水的潜在危害。要追求的是人与自然、人与水之间的和谐共生。在社会经济持续发展的同时，必须确保其与水资源的承受力相匹配。水利建设的目标和方向应紧密结合社会进步和国民经济发展的总体战略，规模与速度要与国民经济同步，为经济社会的发展提供坚实的支撑和保障。应该根据水资源的实际情况，理性地规划产业结构和发展规模，通过调整产业结构以及推广节水措施，来增强水资源的承载能力。在开发和利用水资源时，必须兼顾生产、生活所需，同时充分考虑到环境用水和生态用水的需求，实现真正意义上的计划用水、节约用水和科学用水。

为提升水资源的利用效率，必须实施统一的水资源管理，推动水资源的优化配置。无论是农业、工业还是生活用水，都应坚持节约用水的原则，实现高效用水。为了提高水资源的利用水平，必须大力发展节水灌溉技术，推动节水型工业的发展，构建节水型社会。在此过程中，必须逐步实现水资源的统一规划、统一调度和统一管理，综合考虑城乡防洪、排涝灌溉、蓄水供水、用水节水、污水处理和中水利用等各个方面，确保水资源的高效综合利用。

为了实现水资源的最大化优化配置，需要确立一个合理的水价形成机制。这个机制需要充分利用价格杠杆的作用，遵循经济发展的内在规律。在此基础上，可以尝试实施水权交易、水权有偿占有和转让等制度，逐步形成一个健康有序的水市场。这将促进水资源向高效率、高效益的方向流动，确保水资源得到最大限度的优化配置。

（二）更加节水

水利工程建设，作为适应生态环境和国民经济双重需求的重大战略，在我国具有深远意义。鉴于我国人口众多而水资源相对匮乏，且水资源的时空分布极不均衡等现实问题，节水在未来水利工程建设中的地位愈发重要。新一批国家重大水利工程建设中，"节水"已成为核心词汇，这与我国一贯倡导的节水理念高度契合。为有效推动节水工作，我国在多方面付诸实践，但关键在于全体国民的积极参与。一方面，应深化国情水情教育，提升全民对水资源危机的认识，强化节水和水资源保护的意识；另一方面，水利工程建设需不断融入节水理念，确保在有限的水资源下实现效益最大化。

（三）设计更加美学化

随着社会的不断发展和人民生活质量的日益提升，人们开始逐渐超越满足基本生活需求的层次，转而关注公共设施的多元功能。水利工程这一历史悠久的民生工程，现在不再仅仅被期待满足灌溉、防洪等水利功能。现在，人们更期待水利工程能够作为一种公共休闲空间，为人们提供一个放松心情、享受生活的场所。这种期待促使水利工程在设计上需要有所创新，融入更多美学元素，使水利工程不仅服务于民生，同时也成为城市或乡村的一道亮丽风景线。为了满足这一需求，水利工程的设计团队必须高度重视美学元素的运用，积极与艺术设计人才合作，将美学原理融入设计的每一个环节。在规划水利工程时，应根据当地的自然环境和文化背景，进行个性化的艺术设计，使水利工程与周围环境相协调，达到环境优化的目的。

在水利工程的初步规划和设计阶段，设计团队应深入融入美学理念，确保水利设施与周边自然环境和谐共存。水利工程不仅要发挥其固有的水利功能，更要追求观赏性和娱乐性，为公众提供一处兼具实用与美感的休闲场所。这样的设计不仅提升了水利工程的美学价值，还能吸引游客，产生经济效益，为水利工程的日常维护和检修提供经济支持，从而形成一个良性的、可持续的发展循环。

（四）更加生态环保

近年来国家多次强调了生态环境保护的重要性，其核心目标在于构建资源节约型社会。在新世纪，水利工程的发展不断取得新的突破，功能日益完善且技术先进。然而，随着水利工程设计技术水平的不断提升和人民生活质量的持续提高，公众对于环境保护的期望也在逐渐升级。这使得水利工程的建设不再仅仅局限于水利功能的发挥，而是需要更加注重对生态环境的保护。

在新时代背景下，水利建设部门对于人与自然和谐发展的重要性有了更加深刻的认识。随着绿色发展理念的深入人心，新时代的水利工程更加注重生态与环保。在水利工程建设的设计阶段，环境影响评价成为至关重要的一环。设计师们将保护生态环境、维护人与自然和谐关系作为设计的核心理念，力求打造生态型的水利工程。这些水利工程不仅满足常规的发电和蓄水功能，还能够有效地保护生态环境，实现水利建设与生态保护的双赢。

（五）更加促进经济发展

我国经济的高速发展，与水利工程的推动作用息息相关。进入新时代以后，我国已经建设了众多的大型水利项目。例如，三峡大坝、龙羊峡水电站以及三门峡水库等。这些水利设施不仅提升了当地的水资源利用效率，还为经济的腾飞注入了强大的动力。展望未来，国家会继续优化和改造这些水利项目，以应对日益变化的经济和社会发展需求。

首先，继续强化水利工程建设，确保水资源的科学合理利用，充分满足人民的日常生活以及生产的需求，进而为地区乃至国家经济的稳步发展贡献更多的力量。

其次，应当对农村偏远地区的水利工程建设给予更多关注和支持，推动农村地区实现更为均衡的发展。同时，要持续优化农村与城市水利工程的布局，确保这些工程不仅能够发挥防洪发电的重要作用，还能成为人们休闲娱乐的理想场所，为居民提供优美的环境。

（六）科技水平更高

水利工程作为国计民生的基石，其施工不仅关乎社会经济的脉搏，更是人民生命财产安全的直接守护者。因此，我们必须高度重视水利工程建设。目前，水利工程项目正处于迅猛发展的时期，全国各地纷纷掀起了水利建设的热潮。这一热潮为新技术提供了广阔的舞台，而新技术的运用则成为保证工程质量的关键。在提升工程质量的同时，也推动了施工效率的提升。通过不断学习和研究新技术，我们可以进一步优化水利工程施工流程，确保工程的高品质，为国家的繁荣稳定贡献力量。

随着计算机技术的日新月异，水利工程建设领域的技术也获得了巨大的推动力。如今，高科技在工程建设中得到了广泛应用，如振冲技术、堆石混凝土技术、大面积碾压技术、防水毯技术以及绿化混凝土技术等。这些新技术的出现，不仅打破了传统的技术框架，更以其高效、环保的特点，推动了水利工程项目的快速发展。新技术的广泛运用，不仅提高了工程的质量和效率，还为社会的繁荣稳定注入了新的活力。

（七）一体化发展

国外的水利工程建设通常注重大型工程以及小型工程之间的关联性。相较于我国，国外水利工程的发展历史更为悠久。自我国改革开放以来，水利工程建设才开始进入大规模的发展阶段。在这一过程中，可以从国外水利工程的成熟经验中汲取智慧，为我所用。

目前我国已有城市开始尝试将行政区内的十多座水库进行连接，实现了水库间水资源的相互调剂。这种创新模式突破了传统水利中以单一流域为单元的格局。如今，不仅是国外的大型水利工程，如我国的南水北调工程，也不再是孤立的。南水北调工程在其实施过程中，与途经地的水利工程形成了紧密的联系，这种联系强化了水利工程的功能和效果。这些工程逐渐将不同的水源连接起来，形成了一个相互关联、相互影响的综合体系，实现了水资源的优化配置和高效利用。

展望未来，水利工程建设将逐渐迈向一体化的发展道路。这意味着每个水利工程在规划和建设之初，就会充分考虑到与其他工程的互联互通。通过一体化的发展，水利工程将能够最大限度地发挥其功能，实现水资源的优化配置和高效利用。

（八）多元化投资建设

未来的水利工程建设，多元化投资将是大势所趋。现阶段，国内的水利工程项目大多依赖政府的投资，鲜有企业或民间资本的身影。然而，这种单一的投资模式已无法与我国经济快速发展的步伐相协调。反观国外，民间资本在水利工程的建设中占据了主导地位，而政府则主要负责监管和指导。近年来，随着市场经济的深入发展和改革的推进，我国的投资模式也在逐步转变，形成了以国家投资为主导，同时吸引社会、个人和外资等多方参与的多元化、多层次、多渠道的投资格局。鉴于水利工程建设所需资金庞大，国家可积极尝试简化审批流程，激发民间资本的活力，共同推动水利工程建设向多元化投资方向发展。

（九）"以大代小"的发展格局

中国的水利工程建设与发展，紧密结合国内实际，形成了一条独具特色的发展路径。鉴于我国水系复杂、河流众多的特点，但地区分布极不均衡，因此，我国水利工程建设在应对这一国情时展现出了独特的智慧。全国流域面积超过 100 km² 的河流数量达到 5 万条，超过 1 000 km² 的河流有 1 500 余条，更有 79 条河流的流域面积超过 1 万 km²。特别值得一提的是，黄河和长江这两条巨大河流的存在，为我国水利工程建设提供了得天独厚的自然条件。

在水利工程建设过程中，我国逐渐形成了"以大代小"的发展策略。这意味着在某一地区，会优先建设一个大规模的水利枢纽，并以此为核心，辅以一系列小型水利工程的建设与布局。这种策略不仅充分利用了我国丰富的水系资源，也为未来水利工程的持续发展和效能发挥奠定了坚实的基础。通过这种有针对性的建设方式，我国水利工程在保障水资源合理利用、防灾减灾等方面发挥了重要作用，展现了中国特色水利建设的显著成效。

（十）更加智能化

现今时代，智能化浪潮汹涌，信息技术的日新月异为人们的日常生活带来了前所未有的便捷。从购物娱乐到工作学习，信息技术的身影无处不在，其应用之广泛已深深融入社会的每一个角落。而信息技术的运用，已不再局限于人们的日常需求，更在工程建设与实际应用中发挥着举足轻重的作用。以水利工程为例，防汛调度技术的运用已成为当下的佼佼者。

回顾往昔，我国防汛调度主要依赖人力，耗费大量的人力资源以应对挑战。然而，随着科技的飞速进步，如今的水利枢纽已不再需要大量的人力投入，一个高度信息化的水利工程仅需少数精英便可确保其稳定运行与维护。

（十一）标准化趋势增强

近年来，水利工程虽然取得了快速的发展，但相较于传统建筑、交通等成熟工程领域，其建设过程显得尤为缺乏统一的设计规范和标准化的图纸。由于缺乏统一的标准，各个地方在水利工程建设中往往各自为政，自行规划，这不仅导致了资源的浪费，更可能给工程的质量和长期运行带来潜在的风险。这种分散的建设模式不仅增加了建设的成本，也影响了水利工程整体的发展速度和效率。因此，制定统一的设计规范和标准图纸对于水利工程建设的健康发展至关重要。

鉴于此，积极推进水利设计行业的标准化进程，不仅能够有效提升设计效率，更能实现社会资源的节约利用，这对于水利行业的发展具有深远的意义。通过规范工程建设的流程，构建一套标准化的操作体系，将成为未来水利工程发展的重要方向。各参与单位应致力于提升自身技术实力，加强与高校及科研机构的合作与交流，共同提高设计与规划水平。通过实际工程案例与学术研究的紧密结合，深入探讨水利工程标准化的可行路径，为水利行业的标准化进程贡献智慧与力量。

第二节 水利工程建设项目的特点

水利工程建设项目具备系统性与综合性的特点，对环境产生的影响不容忽视。由于其多位于野外，工作环境多变，效益具有高度的随机性，使其在规模、技术复杂性与投资方面均表现出与其他建筑类工程截然不同的特点。

一、系统性和综合性很强

水利工程建设项目是指在同一流域、同一地区内的各种水利工程建设项目的总称。这些工程之间相互依存，相互影响；而每个工程本身也是综合性的，各项服务目标之间紧密联系又存在着相互矛盾的情况。水利工程建设项目与国民经济的其他领域也有着密切的关联。因此，在规划和设计水利工程建设项目时，必须从整体出发，进行系统的、综合的分析研究，以得到最经济、最合理的优化方案。

二、对生态环境有很大影响

水利工程建设项目对所在地区的经济和社会产生广泛的影响，同时也对周围的江河、湖泊以及涉及地区的自然景观和生态环境产生一定程度的影响，还会对当地动物的生活环境以及气候产生相应的影响，这些影响包括正面和负面的影响。首先是正面影响方面，主要是有利于改善当地水文生态环境，如修建水库可以增加水面面积，增加蒸发量，缓解温度和湿度的剧烈变化，对于干旱和严寒地区效果很明显。此外，它还有助于调节局部小气候，影响降雨、气温和风等因素，从而通过对水温、水质以及泥沙条件的影响，达到地下水的补给，并提高地下水位进而影响土地的利用率。其次是负面影响，水利工程建设项目对自然环境的改造必定会带来一些负面影响。在兴建水库后，直接影响了水循环和径流，有些地区可能会出现滞流缓流现象，形成岸边污染带；水库水位降落会导致水土流失加剧，地质灾害风险增大；周围的生物链和物种可能会发生变异，影响生态系统的稳定性。诚然，任何事情都有利有弊，关键在于如何最大限度地削弱负面影响，因此，在进行水利工程建设项目规划和设计时，应该充分考虑环境影响，采取相应的措施以尽量减少负面影响。随着技术的进步和环境意识的提高，水利工程建设项目应更多地为保护和改善环境服务，以实现经济发展与生态保护的良性互动。

三、工程工期长，工作条件复杂

水利工程建设项目一般工期长，工作条件复杂。传统水利工程建设项目建设时间长、准备工作烦琐、物力人力消耗大的现象主要有以下原因。

首先，水利工程建设项目的建设需要在自然条件复杂的环境下进行施工和运行，这就需要对气象、水文、地质等条件进行详细的调查和研究，以确保工程的安全和可靠性。这一过程需要耗费大量的时间和精力。

其次，水利工程建设项目中的各种水工建筑物需要承受水的推力、浮力、渗透力、冲刷力等多种力的作用，这就需要进行科学的设计和结构计算。由于水力学和土力学等学科的复杂性以及工作环境的不确定性，确保水利工程建设项目的稳定性和安全性需要大量的试验和实践，这也加大了工程的施工难度和时间成本。

再次，由于水利工程建设项目规模庞大，施工过程中可能面临各种困难和挑战，比如复杂的地质条件、水体的波浪和洪水等不确定因素。为了确保工程的质量和安全，施工必须非常谨慎，并且可能需要进行多次的调整和修正。

因此，传统水利工程建设项目的建设时间长、准备工作烦琐、物力人力消耗大，是由水利工程建设项目本身的复杂性和特殊性所导致的。然而，随着技术的进步和工程管理水平的提高，未来水利工程建设项目的建设时间和成本有望得到进一步的优化和缩短。

四、效益具有随机性

水利工程随着每年水文状况的变动以及其他外部条件的改变，整体的经济效益也会随之产生变化。

以农田水利工程建设为例，农田水利工程建设项目的效益随着每年水文状况的变化而波动，这种效益的大小直接受到气象条件的影响，显示出其广泛的影响面。农田水利工程建设是流域或地区水利规划不可或缺的一部分，其建设对周边环境的深远影响不容忽视。这种影响既有积极的一面，如促进农业发展、防洪减灾等，也有消极的一面，如土地淹没、生态迁移等。因此，在制定水利工程建设项目规划时，必须全面考虑流域或地区的整体利益和长远发展，采取综合措施，以最大限度地减少不利影响，实现经济、社会和环境效益的和谐统一。通过这种全局性的规划和统筹兼顾，我们可以期待达到最佳的综合效果。

第三节 水利工程建设的基本程序

一、基本建设程序

基本建设程序是指基本建设项目自决策阶段起始，经历设计、施工，直至竣工验收的完整工作流程中，各个关键阶段所必须遵循的有序步骤（图1-1）。对于水利工程这类规模宏大、耗资巨大且受多种因素制约的复杂工程，其建设程序的规范性和严谨性尤为重要，任何环节的失误都可能导致严重的后果。因此，严格遵守并优化这一程序是确保水利工程质量和安全的关键。

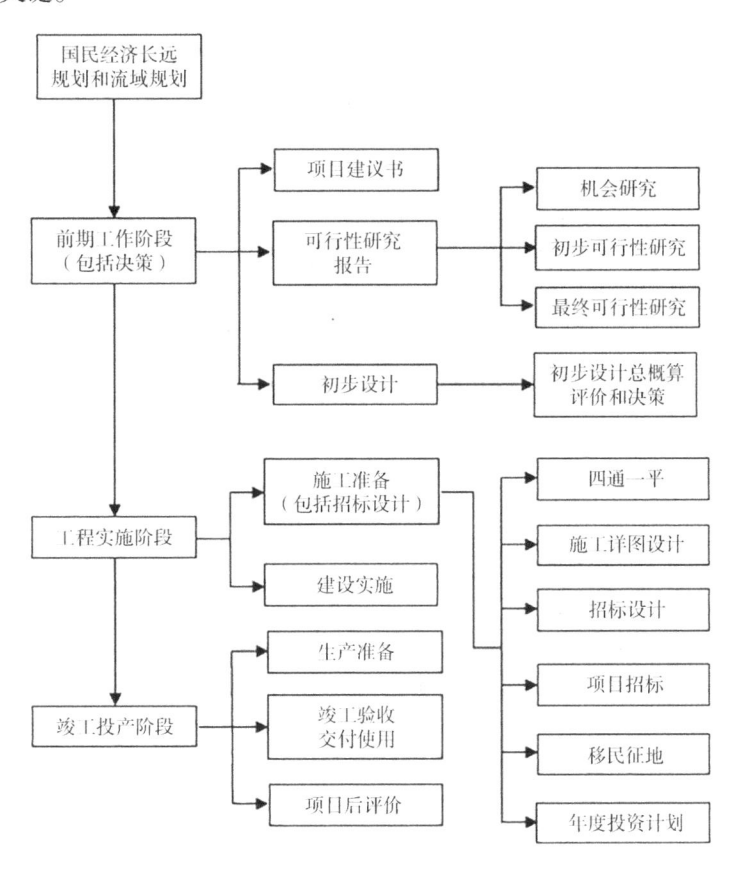

图1-1 水利工程建设程序简图

（一）流域规划

流域规划旨在基于流域内的水资源状况和国家长期发展规划，对该区域水利建设的需求进行深入探讨。该规划过程需全面系统地研究流域的自然地理特征和经济状况，初步筛选出潜在的建设地点。通过对不同坝址建设条件的细致分析，规划出梯级布置方案、工程规模及预期效益等。在多个备选方案中对比分析，确定最优的梯级开发策略，并推荐首批实施的工程项目。

（二）项目建议书

项目建议书，通常也可以被称为立项报告，是基于流域规划的基础之上的，由主管部门提出的一种建设项目的初步设想。它的核心任务是从宏观层面对项目建设的必要性以及可能性进行评估和分析，主要包括探究项目的建设条件是否成熟，以及是否值得投入资金和人力资源。简而言之，项目建议书是进一步进行可行性研究的重要依据和基石。

（三）可行性研究

可行性研究是项目投资前的重要研究环节，同时也是实现项目经济分析系统化和实用化的关键手段。[①] 它不仅具体体现了工程经济学的核心理念，而且是细化项目设想以及创造项目方案的过程。建设项目可行性研究的主要目的在于为项目投资决策提供科学依据，从而避免或减少决策失误所带来的浪费，进一步提升投资效益。经过审批的可行性研究报告具有多重作用：它既是确定建设项目的基石，也是项目融资的关键依据；它为投资项目规划设计和组织实施提供了指引；同时，它还是与协作单位签订合同或协议的重要参考；此外，它还是环保部门评估项目环境影响的基础，以及向当地政府部门或规划部门申请建设执照的依据；在施工组织、工程进度安排及竣工验收过程中，它也是不可或缺的依据；最后，它还可以作为企业或其他单位进行生产经营组织和项目后评价的依据。

在项目后评价阶段，投资项目的可行性研究资料与成果，将被用作与实际运营效果进行对比分析的重要素材，为项目后评价提供坚实的依据。在项目后评价过程中，可以依据可行性研究报告，将项目的预期效果及其实际运营效果进行细致的比对和评估，从而能够对项目的整体运行情况进行全面的审视和评价。可行性研究的核心目标在于探究本工程在技术上是否具备可行性，以及在经济上是否合理。它的主要任务包括以下几个方面。

①阐释工程建设的紧迫性与重要性，确立工程建设的核心任务和各项综合利用目标的优先级。

②精确测定关键水文参数，并全面分析影响工程的主要地质条件，明确存在的核心地质问题。

③初步确定工程的规模大小。

④选择适宜的坝型和主要建筑物的构造方式，初步规划工程的整体布局。

⑤初步设想水利工程的管理策略。

⑥识别施工组织设计中存在的核心问题，并且提出合理的工期安排以及分期实施的计划。

⑦评估工程建设对环境和水土保持设施可能产生的影响。

⑧计算主要工程量及建材需求量，进行初步的工程投资估算。

⑨明确工程带来的效益，分析主要经济指标，并评估工程的经济合理性和财务可行性。

（四）初步设计

初步设计，作为可行性研究的延续，为建设项目提供了详尽的规划蓝图。它是组织施工和分配资源的核心指导，以确保项目的顺利推进。初步设计的核心职责涵盖了多个方面。

---

① 张建明.L公司水产饲料生产线项目可行性研究[D].南京：南京理工大学，2010.

①重新核实工程的任务及其详细要求，确立工程规模，选定关键参数如水位、流量和扬程，并明确运行标准。

②评估区域构造的稳定性，深入调查水库地质和建筑物工程地质条件，以及灌区的水文地质条件和设计标准，并据此给出评价和建议。

③重新评估工程的等级和设计标准，确定工程的总体布局和主要建筑物的轴线、结构形式、尺寸、高程以及工程量。

④提出消防设计的初步方案及主要设施的配置。

⑤选择适合的对外交通方案、施工导流方式、施工总体布置和进度，确定主要建筑物的施工方法和施工设备，预测并确定所需的天然或人工建筑材料、劳动力、供水和供电的数量及其来源。

⑥要求设计环境保护措施，并编制水土保持方案。

⑦设计水利工程的管理机构，明确工程的管理及其保护范围，并提出主要的管理措施。

⑧编制初步设计预算，对于涉及外资的工程，还需编制外资预算。

⑨重新进行经济评价。

（五）施工准备阶段

在项目主体工程开工之前，必须全面完成施工准备工作，这些工作涵盖以下关键方面。

①开展施工现场的土地征收以及房屋拆迁工作，确保施工区域的地皮清晰，无阻碍物。

②完成施工所需的基础设施建设，包括供水、供电、通信网络的铺设，施工道路的修建以及场地的平整工作，为施工的顺利进行提供基础保障。

③建造必要的临时生产和生活设施，如临时宿舍、办公设施等，以满足施工期间工作人员的基本生活和工作需求。

④组织开展招标活动，选择合格的设计、咨询单位，以及设备和物资的供应商，确保施工所需的各项服务和物资得到及时、高质量的供应。

⑤组织进行建设监理和主体工程的招投标活动，并基于综合评估，优选建设监理单位和施工承包队伍，确保工程建设的专业性和高效性。

（六）建设实施阶段

建设实施阶段是指主体工程从开工到完工的全面建设过程，项目法人在此阶段负责依照已经获得批准的建设文件，组织和管理工程建设工作，以确保项目建设目标的顺利实现。主体工程开工前，必须满足以下条件。

①前期工程的所有阶段文件都获得了批准，并且详细的施工图纸设计已经满足了初期主体工程建设的需要。

②此建设项目已纳入国家或地方水利工程建设的年度投资计划，并已确保了年度建设资金的落实。

③主体工程的招标工作已经完成，工程承包合同也已经成功签订，并已得到了主管部门的批准。

④现场的施工准备工作以及征地移民等外部条件都已经准备妥当，完全能够满足主体工程开工的需求。

⑤已经确定了建设管理的模式，投资主体与项目主体之间的管理关系也已经清晰明了。

⑥项目建设的全部投资来源已经确定，并且投资结构也得到了合理的安排。

（七）生产准备阶段

生产准备，这一环节对于项目的投产至关重要，它是从建设阶段顺利过渡到生产经营阶段的必要条件。项目法人需要遵循建管结合和项目法人责任制的原则，及时有效地进行生产准备工作。生产准备的具体内容应根据工程的特性来确定，通常涵盖如下几个方面。

①设立并优化生产组织架构，确保生产流程的高效运作。
②开展全面的人员招聘与培训计划，提升团队整体技能和素质。
③对生产技术进行深入研究与准备，保障生产过程中的技术稳定与创新。
④预备充足的生产物资，确保生产线的连续性和稳定性。
⑤精心策划并构建员工的生活福利设施，提升员工的工作满意度与归属感。
⑥积极落实产品销售合同的签订工作，为企业的经济效益提升、债务偿还及资产保值增值创造良好条件。

（八）竣工验收，交付使用

竣工验收不仅是工程达到建设目标的象征，更是对基本建设成果进行全面评价、对设计和工程质量进行深入检验的关键环节。一旦项目通过竣工验收，它便能够从基础建设阶段顺利过渡到生产或使用阶段。

在建设项目完成所有建设内容并通过单位工程验收后，如果其满足设计要求且已依照水利工程基本建设项目档案管理的相关规定完成了档案资料的整理工作，并编制了竣工报告、竣工决算等必要文件，那么项目法人便可依据相关规定，向验收主管部门提交验收申请。随后，按照国家和部门颁布的验收规程，组织进行验收工作。

（九）项目后评价

建设项目在竣工投产后的1~2年，通常会经历一段生产运营期，之后需要进行一次系统的项目后评价。这次评价的主要内容涵盖以下三个方面。

①影响评价。在项目投产后，针对其给各方面带来的影响进行详尽的评估。
②经济效益评价。这涉及对项目投资、国家经济效益、财务效益、技术进步、规模效益以及可行性研究的深入程度进行全面的评估。
③过程评价。全面评估项目从立项、设计、施工、建设管理到竣工投产、生产运营的整个流程。

项目后评价工作的组织实施一般分为三个层次：首先是项目法人的自我评价，其次是由项目所在行业进行的评价，最后是由计划部门或主要投资方进行的评价。在进行建设项目后评价时，必须坚守客观、公正、科学的原则，确保分析有理有据，评价不偏不倚。

以上所述基本建设程序的九项内容，是我国对水利工程建设程序的基本要求，也基本反映了水利工程建设工作的全过程。

二、基本建设项目审批程序

水利工程基本建设项目审批程序是建设项目顺利实施的必要程序。通过系统的审批程序，确保建设项目的各个阶段，在技术上可行、经济上合理、社会上可接受，也是建设工程项目质量和投资效益的重要保障，确保水利工程建设与国家的战略规划和人民的根本利益相一致。

（一）规划报告及项目建议书阶段审批

规划报告及项目建议书的编制工作，通常由政府或项目开发业主委托给具备相应资质的设计单位来负责。这些编制成果需按照国家现行的规定和权限，提交给相应的主管部门进行审批。

（二）可行性研究阶段审批

可行性研究报告的报批需遵循国家现行规定的审批权限。在提交项目可行性研究报告时，必须一并提出项目法人的组建方案及其执行机制、资金筹措计划、资金结构安排及资金回收方案。此外，还需依照相关规定，附上由具有管辖权的水行政主管部门或流域机构签发的规划同意书。

（三）初步设计阶段审批

在可行性研究报告获得批准之后，项目法人有责任选择具备本项目所需资质的设计单位，负责进行勘测设计任务。当初步设计文件编制完成后，于提交审批之前，项目法人通常会委托具有相应资质的工程咨询机构或召集业内专家，对初步设计中的关键问题进行专业的咨询和论证。

（四）施工准备阶段和建设实施阶段的审批

在施工准备阶段开始之前，项目法人或其委托的代理机构必须遵循相关规定，向水行政主管部门提交项目报建手续。这一过程中，需要提交与工程建设项目相关的批准文件以供审查。只有在水利工程项目成功完成报建登记后，项目法人才可以组织施工前的各项准备工作。

（五）竣工验收阶段的审批

在完成竣工报告和竣工决算的编制后，项目法人需依照相关规定，向验收主管部门提交验收申请。根据国家和部门颁布的验收规程，项目法人应组织专业团队进行项目的全面验收工作。

第四节　水利工程建设的基本原则

一、经济安全原则

水利工程建设是一个复杂且庞大的工程，涉及多个层面和要素。除了防止洪涝灾害、促进农田灌溉和供应饮用水等核心功能外，还肩负着物资运输、电力供应等多元化任务。因此，需要从全局角度出发，综合规划和管理水利工程建设。在此过程中，科学的指导至关重要。不仅要追求效益最大化，更要确保工程的安全性，将水利以及工程科学的原理融入每一个环节，从而构建出能够有效抵御洪涝、风沙等灾害的重要防线。对于河流水利工程而言，由于其特有的泥沙淤积以及河流侵蚀等问题，安全性措施尤为重要。

同时，成本控制也是水利工程建设中不可忽视的一环。这要求相关组织具备深厚的成本管理、安全管理和风险控制知识，以便整合各种资源，制定高效且经济的成本控制策略，确保每一分投资都能用在刀刃上，避免资金的浪费。

二、空间异质原则

在河流水利工程的建设过程中，必须兼顾河流生态系统中的生物群落。这种生物群落的保护，实质上就是在河流水利工程的规划阶段引入空间异质原则。这些生物群落，涵盖了河流流域内的各种生物种类，它们之间相互作用，共同适应外部环境，形成了一种相对稳定的生物共生关系。因此，河流作为生态系统的一部分，必须与其内部的生物群落和谐共存，展现出整体的系统性。只有这样，人类进行的水利工程建设，作为一种主观干预，才可以在不损害生态环境的前提下，实现水利工程建设的有效性。这种建设活动可能会打破河流的连续性，如果处理不当，也可能会对河流生态系统造成严重的破坏。

所以，在水利工程建设过程中，必须高度重视空间异质原则。尽管许多水利工程的主要目标并非直接关注生态，而是更多地侧重于推动经济社会的发展，但这并不意味着可以忽视对生态环境的保护。相反，应当确保在推进水利工程建设的同时，维护生态平衡，实现人与自然的和谐共生。这样做，不仅可以确保水利工程与可持续发展的方向一致，还能为未来的经济社会发展奠定坚实的基础。为了有效实施空间异质原则，需要对河流的地理面貌和特征进行深入细致的调查和研究，以确保水利工程的规划能够切实满足当地农业生产的实际需求，同时也为生态环境的长远发展留出空间。

三、自我调节原则

对于传统水利工程来说，自然力量始终是一个不可小觑的因素。许多项目的实施，往往受到大自然的直接影响，相比之下，人力的作用则显得较为有限。然而，随着科技的进步，现代机械设备在水利工程建设中得到了广泛应用。这些先进的机器设备不仅帮助人们更好地控制整个工程过程，还提高了工程建设的效率和质量。但值得注意的是，即使采用了这些高端设备，也不一定能够确保项目取得预期的良好效果。

因此，在规划和实施水利工程项目时，必须尊重自然规律，并将融入工程的每一个环节。这意味着，应该在尽可能保持原有生态以及地理特征的前提下，开展水利工程建设。为了实现这一目标，需要进行深入的研究，了解当地的生态环境和地理条件，以便在施工中最大限度地减少对自然环境的干扰。此外，还需要警惕外来物种的入侵，以保护当地的生态平衡。大自然具有强大的自我修复能力，在进行水利工程建设时，应该充分利用这一特点，以保证工程与自然环境的和谐共存。这样不仅可以实现水利工程建设的经济效益以及社会效益，还可以为当地生态环境的可持续发展做出贡献。

四、维护建设地域景观原则

水利工程建设中，地域景观的维护与塑造占据着举足轻重的地位。这种维护并非一蹴而就，而是需要基于长远的视角，兼顾水利工程的审美与实用性。遗憾的是，实际施工往往会对原有景观造成破坏。对此，不仅要给予充分的重视，还需在水利工程竣工后的完善工作中，努力恢复原有的景观风貌。在整个水利工程建设过程中，应尽最大努力保护原始景观的完整性。当然，这并不意味着要避免所有的破坏。在规划阶段，就应当明确哪些破坏是必要的，哪些是可以避免的。同时，水利工程本身也应具备美学价值，与地域景观相互辉映，形成独特的风景线。

在总体上，实施景观维护的最佳策略是从细微之处着手。这种细致入微的方法不仅能确保水利工程建设中的各项特征得到全面细致的展现，还能保证每个小工程都能达到优质的完工标准。特别值得关注的是，对于整个水利工程中的景观维护与补充问题，需要采用更为严谨的评价体系。这样做的目的是确保所有新增或改造的景观元素都能与原有的地理和生态面貌和谐共存，不会造成破坏。这种评估工作不仅要涵盖水利工程内部的所有范围，还需有效扩展至其外部区域，从而实现对整个项目环境全面而深入的评价。通过这样的细致评估，可以确保水利工程建设在提升功能性的同时，也尽可能地保护和尊重自然环境。

五、反馈原则

水利工程建设的核心在于借鉴和复制那些已经相对成熟的河流水利工程系统，以期最终构建一个既健康又具备可持续性的河流水利体系。在河流水利工程得以实施后，便启动了一个与自然生态相似的动态演变过程。这一过程的发展并不会完全按照预先设定的目标进行，而是充满了各种可能性及变数。

六、生态系统自我恢复原则

在水利工程建设过程中，不可避免地会对周边的自然环境和生态平衡产生一定的影响。为了确保水利工程的生态效益得以实现，设计人员在规划阶段就必须坚守生态系统自我设计、自我恢复的核心理念。生态自组织功能的核心在于满足生态系统自我调节与发展的内在需求。借助这种自组织功能，生态系统中的各类生物要素能够依据区域环境的变化，持续提高自身的自适应能力。

在当前水利工程现代化发展的道路上，必须坚定不移地贯彻水利工程生态系统自我恢复的原则，以确保水利工程建设与生态环境和谐共生。

七、与环境工程设计有机结合原则

近年来，水利工程领域正逐步迈入崭新的发展阶段，人们的关注点已不再仅限于水利工程的经济与社会效益，而是更多地寻求经济、社会和生态效益的和谐统一。在现代化水利工程建设的新思维引导下，对水利工程生态系统的要求日益严格。因此，设计者在规划过程中必须紧密结合环境工程设计，持续优化水利工程的整体布局，以充分发挥其在环保、水资源调配等方面的关键作用。

八、人本原则

水利工程要实现多方面效益的均衡，就必须在施工过程中坚守人本理念，确保人类与自然环境之间的和谐共生。在当下新的发展背景下，水利工程建设不再局限于传统的设计思路，而是要求建设者始终贯彻以人为本的原则。这意味着在推进水利工程建设时，必须确保周边居民的正常生产生活不受干扰，避免工程对他们造成安全上的威胁，从而真正实现人类活动与自然环境的和谐统一。

水利工程集泄洪、发电、供水、观光、航运等多重功能于一体，这就要求设计者在规划阶段全面考量这些功能，确保水利工程的完备性和实用性。通过综合考虑各种因素，设计出的水利工程才能满足周边居民的多样化需求，提供更为优质的服务，从而让水利工程在推动经济社会发展的同时，也成为造福周边居民的民生工程。

第五节 水利工程建设与生态环境可持续发展

水利工程建设与生态环境保护两者相互促进，相互影响，要保护人类赖以生存的环境，实现经济、生态环境的可持续发展，需要明确水利工程建设对生态环境的影响，有针对性地制定科学合理的施工方案和治理措施，在保护生态环境的基础上充分发挥水利建设的作用，实现社会经济和生态环境保护的双赢发展。因此，如何在推进水利工程建设的同时，确保生态环境的保护与可持续发展，已成为摆在我们面前的重要任务。本节主要阐述水利工程建设与生态环境可持续发展的关系以及水利工程建设对生态环境可持续发展的影响，进而探讨水利工程建设与生态环境可持续发展的平衡措施。

一、水利工程建设与生态环境可持续发展的关系

（一）水利工程建设是生态环境全面持续发展的客观要求

自然生态是人们赖以生存的环境，对维持生态环境平衡、空气净化等方面有积极作用。人们在生活、生产过程中必须依赖于生态系统，水资源作为生命之源，对于人类的生存和发展具有很大影响。水利工程建设是社会发展的客观要求，是改善和优化被破坏的自然环境，让自然生态系统实现可持续发展的重要举措。

生态环境的稳固是人类生存与发展的基石。它不但滋养着人们的生产与生活，提供着必不可少的粮食和其他资源，更是人们赖以生存的自然条件。生态环境在维系水循环、净化空气以及应对灾害等方面发挥着至关重要的作用。人类社会的每一次进步与发展，都离不开自然生态系统的慷慨馈赠。水，作为生命的源泉，承载着孕育与调节生命的强大能力。水利设施的建设，本质上是以水资源为核心的人类活动，其目的在于改善并弥补自然环境中的原始不足和由人为活动带来的损害。这不仅是对自然环境的尊重与保护，更是实现环境综合可持续发展的客观要求。

(二)生态环境可持续发展是水利工程建设的有效保障

生态环境可持续发展作为坚实后盾，为水利工程建设提供了不可或缺的保障。自然界的能量是无穷无尽的，通过精心组织和实施水利工程建设，可以充分发挥这种能量的潜力，同时改造自然。在施工期间，必须严格遵循自然生态保护的原则，以确保工程对周边环境的负面影响最小化。这不仅可以保障水利工程建设的高效推进，还可以最大限度地减少对生态环境的破坏，实现人与自然和谐共生。

生态环境的可持续发展为水利工程建设提供了稳固的环境支撑，确保了实际工作与预期目标的紧密契合，为后续的经济和环境效益增长奠定坚实基础。

二、水利工程建设对生态环境可持续发展的影响

(一)积极的影响

在水利工程建设过程中，为了促进社会经济的繁荣发展，保护珍贵的生态环境，并实现生态效益的最大化，必须高度重视并采取有效措施避免施工过程对周边环境造成的不利影响。这意味着要尽量减小对环境的破坏，通过精心策划和科学施工，提高工程建设的整体质量。只有这样，才能在后期确保本区域的生态和经济效益得以持续、稳定地增长。水利工程的真正价值，不仅在于其建设本身，更在于其对于生态环境保护和经济社会发展的积极推动作用。因此，必须在水利工程建设中始终坚持生态优先、保护优先的原则，以实现水利工程建设与生态环境保护的和谐共生。水利工程建设对保护生态环境可持续发展的积极影响主要有以下几个方面。

①通过水利工程的建设，能够调节水资源分布，进而提升本区域应对自然灾害的韧性。在遭遇不同类型的自然灾害时，可以灵活调整策略，从而维护生态平衡，提高居民的生活质量。例如，三峡工程和南水北调工程等不仅保护了自然环境，还对区域经济的增长起到了重要的推动作用。

②水库水利工程建设可以有效提升下游水质的净化能力，进而确保本区域生态环境的稳定与健康。

③水利工程建设具备多重功能，包括发电、生活用水供给、农业灌溉、蓄水蓄能以及旅游等，为当地经济发展注入了新的活力，推动了经济以及生态环境的持续、健康发展。

(二)负面的影响

水利工程建设的除了具有积极影响，不可避免地也会对周边环境产生一定的负面影响。

①在水库建设的过程中，下游的水流量会遭受显著影响，很难再恢复到原始状态。当水库在汛期储存洪水时，非汛期的基流也会被一并积蓄，导致下游的水位显著降低。在某些情况下，这种降低可能会严重到导致河道下游断流，甚至有可能淹没上游地区，迫使上游居民不得不迁移或后靠。

②水利工程建设后，其影响不仅局限于工程本身，更会对周边环境产生深远影响。例如，项目下游的一些原始湖泊可能会因此干涸，失去了往日的生机。而如果这一工程靠近

入海口，海水的动态平衡可能会被打破，导致海水倒灌问题的出现。这种情况将对水产行业和海运行业造成不可忽视的影响。

③当水利项目竣工并投入运营以后，蓄水过程有可能会引发输水渠部分水体渗入地下。随着水分持续渗入，地下水位会逐渐上升，进一步可能引发周围土地沼泽化。这种情况不仅不利于生态环境的保护，还有可能对当地的生态平衡和农业生产造成负面影响。

④由于某些水资源调配工程涉及跨区域的技术操作，其目的在于实现水资源的转移。然而，在这一过程中，潜在的渗漏问题可能导致地下水位上升，进而引发大片土地的沼泽化和盐化现象。此外，在地质条件较为脆弱的高斜坡地区，这种现象还可能诱发山泥倾泻等自然灾害。

⑤水库的建设往往会对当地生物的自然栖息地造成破坏，扰乱原有的生态平衡，甚至破坏当地的食物链，从而可能引发一系列生态问题，包括瘟疫等灾难。以三峡工程为例，当水库达到正常水位时，广阔的人文景观可能会被淹没，对当地生态系统造成深远影响。

⑥水库建成后，其巨大的蓄水量，会对库区地壳结构产生荷载变化，从而增加地震发生的风险。以印度科因水库为例，该水库曾引发过 6.5 级地震。而在美国，也曾有水库在蓄水过程中发生了 5.7 级地震。这些案例表明，水库建设对地壳结构的影响不容忽视。

三、水利工程建设与生态环境可持续发展的平衡措施

社会经济在持续发展，科技也在不断进步，这都使得水利工程建设呈现出数量增加、规模扩大的趋势。为了减少对自然环境的负面影响，同时满足人们的生活需求，我们必须实现生态和经济的双赢。因此就要采取一系列的措施，包括构建完善有效的生态环境评估体系、优化创新施工技术、注重施工规划和场地选择、制定全面的江河流域规划、建立基于环境可持续发展的生态补偿机制等，以提高水利工程建设的质量，确保生态环境的可持续发展。

（一）构建完善有效的生态环境评价体系

为了实现环境保护和可持续发展的目标，水利工程项目在规划和建设阶段，必须构建并强化环境影响评估机制。在项目启动前，详尽的现场和环境调研是不可或缺的，以便全面评估项目可能带来的环境影响。在水利工程建设过程中，应融入环保理念，并制定有效的措施，旨在最大限度地减少对环境的负面作用。这一评估机制需要涵盖经济、生态等多维度考量，以确保水利工程项目在推动经济发展的同时，也能保护生态环境，如图1-2所示。

此外，还需关注负载系数，对于水资源的承载能力，尽管某些流域资源丰富，但其使用仍需审慎。超越水资源的承载能力将不可避免地导致环境变迁和不利影响。水资源的开发利用应严格控制在流域水资源的安全承载能力之内，经济发展与环境保护应相辅相成，不仅需确保河流本身的生态需求得到满足，更要保证河流系统维持最基本生态功能所需的水量；同时，保持河流形态、盐度的动态平衡，以及湖泊、低地水体的功能性，是维系生态系统健康的必要举措。

因此，在设计环境影响评价体系时，必须综合考量环境和社会因素，以确保水利工程项目的可行性和可持续性。在项目启动前，对设备和环境进行详尽的检查与评估至关重要，

这有助于全面理解项目可能带来的环境影响。同时，将环境保护的理念融入水利工程项目的设计中，制定并实施一系列有效的措施，以最小化对环境的负面影响。环境影响评估制度不仅要求对经济影响进行评估，更需要对环境影响进行深入分析。此外，考虑到水荷载相关的荷载系数，在追求经济发展的同时，也必须确保环境保护。尽管某些集水区水资源丰富，但并不意味着可以无节制地开发利用。必须确保河流的生态需求和基本生态功能得到满足，保持河流与咸水之间的动态平衡，以及维护低洼湖泊的蒸发功能，这些都是维持生态系统健康的必要条件。

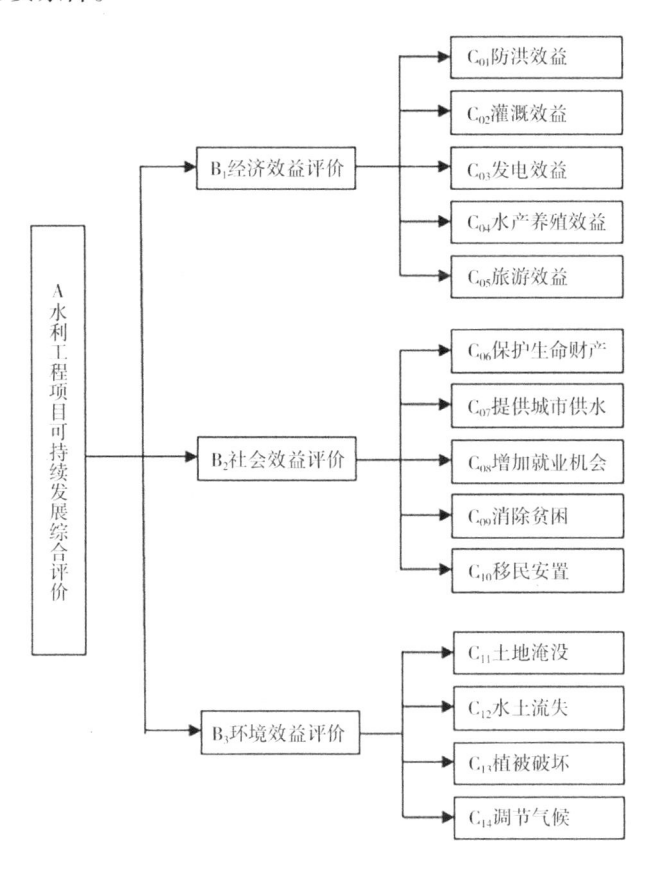

```
                                    ┌─ C₀₁ 防洪效益
                                    ├─ C₀₂ 灌溉效益
                    B₁ 经济效益评价 ─┼─ C₀₃ 发电效益
                                    ├─ C₀₄ 水产养殖效益
                                    └─ C₀₅ 旅游效益

                                    ┌─ C₀₆ 保护生命财产
A 水利工程项目                      ├─ C₀₇ 提供城市供水
可持续发展综合 ──── B₂ 社会效益评价─┼─ C₀₈ 增加就业机会
评价                                ├─ C₀₉ 消除贫困
                                    └─ C₁₀ 移民安置

                                    ┌─ C₁₁ 土地淹没
                                    ├─ C₁₂ 水土流失
                    B₃ 环境效益评价 ─┼─ C₁₃ 植被破坏
                                    └─ C₁₄ 调节气候
```

图 1-2　水利工程项目可持续发展评价指标体系

（二）优化创新施工技术

水利工程项目的施工建设不可避免地会给环境带来一定的影响。然而，为了实现环境的可持续发展，有必要将这种影响降至最低。这就需要我们不断地优化和创新施工过程。在推进施工技术创新和优化的过程中，首先需要全面细致地分析传统施工机械应用中潜在的风险因素，然后对这些风险因素进行规范化管理，并在此基础上提出改进措施。这样一来，施工技术的应用将更加符合实际需求，从而更好地服务于水利工程建设。举例来说，在推进水利工程项目基础设施建设的进程中，应当致力于最小化对工程地质结构的潜在影响，从而防止对其造成重大破坏。若有必要，还可以在核心处理环节实施加强保护措施，以实现有效的缓解效果。除此之外，针对以往水利工程施工过程中常见的环境污染因素，如施工过程中产生的大量粉尘，必须立即采取现场保护措施。在地质条件恶劣的地区，更应采用高渗透性保护层，以防止粉尘的大量泄漏。同时，还应严格控制施工现场的噪声污染，通过优化机械设备和隔音保护措施，最大限度地减少对周围生物的影响和潜在威胁。

在水利工程建设过程中，对周边环境的轻微影响是不可避免的。然而，通过积极采取创新施工技术与优化施工工艺，能够显著减少对环境的负面影响，进而促进生态环境的可持续发展。这种方式不仅体现了对环境的尊重，也彰显了对未来生态责任的担当。

①为了降低传统机械使用对环境造成的负面影响，必须规范施工管理行为并严格执行项目管控要求。这包括及时维护和升级施工器械，确保它们符合施工标准，并满足生态保护的要求。这些措施能够减少施工活动对环境的破坏，促进生态环境的可持续发展。

②工程施工过程中，各种因素都可能对环境产生影响，特别是施工产生的灰尘。如果不提前进行现场保护，并设置有效的保护层，这些粉尘很可能会对周围的建筑设施和绿化环境造成严重的破坏。因此，必须采取适当的措施来控制和减少施工产生的灰尘，以保护环境和周边设施。

③对于施工过程中产生的噪声问题，应当采取积极的隔音措施，并对施工设备进行优化，以降低噪声对周围居民生活和生物环境的干扰。这样不仅可以提升施工效率，更是对周围环境和居民生活质量的负责。

④在我国的水利工程建设中，高科技设备的使用率相对较低。为了推动生态环境的良性发展，应当总结水利工程建设领域的成功经验，积极引进先进技术和配套设备，并加大对高科技的投入力度。这将有助于提升我国水利工程建设的质量和效率，实现经济效益和生态效益的双赢。

（三）注重施工规划和场地选择

在推进水利工程建设的过程中，施工规划和场地选择是至关重要的环节。为了实现生态环境的保护和施工效率的提升，必须在制定施工技术时充分考虑项目的整体条件和特点。秉持可持续发展的理念，应确保施工的合理规划，科学选址，以最小化对生态环境的影响，同时最大化施工效益。

①水利工程建设对流域的影响不容忽视，因此，精心策划施工步骤、科学评估水道状况至关重要。这样不仅能够满足可持续发展的要求，更能提升水利工程设计的合理性，从而确保工程效益最大化。

②在选择施工场地时，应优先考虑远离居民密集区的地方，以降低对居民生活和生产的干扰。以贵州省兴义地区为例，该地区位于喀斯特地形区，水利工程的建设应紧密结合当地实际情况，确保在保护生态环境的同时，实现工程效益的最大化。

③重视施工成本控制，提高水利工程实施的便捷性，通过优化施工规划，确保水利工程建设的质量与生态环境健康发展相协调。

（四）制定全面的江河流域规划

水利工程和生态环境保护是推动经济持续健康发展的两大基石。在制订施工方案和选址时，必须高度重视生态环境的保护工作。因此，在实施水利工程施工时，应当紧密结合当地江河流域的实际情况，制定出更为周全和详尽的施工规划。尽管我国在河流治理方面积累了丰富的经验，但由于社会生产和民众生活的影响，众多河流仍面临一定的污染问题，从而导致其自然环境发生了显著变化。

在进行水利工程建设时,技术人员需深入了解不同流域的具体状况,进行风险评估及后续施工评价,并遵循自然规律,做好相应流域的施工管理工作。此外,还可以通过政策引导,强化各部门的协同管理和质量监督,确保该流域资源得到有效治理,从而提升整体质量。

(五) 建立基于环境可持续发展的补偿机制

水利工程的规模庞大,其施工过程需要大量资金的支撑,以保障施工的顺利进行,并预防项目因资金短缺而停工,进而对生态环境造成潜在危害。然而,巨额的资金投入对地方财政而言可能构成不小的压力。为此,相关主管部门和公共机构需构建一套生态补偿机制,通过制定与当地经济状况相符的政策和规定,使这些措施既满足生态环境保护的需求,也符合经济发展的规律,从而减轻对生态环境的影响。在制定生态补偿机制时,还需明晰施工单位的职责,坚持"谁污染、谁治理"的原则,明确责任主体和范围,保证水利工程建设的质量,进而推动生态环境的可持续发展。

水利工程的建设不可避免地会对环境产生一定的冲击。为确保工程竣工后生态环境的恢复,必须构建一个基于环境可持续性的补偿机制。

首先,设计一套科学、合理的方法,用以量化水利工程建设带来的环境损害成本,并深入探索相应的补偿方案,特别是针对水利设施建设所涉及的移民补偿问题。

其次,应充分发挥水利工程的供水功能,为周边地区和库区上游提供水资源,这不仅有助于推动区域经济发展,还能有效保护当地环境。

最后,在利用水利设施开发水资源时,必须兼顾周边地区的经济和生活用水需求,特别注重科学合理地利用水资源,以维护生态平衡,确保充足的水资源供应,同时保持生态的稳定与和谐。

第二章 水利工程的组成

水利工程是指为了合理利用水资源，保障人民群众的生产生活需要而进行的工程建设，水利工程的发展和应用，不仅关系到人民群众的福祉，也对国家的经济发展和生态环境保护起到了重要的推动作用。水利工程涵盖了多个方面的工程内容，这些工程相互联系，共同构建了水利工程体系，为社会经济的可持续发展提供了坚实的基础和保障。本章主要围绕防洪治河工程、取水枢纽工程、灌排工程、蓄泄水枢纽工程以及给排水工程五个方面进行叙述。

第一节 防洪治河工程

河流与人类的生存与发展紧密相连，它们不仅是发电和航运的关键资源，也是推动社会经济繁荣的重要动力。然而，洪水也时常给人类带来巨大的破坏。随着社会的进步，人们对河流的利用和管理提出了更高要求，防洪治河工程也因此成了水利工程中不可或缺的一部分。为了有效应对洪水，需要深入了解河势的演变趋势，掌握河流的自然规律，并在此基础上统筹规划河道的防洪与开发利用。通过因河制宜的治理措施和科学的防汛抢险预案，可以在保障河流生态平衡的前提下，最大限度地利用洪水资源，实现人与自然的和谐共生。

洪水调控的核心理念在于拦阻、储蓄、分流和疏泄，以科学合理地应对江河洪水的威胁。防洪策略则涵盖了工程性与非工程性两大类措施。在工程性措施方面，通常采用河道整治、修筑堤坝、设计分洪系统、构建蓄水工程以及进行水土保持等方法。而在非工程性措施方面，则采用洪水预警系统、洪水风险评估、防洪区域的有效管理以及洪水保险等策略。接下来，将聚焦于洪水及其应对措施，详细介绍河道整治工程、堤防工程的构建，以及分洪、蓄水、滞洪工程等相关内容。

一、防洪工程

（一）洪水特征及类别

洪水是由流域内连续的降水或冰雪迅速融化所引发的自然现象，导致大量地表径流急剧汇聚到江河中，进而造成江河的水位迅猛上升和流量急剧增加。这一现象不仅受到气候、地形地貌等自然因素的影响，还受到人类活动，如城市扩张、土地利用变化等的深刻影响。由于这些复杂因素的作用，洪水往往容易演变成洪涝灾害，对人类社会造成重大损失。

1. 洪水特征

洪水特征通常通过洪峰流量、洪峰总量、洪水过程线、洪水频率、洪峰水位以及防洪标准等参数进行描述。

①洪峰流量。在一次洪水涨落的过程中，洪峰流量是指出现的最大流量值。

②洪峰总量。一次洪水过程中，从洪水初现至回落到基流流量的整个历时期间的总水量被定义为洪峰总量。

③洪水过程线。洪水过程线是通过将某次洪水的实测流量值按照时间顺序绘制在图纸上，并连接成平滑的曲线来呈现的。这个曲线反映了洪水随时间的变化过程，而该次洪水持续的时间则被称为洪水历时。

④洪水频率。洪水频率是指一个表示某一洪水在多年内发生可能性的概率值。通常以百年为单位的出现次数来表示，用百分数进行量化。而洪水重现期则是洪水频率的倒数。

⑤洪峰水位。在一次洪水过程中，出现的最高水位即为洪峰水位，它与洪峰流量之间存在对应关系。

⑥防洪标准。防洪标准是指为河道防洪工程设定的防御洪水的标准，通常用洪水频率来表示。也有工程采用历史上发生的某次特定洪水为标准。防洪标准的设定取决于工程所保护区域的重要性、该河段的历史洪水情况以及政治和经济因素。

2. 洪水类别

洪水按出现的区域不同，一般分为河流洪水、湖泊洪水和海岸洪水。

（1）河流洪水

我国内陆的主要河流及支流常常面临洪水的威胁。这些河流洪水以其高峰值和巨大的流量著称，持续时间较长，且波及范围广泛，给人们的生命财产安全带来极大威胁。根据引发因素的不同，河流洪水可被细分为多种类型，如暴雨导致的洪水，由雪融化引发的洪水，山洪暴发、泥石流、冰凌阻塞河道形成的洪水，以及水库大坝溃决造成的洪水等。其中，暴雨洪水和融雪洪水与天气状况和气候变化紧密相连，这两种洪水具有明显的季节性特征，是常见的洪水类型。

①暴雨洪水主要出现在夏季和秋季，这两个时期的洪水通常被称为伏汛（夏汛）和秋汛。夏季来临，降雨逐渐增多，大雨和暴雨的出现概率也相应增加，从而形成了伏汛。而当立秋之后，阴雨连绵，降雨持续的时间更长，导致洪水总量增大，形成了秋汛。暴雨洪水通常是由高强度的降雨带来的大量地表径流汇集到江河中所形成的，这种情况主要发生在我国的中低纬度地区。大江大河流域面积广泛，且通过河网、湖泊和水库的水量调蓄作用，来自不同支流的洪峰在汇集到干流时，各支流的洪水过程常常会相互叠加，从而形成了历时较长、涨落较为平缓的洪峰。然而，由于小河流域面积较小以及河网的水量调蓄能力有限，一次暴雨就有可能引发一次涨落迅猛的洪峰。

②融雪洪水主要在高纬度严寒地区或高山积雪区域发生，这是由于冬季时这些地区积累了较厚的积雪。随着气温的大幅升高，这些积雪迅速融化，形成了融雪洪水。在我国，融雪洪水主要发生在高纬度积雪地区或高山积雪地区，这些地区的特殊气候条件使得融雪洪水成为一种常见的自然灾害。

③山洪是在山区溪沟中发生的一种水位迅速上涨又迅速回落的自然现象。由于山区地

势陡峭，地面和河床的坡度都很大，降雨后水流的形成和汇集速度非常快，因此山洪往往伴随着急剧的洪峰涨落。这种特性使得山洪具有极强的突发性、水量集中和破坏力巨大等特点。然而，尽管山洪的破坏力很大，但其灾害波及范围相对较小，主要集中在山区溪沟附近。

④泥石流是由山洪引发的山坡或岸壁崩坍，导致大量泥土和石块与水流混合形成的固体径流。这种现象发生时，崩坍的泥石迅速被水流冲刷携带，形成一股巨大的泥石流，沿着斜坡或沟谷迅速下泄。

⑤冰凌洪水主要出现在黄河、海河、辽河、松花江等北方水系。这些河流中，有些河段从低纬度流向高纬度。当气温逐渐升高，河流开始解冻时，低纬度上游的河段会先于高纬度下游河段解冻。因此，上游的河水和冰块会在下游河床中积聚，形成冰坝，进而可能引发灾害。除此之外，冬春季节交替之际，由于河流上下游封冻和解冻时间的差异，也存在冰凌洪水发生的可能。

⑥溃坝洪水描述的是大坝或其他用于阻挡水流的建筑物在瞬间崩溃的情景，这时大量的水体会猛然向下游河道倾泻。这种突发的水流对下游地区的人民生命和财产安全构成严重威胁。尽管溃坝洪水的影响范围可能相对有限，但其带来的破坏力却是极为巨大的。

（2）湖泊洪水

湖泊洪水主要源自河湖之间的水量交换、湖面受到的大风影响，或是这两种因素共同作用的结果。当湖泊遭遇入湖洪水的冲击，并同时受到江河洪水的强烈顶托时，湖泊的水位会急剧上升。此外，盛行风的作用也会引发湖水运动，形成较大的波浪，进而可能引发洪水。

（3）海岸洪水

我国的沿海地区时常面临着海岸洪水的威胁。这些洪水主要由三大因素引发。首先是天文潮，这是由于月球和太阳的引力作用，导致海水周期性涨落的现象；其次，风暴潮也是一个重要的因素，它通常由台风、温带气旋、冷锋等强风以及气压的急剧变化所引发；最后，海啸也是一种可能引发海岸洪水的自然灾害，它通常是由水下地震或火山爆发产生的巨大海浪所导致。

（二）防洪措施

1. 堤坝建设

建设堤坝是一项重要的防洪措施，它能有效阻挡洪水的侵袭，通过调节洪峰流量和减缓洪水冲击保护沿岸地区的安全。除了防洪功能外，堤坝还为农业灌溉、城市供水以及发电等提供了宝贵的水资源，对提升水资源利用效率、促进农业生产和经济发展具有深远的影响。在实施堤坝建设时，首要步骤是进行详尽的地质调查和勘探，以掌握工程所在地的地质结构、岩土特性和地下水状况。随后，根据设计规范和预测的洪水情况，精确确定堤坝的高度、宽度和长度等关键参数，并制定出周密的建设规划。在设计过程中，必须全面考虑可能出现的各种洪水情景，以确保堤坝在最极端的洪水条件下也能稳定运行。

在堤坝建设的施工阶段，选取适当的材料和施工工艺是至关重要的，它们直接决定了堤坝的稳定性和密实性。土石方、混凝土和沙袋等都是常见的堤坝建筑材料。在大坝的建设过程中，夯实方法如多级夯筑和均质夯筑被广泛采用，以确保大坝的内部结构坚固并与地基紧密结合。此外，严格的质量监控和安全监测措施也是必不可少的，它们为大坝在运行中的安全性和稳定性提供了坚实保障。堤坝的抗洪能力与其尺寸、结构和所选材料息息相关，因此在设计阶段，必须科学合理地确定大坝的高程、宽度和长度等关键参数，以确保其能够适应各种可能的洪水情况。同时，大坝与上下游的协调同样重要，合理布置泄洪孔和泄洪闸，确保洪水能够得到及时有效的控制和调节。

2. 抢险救援装备

在防洪抢险救援工作中，加固河堤是不可或缺的一环。通过精心策划和配备适当的装备，可以显著提高救援行动的有效性和成功率。

工程机械在防洪抢险中发挥着至关重要的作用，如挖掘机、推土机和装载机等，它们能够快速清理河堤表面的杂物，修复受损部分，从而增强河堤的防洪能力，保持其稳定性和完整性。

各种护岸材料，如沙袋、石块和混凝土块等，用来筑堤、修补河堤，以防止洪水对河堤的冲击，从而将洪水控制在可控的范围内。

防洪设备的运用也是至关重要的，如水位测量仪、预警系统和抽水设备等，它们能够提前监测水位变化，预警可能的洪水，并帮助人们及时采取应对措施，以减少洪灾带来的影响。

各种加固工具，如铁锹、镐和铁丝网等，用以加固河堤、固定防洪设备，甚至进行临时性维修，这些都是抢险救援工作中不可或缺的工具。

输送工具，包括船只、橡皮艇、越野车以及吉普车等，能够迅速地将救援人员和所需装备送达抢险点，从而极大地提高了救援的响应速度和效率。

应急能源设备，如发电机和 UPS（uninterruptible power supply，不间断电源）设备等，对于确保通信设备和各种救援装备的稳定运行至关重要。在紧急救援过程中，这些设备提供了不可或缺的电力保障，确保了在关键时刻通信畅通无阻，救援行动得以高效进行。

救援人员所配备的人员装备，如救生衣、安全帽、手套以及防护服等，以及应急通信设备，不仅保障了救援人员的安全，还确保了救援过程中的有效沟通。

综上所述，在防洪抢险救援工作中，准备充足且适用的装备是确保救援成功以及最大限度减轻灾害损失的关键要素。

3. 水位调控技术

通过精准而适时的水位调控，可以有效地缓解洪水带来的巨大冲击，并防止水位骤升导致的更严重的灾难。在水利工程建设中，水位调控策略发挥着至关重要的作用，特别是在洪水频发区域和水位变动幅度较大的河流流域中显得尤为重要。为达到这一目的，主要采取以下手段：水闸的设置、泄洪孔和泄洪道的运用。水闸，作为一种能够控制水流通过的建筑物，通过调整水闸门的开关状态，可以对水位进行灵活调整。当洪水威胁逼近时，通过精确控制水闸的启闭程度，能够调节水流的速率和流量，进而削弱洪水的冲击力。而泄洪孔和泄洪道则作为直接排泄洪水的通道，能够快速降低水位，为下游地区筑起防洪的屏障。实施水位调控技术需要全面考虑诸多因素，包括洪水的预测数据、调整水位的最佳时机以及上下游水位之间的关联等。

因此，建立一套完善的水文监测与预报体系是至关重要的，能够帮助人们实时掌握洪水动态，精准预测其发展趋势。此外，制定切实有效的水位调控方案和应急预案也是必不可少的，能够明确调控目标和采取的措施，确保水位调控工作的科学性和灵活性。

4. 河道疏浚和修复

随着时间的流逝，河道在持续的水流冲刷下，逐渐出现淤积、堆积和漫滩的现象。这些现象导致河道的截面逐渐减小，流量也相应减少，进而影响了河道的输水能力和洪水排泄能力。当洪水来临时，这些问题会使河道更容易泛滥，从而加大了洪水的冲击力和灾害风险，针对以上问题主要通过河道疏浚和修复来解决。

河道疏浚是通过人工或机械设备，对河道内部的淤泥、杂物进行清理，以恢复河道原始的截面形态，并提升河道的输水能力。这一过程旨在减少洪水在河道中流动的阻力，确保洪水能够更加顺畅地泄洪，也可以有效减轻洪水对沿岸地区的影响，降低灾害风险，保护人民的生命财产安全。

河道修复是一个综合性的过程，涵盖了河道及其周边环境的整治和生态恢复。其目的是提升河道的自净能力以及自我稳定能力，从而保障其健康、可持续地运行。为了实现这一目标，河道修复可以采取多种措施，如植被的恢复、岸坡的加固以及防护林带的建设等。这些措施不仅能够增加河道的生态功能，还能改善其生态环境，促进生态平衡。

河道疏浚与修复工作务必经过精心规划与科学施工，尤其需要加强与沿岸居民的沟通与协调。在疏浚与修复过程中，必须高度重视对河道旁自然资源的保护与合理利用，以防止对生态环境造成进一步损害。同时，也要深入了解当地居民的需求和意见，尊重他们的生活方式和生态理念，确保工程能够顺利推进并得到当地居民的支持与配合。只有这样，才能在保障河道功能的同时，实现人与自然的和谐共生。

5. 洪水预警系统

洪水预警机制在防洪救灾工作中占据了举足轻重的地位，其在水利设施体系中的重要性不容忽视。随着全球气候的波动和城市化进程的加快，洪水灾害的发生频率与严重性日益增强，因此，构建一个精确且高效的洪水预警机制对于保护民众的生命与财产安全、降低灾害带来的损失具有重大的实际意义。该预警机制通过采集、传输、处理和分析包括气象、水文、水位等在内的多元数据，结合流域模拟和预测技术，实现对洪水的实时监测、预报和预警。其中，气象数据主要用来预测可能导致洪水的极端气候事件，而水文和水位数据则用于监控河流和湖泊的水位动态。通过对这些数据的实时追踪和分析，系统能够提前揭示洪水的发生时间、波及范围、强度大小及演变趋势，为相关部门和民众提供预警信息，以便他们拥有足够的时间进行应对准备和疏散撤离。洪水预警系统的建设涉及多个方面的技术和设施。

首先，首要任务是构建遍布各地的气象观测站、水文监测站和水位测量点网络，以确保数据的完整性和精确性。

其次，需要打造一个高效的数据传输网络和数据处理平台，使数据能够实时传输并得到快速分析。此外，利用先进的数值模型和预测算法，可以进行洪水的数值模拟和预测，从而提高预警的精确性和可靠性。同时，建立有效的信息传递和沟通机制，确保预警信息能够及时传达给相关部门和群众，是洪水预警系统不可或缺的一环。

总之，面对气候变化带来的挑战，洪水灾害的频发和严重性不容忽视。这就要求人们紧密关注气象和水文数据的变化，持续优化防洪技术，提升灾害应对能力。防洪抢险技术的应用，作为水利工程建设中的核心任务，直接关系到人民群众的生命财产安全和国家的经济社会发展。必须坚定信心，保持创新精神，团结一致，不断完善防洪抢险体系，为建设安全、稳定、繁荣的社会贡献积极力量。只有这样，才能更好地应对洪水灾害，推动水利工程的可持续发展，为千家万户带来福祉。

（三）分洪、滞洪、蓄洪工程

平原型河流与游荡型河流，由于河道宽浅且淤积严重，主槽在洪水期间容易左右摆动，导致河水泛滥。为了防止这种情况，我国主要依靠堤防进行防洪。然而，目前我国多数河流的堤防防洪标准相对较低，一旦遭遇超标洪水，沿河两岸将面临巨大的经济损失。针对这一现状，需要采取有针对性的防洪措施，如分流、蓄水、滞洪等，确保沿河两岸城镇及农田的防洪安全，最大限度地降低洪灾带来的损失。

分洪是指将洪水引导至其他河流、湖泊或低洼地带等地方以减轻主要河道的洪水压力。而滞洪则是将洪水暂时储存在洪泛区，待洪峰过后，再将洪水重新引导回原河道。另一种防洪措施是在河道上修建水库，利用水库的防洪库容来拦蓄洪水，这种方法被称为蓄洪。这些分洪、滞洪和蓄洪的工程措施在防洪减灾中发挥着重要作用，有助于保护人民生命财产安全和社会的稳定。

1. 分洪工程

分洪工程主要是通过在洪泛区（如滞洪洼、淀）建造分洪闸，来实现对河道洪水的调控。当下游河道的泄洪能力不足以应对上游来水时，分洪工程能够通过分洪闸将部分洪水引入滞洪区，或者通过分洪道引导至下游河道或相邻的其他河道。这种方式有效地降低了下游河道的洪水压力，从而减少了洪水灾害的风险。分洪的方式灵活多样，包括直接将洪水引入海洋、分流至其他河道，以及将洪水引入泛洪区后，再绕过该区域泄至下游。

针对河流入海口泄洪不畅的问题，如果地形条件允许，可以新建一条河道，将多余的洪水直接分流入海。例如，海河通过独流减河实现了有效的洪水分流。另外，如果相邻河流的洪水高峰期与主河道不同，也可以考虑将部分洪水引入这些河流。淮河就是通过淮沭新河成功地将洪水分流入新沂河，从而减轻了下游的防洪压力。此外，当防洪堤受到洪水威胁，并且当所保护的区域非常重要时，可以采取将部分洪水引入泛洪区的策略。这样，洪水可以在泛洪区内绕行，最终流向下游。以长江流域的荆江分洪区为例，当长江发大洪水威胁到荆江大堤的安全时，可以通过打开北闸（分洪闸），将部分长江洪水引入荆江分洪区，使其绕行后流入长江下游，从而降低荆江大堤的防洪压力，确保安全度过汛期。

在规划分洪工程的过程中，通常建议将分洪与垦殖活动相结合，实现两者有序、协调地发展。这样的做法不仅可以充分利用土地资源，还可以确保分洪和垦殖活动在计划内有序进行。在规划分洪区时，应当综合考虑以下几个关键因素。

①将河道两岸的湖泊和洼地作为分洪区，不仅能够调节洪水，还能降低分洪过程中对土地的过度占用。

②为了确保分洪效果的最大化，分洪区的选址应尽可能靠近需要保护的区域，因为分洪效果在分洪口附近最为明显。

③在选择分洪区的过程中,应根据洪峰的大小来做出决策,以追求经济合理性和减少耕地占用为目标。

④在规划分洪区时,需要将分洪区内的建筑物纳入考虑范围,以确保两者的协调性和一致性。

2. 滞洪工程

滞洪区通常位于低洼地带、湖泊区域、预先设定的人工滞洪区以及废弃的河道等地。为了有效管理水位,通常会建设闸门进行水位控制。在河道水位较低的时候,会开启闸门以降低湖泊和洼地的水位。随后,关闭闸门以防止水流反向灌入。当洪水的水位达到堤防的防洪限制水位时,会打开分洪闸门,使洪水进入滞洪区。待洪峰过去后,在适当的时间,滞洪区的水再通过泄洪闸门流回原河道。

滞洪区的分洪闸一般维持关闭,只有在河道洪水水位上涨至威胁下游河道安全的程度时,才会开启以泄洪。当河道水位下降到安全水平后,滞洪区的水会重新排入原河道。在枯水年份或季节,滞洪区还需承担农业生产的重任,因此需建立灌排渠系,干旱时从河道引水灌溉,雨季则排出内涝积水。为了优化工程成本,排水系统的出口应与泄洪出口相协调。同时,为确保居民安全,滞洪区内的居民应居住在较高的台地上,并在居住区周围构建围堤。在滞洪期间,居民需撤离滞洪区。

3. 蓄洪工程

通过合理利用山谷水库和湖泊洼地的自然地理条件,可以在这些区域实施洪水调蓄措施,从而有效预防洪水灾害的发生,这种策略就是蓄洪。一般来说,山谷水库多选择建设在河流的中上游河谷区域,以便更好地拦蓄和调节洪水。相对而言,湖泊洼地则更多地被用于河流中下游平原地区,通过其广阔的水域面积和地形低洼的特点,起到分散和减轻洪水压力的作用。

二、治河工程

治河工程是一项旨在适应社会发展需求,遵循河道自然演变规律,以稳定河势、改善河道边界条件、优化水流流态和提升生态环境为目标的治理活动。根据不同的整治目的和设计流量,治河工程可以分为洪水整治、中水整治和枯水整治三种类型。

治河工程是依据河道整治规划,为达成稳定河道、缩减主河槽游荡范围、优化河流边界条件及水流流态的目的而实施的一系列工程措施。这些措施旨在改善河道的整体环境和功能,确保河流在经济社会发展中持续发挥重要作用。

(一)治河工程的必要性

1. 治河工程是城乡一体化建设的必然要求

河道治理是城乡一体化建设的必然要求,也是保障防洪抗旱以及改善水生态环境的关键环节。通过科学合理的河道治理措施,可以有效应对洪涝灾害,保障人民生命财产安全;同时,也能促进水资源的合理利用,优化水生态环境以及实现水资源的可持续利用。

2.治河工程是打造良好生态环境的要求

通过有效治理,可以解决河道淤积的问题,进而通过河岸的硬化和绿化措施,预防水土流失,积极保护生态环境。这样的举措不仅有利于生态平衡,更为周边居民创造了一个理想的、亲近自然的生态环境。

3.治河工程是发挥河道功能的要求

整治工作涉及引水、排水、蓄水、供水、生态保护及航运等多重功能,旨在恢复并提升河道的整体性能。这样,河道就能在推动区域经济发展中发挥出其应有的积极作用。

4.治河工程旨在提升周边民众生活品质

治河工程涵盖了从清淤到砌筑护岸再到绿化的多个方面。通过实施这些措施,能够实现水质清澈、河岸绿意盎然以及景观优美。这不仅意味着人与自然之间的和谐共存,同时也意味着周边居民生活水平的显著提高。

(二)治河工程主要措施

1.工程建设方面

在整治排涝引水河道的过程中,河道疏浚、堤坝加固以及水土保护等大规模工程措施是不可或缺的。这些工程措施对于治河工程的效果以及持久性具有直接并且深远的影响。

(1)河道疏浚

确保河道流量和防洪能力的核心技术在于河道的疏浚工作。通过有效去除河床的淤泥和杂物,不仅增大了河道的容量,还提高了排涝效率,使得河道在面对洪涝灾害时更具应对能力。然而,这一技术的实施需依赖于精准的河床测量和对沉积物特性的深入了解。只有在充分了解河床状况及沉积物性质的基础上,才能确保疏浚工作的高效性与环保性,进而为河道的长期健康运行提供保障。

(2)堤坝加固

堤坝加固对于保障排涝引水系统的安全至关重要。为了实现这一目标,需要修复并加固堤坝的结构,以增强其抵抗洪水和水流侵蚀的能力,通常涉及采用抗冲材料和现代工程技术,如使用高强度混凝土、钢筋等材料,并运用先进的结构设计理念和技术手段,从而确保堤坝的稳定性和耐久性得到显著提升。

(3)水土保护

这些工程措施的核心目的是降低水流对土壤的冲刷作用,从而维护河道周边土地的稳定性和生态健康。具体实践中,可以采取一系列措施,包括建设梯田以减缓水流速度、种植护坡植被以固土护坡以及构建防水土流失的工程结构等。这些举措不仅有助于保护河道生态,还能够提升农业生产的效率和质量,实现生态与经济的双重效益。

2.水文和水资源管理方面

在治河工程工作中,水文和水资源管理同样占据着举足轻重的地位。这些技术和措施的核心在于对水流进行持续的监测、深入的分析和科学的管理,旨在确保水资源的合理利用与有效保护。

(1)水文监测和分析

精确的水文数据是制定河道整治方案不可或缺的基础。通过对河流流量、流速、水位和水质等关键参数的持续监测，可以全面把握河道的水文特性。这些数据不仅有助于预测洪水和干旱等自然灾害，还为河道的设计和管理提供了科学依据。

（2）水量控制和分配

在整治项目中，合理调控和分配水资源显得尤为重要。为实现这一目标，需构建水库、节制闸以及引水渠道等水利设施，以确保不同区域和季节之间的水资源平衡。此外，必须全面考虑农业灌溉、生态保护以及居民生活用水的均衡，以满足多方面的需求。

（3）水质保护和管理

确保水资源可持续利用的核心在于保护河道水质。这涵盖了防止工业废水和农业污染物进入水体的关键措施，同时实施河流生态修复也是不可或缺的一环。只有维护了良好的水质，才能够确保农业用水的安全，同时也可以为水生生态系统提供坚实的保护屏障。

第二节 取水枢纽工程

一、取水枢纽工程的作用和类型

取水枢纽工程是一种低水头的枢纽，主要用于从天然地表水源（如河道、湖泊）自流引水。其主要目的是满足农业灌溉、工业发电以及日常生活等多个方面的用水需求。在取水过程中，枢纽不仅要确保水量的充足，还需满足各部门对水质的不同要求，确保所提供的水资源既充足又符合使用标准。

天然河流作为人类不可或缺的水利资源，其取水方式主要是通过在河道上建造各种取水建筑物来实现的，如引水隧洞的进水口段、灌溉渠首和供水用的扬水站等，以达到取水的目的，并且要特别关注防止粗颗粒泥沙进入渠道，因为它们的进入可能会导致渠道的淤积，并对水轮机或水泵的叶片造成磨损，从而影响整个渠道和水电站的正常运行。鉴于取水枢纽位于渠道的首部，它又被称作渠首工程。

根据河道水位和流量的不同变化，取水枢纽可以被划分为三大类别：水库放水、泵站提水和自流引水。

水库放水是一种通过修建水库来调节河流水量，然后将其释放到渠道中以供下游使用的取水方式。

泵站提水则适用于河道水量满足引水需求，但水位过低，无法满足自流引水条件的情况。在这种情况下，可以在灌区附近建立抽水站，通过提水灌溉的方式满足用水需求，这种取水枢纽被称为提水引水枢纽。

自流引水枢纽则根据是否具备拦河建筑物进一步细分为无坝取水枢纽和有坝取水枢纽。无坝取水枢纽通常不需要建设大型的拦河设施，而有坝取水枢纽则需要通过建设坝体等结构来实现取水的目的。本节主要讲述自流引水枢纽的两个类型。

（一）有坝取水枢纽工程

有坝取水，是指在河流中构建水坝以截流，使得河道水位得以提升，从而方便地从河流中抽取水源。为了成功实施有坝取水，需要选择地形地质条件优越的地方进行水坝建设，这样可以为两岸的取水活动提供便利，并保证取水的水质和水量满足既定要求。这种取水方式一般适用于那些河道流量足够满足引水量需求，但水位却低于设计水位的情况。

目前，我国修建的众多有坝取水枢纽主要包括冲沙槽式取水枢纽、底栏栅式取水枢纽、分层式取水枢纽、人工弯道式取水枢纽以及闸坝式取水枢纽。这些枢纽类型在我国的水利工程建设中占据了重要地位，各有其独特的特点和应用场景。

①冲沙槽式取水枢纽，主要由拦河建筑物、进水闸、冲沙闸和冲沙槽等关键部分构成，其运行原理在于"侧面引水，正面排沙"。具体而言，根据枢纽的结构和设计，可以分为拦河闸式冲沙槽式取水枢纽和低坝冲沙槽式取水枢纽两种类型。

②底栏栅式取水枢纽，这种取水枢纽由栏栅堰、冲沙闸、溢洪堰和导流堤等多个部分构成，其结构设计简单实用，施工便捷，成本较低，且管理维护方便。在我国西北地区的山溪性卵石河流中，这种取水枢纽得到了广泛应用，其引水防沙的效果显著，为当地的水利建设和农业发展做出了重要贡献。

③分层式取水枢纽，这种取水枢纽利用廊道进行冲沙，廊道进口处设有闸门，使得取水与冲沙可以同时进行，特别适合多泥沙的河流环境。由于其主要抽取的是表层水，因此防沙效果极佳。根据结构和设计的不同，这种取水枢纽可以分为悬板分层式取水枢纽和竖井分层式取水枢纽两种类型。

④人工弯道式取水枢纽，这种取水枢纽由人工弯道、溢流堰、进水闸、冲沙闸和泄洪闸等多个部分构成。其主要工作原理是利用水流经过人工弯道时产生的横向环流，将推移质泥沙导向凸岸，并通过泄洪冲沙闸将其排向下游。

⑤闸坝式取水枢纽，通过拦河闸来控制水流，这种方式既灵活又方便。利用拦河水闸，可以有效地抬高水位，特别是在枯水期，通过合理的控制调度，可以确保取水量和排沙效果。当洪水来临时，只需打开闸门，让洪水顺畅地流向下游，同时冲刷掉闸前淤积的泥沙。闸坝式取水枢纽专门设计来抽取表层的清澈水流，而颗粒较大的推移质泥沙则会自然沉积在渠底。这些泥沙随后通过泄洪冲沙闸被排往下游河道，从而实现了既引水又防沙的目的。

（二）无坝取水枢纽工程

无坝取水是指无须在河道上建立诸如水闸、挡水坝之类的水利工程，而是直接借助河道的自然水流进行引水。这种方式主要适用于水量充沛、引水比例不高、水位和河流走势基本符合引水需求的河流。由于无坝取水枢纽工程构造相对简洁，所需投资较少，对自然河道的影响较小，与航运、渔业等其他经济领域的需求冲突也较小，因此在水利工程建设中其得到了广泛应用。

1. 按取水口数量分类

根据取水口数量，无坝取水枢纽工程可分为一首制渠首和多首制渠首两种形式。

（1）一首制渠首

一首制渠首仅设有一个取水口，根据是否配备进水闸，其取水口又可分为有闸和无闸两种类型。在无闸设计的情况下，如果河流中进沙量较大且未能及时进行清淤处理，那么在低水位时，渠首将无法有效地将水引入渠道。通常，一首制渠首更适用于那些泥沙含量较少的河流。

（2）多首制渠首

多首制渠首的设计特点是拥有多于一个的取水口，通常配置2～3条引水渠来引导水流。这些引水渠的入口或汇合处可以安装进水闸以控制水流。在河道流量较小时，多条引水渠协同工作，能够满足生活和生产的用水需求。相反，当河道流量较大时，可以选择只通过一条或两条引水渠进行引水，而让其他引水渠进行清淤，从而防止渠道内泥沙的淤积。多首制渠首的设计更适用于那些多沙且水流不稳定的游荡型河流。

2. 按平面布置形式分类

根据平面布置形式的不同，无坝渠首可以分为两种类型：引渠式渠首和岸边式渠首。

（1）引渠式渠首

引渠式渠首的设计考虑了沉沙功能，因此在进水闸前设置了引水池，该引水池不仅能引导水流，还具有沉淀沙粒的作用。在渠道的末端，通过巧妙的布局，进水闸和冲沙闸分别负责引入清水和排除含沙水流。具体来说，进水闸利用正面引水的方式，将表层的清水引入渠道，而底层的含沙水流则通过沉淀后，由泄洪冲沙闸排出至下游河道。这种取水方式特别适用于河岸土质较差、容易受水流冲刷而变形的环境，有效地确保了渠首的稳定性和引水质量。

（2）岸边式渠首

岸边式渠首适用于河床两岸岩体坚实稳定的河流环境，通常选择在泥沙含量较高的河流中建设。在设计时，进水闸的位置需要谨慎选择，以避免过于远离河岸，这样可以缩短进水闸前的渠道长度，从而减少泥沙在渠道内的淤积。通过合理的布局，可以更方便地进行冲沙操作。

3. 按取水方式分类

根据取水方式的不同，无坝渠首可以划分为自流式引水和动力式提水两种类型。

（1）自流式引水

自流式引水是一种自然引水方式，通常无须额外施加外力即可从河道中取水。它利用河流水位与渠首设计水位之间的高度差，通过引渠或引水管道使水自然流入渠道，满足生产和生活用水需求。这种方式既经济又环保，广泛应用于各种水利工程中。

（2）动力式提水

动力式提水是一种广泛适用的取水方式，它依赖于外部力量的驱动，以便从河流中提取水源，进而满足各种生产和生活的需求。考虑到河道的特性、地形地貌以及具体的用水需求，动力式提水有着广阔的适用范围。然而，其应用也要求一定的技术水准，以确保提水过程的效率和安全性。

二、取水枢纽工程的工作特点

（一）无坝取水枢纽的工作特点

1. 受河道水位涨落的影响较大

由于无坝取水枢纽缺乏拦河建筑物，无法对河道的水位和流量进行有效控制。在枯水期，由于河道中的天然水位较低，可能无法满足所需的引水流量，因此引水保证率相对较低。然而，到了汛期，河道中的水位会上升，同时含沙量也会增大。这就要求渠首的布置不仅要灵活适应河水的涨落变化，还必须采取切实有效的防沙措施，以确保取水的顺利进行。

2. 河床变迁的影响较大

当取水口位置的河床稳定性受到威胁时，主流线可能会产生摆动。这种摆动一旦导致主流远离取水口，就会引发取水口的淤积问题，使得引水变得不顺畅。在极端情况下，取水口甚至可能因过度淤积而被迫废弃。以黄河人民胜利渠渠首为例，由于河床的不断变迁，进水闸前堆积了大量沙滩，使得引水变得极为困难。同样，郑州东风渠首曾经也因为黄河河床的变迁，取水口被泥沙淤塞而不得不废弃。因此，在不稳定河流上进行引水时，选择取水口的位置应优先考虑靠近主流的地方。同时，还需要定期对河势进行观察和监测，一旦发现河床有变迁的趋势，应及时采取整治措施，防止河床的不稳定对取水口造成不利影响。

3. 水流转弯的影响

当从河道的直段侧面进行引水时，水流会因为转向而形成一个弯道，进而产生环流。这种环流会导致进入渠道的表层水流宽度显著小于底层水流的宽度，从而使大量的推移质泥沙随底层水流一同进入渠道。随着引水比的增加，即引水流量与河道流量的比值增大，进入渠道的泥沙量也会相应增加。当引水比达到50%时，河道的泥沙绝大部分会进入渠道。因此，基于这些考虑，某些国外规范规定，引水量不应超过天然河道流量的1/4。在河道直线段设置取水口时，为了减少推移质泥沙进入渠道，还需采取适当的防沙措施。

4. 渠首运行管理的影响

渠首的运行管理质量对防止泥沙进入渠道起着至关重要的作用。鉴于河流中的泥沙往往在洪水期间达到高峰，如果渠首管理得当，能够在这一时期选择关闭闸门或减少引水量，便能有效地避开泥沙高峰。这样的策略能够大幅减少泥沙进入渠道，从而避免渠道淤积问题的发生。

（二）有坝渠首的工作特点

1. 对上游河床的影响

当有坝渠首开始运行后，河道上游的水位会上升，水深会增加，而流速则会相应减缓。这种情况下，河流的挟沙能力会下降，导致泥沙在上游逐渐淤积，河床被不断抬高。这种沉积过程发展得非常迅速，有时甚至在一次洪水过后，坝前就会被淤积平坦。特别是在山区河流中，由于携带的泥沙多为砾石和大块石，坝前的淤积往往会超过坝顶的高度。例如，在陕西的梅惠渠，坝前的淤积高度比坝顶高出2 m。当壅水坝被淤积平坦后，它将失去对水流的控制功能，进水闸将处于无坝取水的状态。这种情况下，如果河道的主流发生摆动，上游河床可能会形成多个支流，导致取水口前的深槽变得不稳定，从而引发饮水困难的问题。

2. 对下游河床的影响

在渠首开始运作的初期阶段，壅水坝的建造导致水位上升，进而引起大量泥沙在上游区域沉积。由于下泄的水流中泥沙含量较少，它具备了强大的冲刷能力，导致下游河床经历了显著的冲刷过程。然而，随着坝前区域的逐渐淤积变平，坝顶溢流的含沙量开始增加。同时，由于渠首抽取了一部分水量，下泄的流量相应减少，降低了水流的挟沙能力。因此，下游河床开始再次遭受淤积。如果河床的地形较为平缓，淤积会导致河床逐渐升高。在某些严重情况下，这种淤积甚至可能将整个坝体埋没。

三、取水枢纽布置的一般要求

取水枢纽作为整个渠系的关键节点，其布局的合理性对于实现工程效益具有至关重要的影响。除了确保枢纽内的各个建筑物满足一般水工建筑物的标准与要求外，取水枢纽的布置还需特别满足以下要求。

①引水需求必须得到持续满足，不能中断供水。
②在含有大量泥沙的河流上，需要实施有效的防沙措施，以防止泥沙进入渠道。
③对于那些用于多种用途的渠首，应保证每个建筑物能够独立且正常地运行，互不干扰。
④必须采取相应措施，以防止冰凌和其他漂浮物进入渠道。
⑤需要对枢纽附近的河道进行整治，使主流更加靠近取水口，以确保引取足够的流量。
⑥枢纽的布局应考虑管理的便捷性，并应能够轻松地采用现代化管理设施。

四、渠首位置选择的一般原则

①高程的选取应满足引水需求，确保各类建筑物能够顺利布置。
②在选取渠首位置时，应优先考虑河床稳固且坚硬的河段。
③针对弯曲河段，进水口宜位于凹岸；而直段则应建于主流贴近河岸的区域。
④渠首的理想位置应在河流出山口处或其上游，避免选择渗漏严重、沙量大的冲积扇地带。
⑤为了最小化土方工程量，渠首应确保干渠路径简短，并避免经过陡坡、深谷及潜在塌方区域。干渠的最佳路线需通过综合整个灌区的规划方案来确定。
⑥为免受支流泥沙的干扰，应避免在有支流或山洪汇入的地方布置渠首。
⑦渠首的选址应确保有足够的空地，便于施工，并保障交通便利。

第三节　灌排工程

水资源的分配在不同地区、年份和季节都存在显著的不均衡性，这种供水与需求在时间和空间上的错位，正是旱涝灾害频发的核心原因。为了应对这一挑战，农业生产依赖于灌溉和排水措施来调节和改良农田的水分状况，为作物生长提供最佳条件。灌溉是一种有针对性的水利策略，它根据作物的具体需求，通过精心设计的灌溉系统将适量的水输送到田间，确保作物得到足够的水分。而排水则通过构建专门的排水系统，有效排除农田中过剩的地面水和地下水，防止涝灾和盐碱化，进一步保障了农业生产的顺利进行。这两项措施共同促进了农业生产的繁荣发展，并为实现作物的高产与稳产提供了坚实的保障。

一、灌排技术

（一）灌溉技术

在灌溉过程中，灌溉水在田面上流动，通过重力和毛细管作用逐渐湿润土壤，或者在田面形成一定深度的水层，再通过重力作用逐渐渗入土壤。这种灌溉方式有田间工程简易、所需设备少、投资成本低、技术门槛低、操作简便、对水头要求不高、能源消耗少等诸多优点。灌溉的方法多种多样，根据湿润土壤方式的不同，可以分为畦灌、沟灌、淹灌、波涌灌、长畦（沟）分段灌等。每种方法都有其特定的应用场景和优缺点，因此在实际应用中需要根据具体情况进行选择和调整。

1. 畦灌

畦灌是一种有效的灌溉方法，它通过田埂将灌溉土地划分成若干畦田。在灌水时，水被引入畦田，形成一层薄薄的水层，然后沿着畦田的长度方向流动。在此过程中，主要依靠重力的作用使土壤逐渐湿润。

实施畦灌技术时，关键的要素包括畦田的坡度、长度、宽度、入畦的流量以及改水成数。通常来说，畦田的坡度控制在 0.002～0.005 是比较合适的。对于自流灌区，畦田的长度通常建议在 50～100 m。畦田的宽度则设定为 2～4 m。同时，为了保证灌溉效果，入畦单宽流量的控制范围应为 3～8 L/（s·m）。至于畦田的改水成数，需要根据畦田的长度、坡度、土壤的透水性以及入畦的流量和灌水定额等因素来综合确定。

2. 沟灌

沟灌技术是在作物行间挖掘专门的灌水沟，通过输水沟将水引入，水流在沟内流动时，主要依赖毛细管作用使土壤逐渐湿润。相较于畦灌，沟灌的优点显著：它不会破坏作物根部的土壤结构，避免了田面的板结现象，有效减少了田面的蒸发损失。在多雨季节，沟灌还能起到排水的作用。沟灌技术的成功实施取决于三个关键要素：沟长、沟底比降和入沟流量。这些要素的选择需要根据土壤的透水性强弱来灵活确定。

3. 淹灌

淹灌，也被称作格田灌，是一种常用的灌溉方法，通过田埂将需要灌溉的土地分割成多个格田。在灌溉时，每个格田内都会维持一定深度的水层，利用水的重力来逐渐润湿土壤。为了实现均匀的水层分布，格田的地面坡度需要控制在 0.000 2 以下，并且田面需要保持平整。格田的形状多样，可以是长方形或方形。对于水稻种植区，格田的规格会根据地形、土壤以及耕作条件的不同而有所调整。

在平原地区，农渠与农沟之间的距离通常决定了格田的长度，当沟渠相间布置时，格田的长度一般在 100～150 m；而沟渠相邻布置时，格田的长度则通常在 200～300 m。格田的宽度则依据田间管理的需要来设定，以确保通风和光照不受影响，一般为 15～20 m。在山丘地区的坡地上，格田的长边会沿着等高线的方向进行布置，以减少土地平整的工作量。机耕要求则决定了格田的长度，而地面的坡度则影响了格田的宽度，坡度越大，格田的宽度就越窄。

4. 波涌灌

波涌灌溉，亦被称为间歇灌溉，是一种通过间歇阀向沟（畦）中间断性地供水的方法。在沟（畦）中产生波涌效应，能够有效地提高水流的推进速度，进而缩短了沟（畦）首尾受水的时间差，使土壤获得均匀的湿润。与传统的地面沟（畦）灌溉相比，波涌灌溉具有显著的优势，如灌水更为均匀、灌水质量上乘、田面水流推进速度快等。

此外，它还能有效节省水资源、降低能源消耗和保护肥料。值得一提的是，波涌灌溉还可以实现自动控制。当然，它也存在一定的缺点，那就是相对于畦灌而言，其投资成本较大。波涌灌溉技术的运用需要综合考虑地形和土壤条件，以确保其灌水效果达到最佳。

5. 长畦（沟）分段灌

将长畦和长沟细分为多个短畦，每个短畦之间不设置横向畦埂。通过塑料软管或地面输水沟，将水引入每个短畦进行灌溉，直至灌溉完成。这种方式具有显著的节水效果，易于实现小定额的精准灌溉，保证了灌水的均匀性。同时，它也大幅提高了田间水的利用效率，减少了灌溉设施的占地面积，从而提高了土地的整体利用率。

（二）排水技术

为了有效应对涝灾、防止土壤渍化和减少盐分积累，必须有效排除地面涝水、地下渍水以及由盐碱产生的冲洗水，同时严格控制地下水位。灌排工程的排水技术主要分为竖井排水和水平排水两种方式。竖井排水是通过打井并利用抽水机进行排水，从而达到降低地下水位的目的；而水平排水则通过在地面挖掘沟道或在地下埋设暗管来实现排水目标。这两种排水方式在灌排工程中发挥着至关重要的作用。

1. 竖井排水

我国北方许多地区地下水埋深较浅，竖井排水发挥了重要作用，主要体现在以下方面。

（1）降低地下水位，防止土壤返盐

在井灌井排或竖井排水作业中，水井从地下水含水层中抽取一定水量，导致水井附近及井灌井排区域内的地下水位随排水量的增加而逐渐下降。这一地下水降值包含两部分。

首先，是水井（或井群）持续抽水导致地下水补给不足，消耗部分地下水储量，从而在抽水区内外形成一个地下水位下降漏斗，即静水位降深。

其次，是地下水流向水井时因水头损失而产生的降深，距离抽水井越近，降深值越大，至水井附近时达到最大值。这两部分降深之和，即为水井抽水过程中形成的总水位降深，也就是动水位降深。水井的排水作用增加了地下水的人工排泄，显著降低了地下水位，有效加深了地下水埋深，减少了地下水蒸发，从而起到防止土壤返盐的作用。

（2）腾空地下库容，用以除涝治碱

在干旱季节，通过结合井灌抽取地下水来降低地下水位，不仅能够有效防止土壤返盐现象，还通过开发利用地下水，使汛前地下水位降至年内最低点。这一举措为含水层中的土壤容积腾出了空间，为汛期储存和渗入雨水提供了有利条件。随着地下水位的降低，土壤的蓄水能力得到增强，降雨入渗速度也相应加快。由于大量雨水在降雨时能够迅速渗入地下，因此可以有效避免田面水形成涝渍，同时防止地下水位过高导致的土壤过湿问题。这样不仅能够达到除涝防渍的目的，还可以增加通过地下水提供的灌溉水量，从而优化水资源利用，提升农业生产的可持续性。

（3）促进土壤脱盐和地下淡化

在水井的影响范围内，竖井排水会形成显著的地下水位下降漏斗。这种下降效应会加快田面水的入渗速度，为土壤脱盐提供了有利的环境。在具备灌溉水源的条件下，通过淡水来压制盐分可以取得显著成效。对于地下咸水区域，如果得到地面淡水的补给或沟渠侧渗的补给，随着含盐地下水的持续排出，地下水的盐度会逐渐降低。此外，竖井排水不仅能有效地调控和降低地下水位，还减少了田间排水系统和土地平整所需的土方工程，避免了大量明沟的开挖，减少了占地面积，并有利于机械化耕作。

在条件允许的地区，竖井排水还可以与人工补给相结合，进一步优化地下水的水质。然而，竖井排水技术需要消耗能源，其运行和管理成本相对较高，且实施效果受到水文地质条件的限制。当地表水的透水系数过小或下部承压水压力过高时，竖井排水可能难以达到预期的效果。

2. 水平排水

根据排水方式的不同，水平排水的方式主要有明沟排水系统以及暗管排水系统两种形式。

（1）明沟排水系统

明沟排水系统是一种历史悠久且在我国广泛应用的排水方式，它是灌排工程体系中不可或缺的一部分。为了确保其能够有效地调节农田的水分状况，其布置形式必须结合各地的地形地貌、土壤类型、排水需求等实际因素进行精心设计和规划。同时，还需与灌溉工程相结合，以实现水资源的合理利用和农田的可持续发展。

在地下水位较深且不受控制、易发生旱涝灾害的地区，或是在那些尽管有地下水位控制要求，但由土壤质地较轻导致末级固定渠道间距相对较大的易旱、易涝、易渍地区，排水农沟不仅可以排放地面水，还能起到调控地下水位的作用。而内部的排水沟则专门负责排除多余的地面水。因此，在这些情况下，渠系的设计应优先考虑其灌溉和排水双重功能。如果地面坡度均匀一致，那么毛渠和输水垄沟可以完全合并使用，甚至在农沟以下的地方无须额外设置排水沟道，如图 2-1 所示。相反，如果地面存在微小的地形变化，那么只需在低洼处设置临时毛沟，同时输水垄沟依然可以合并使用，具体布置如图 2-2 所示。

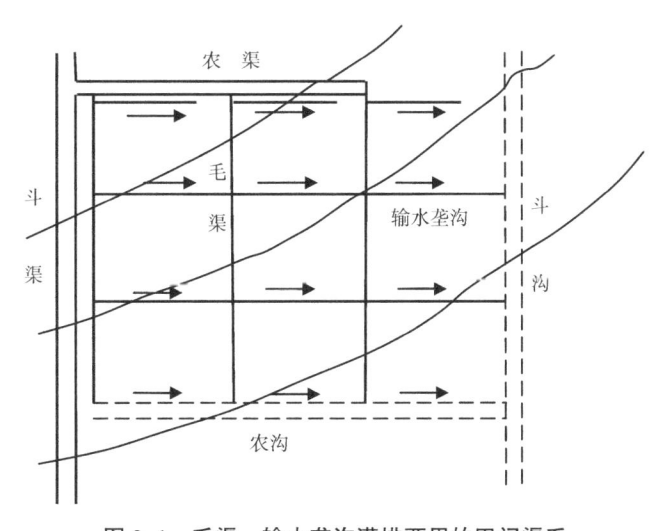

图 2-1　毛渠、输水垄沟灌排两用的田间渠系

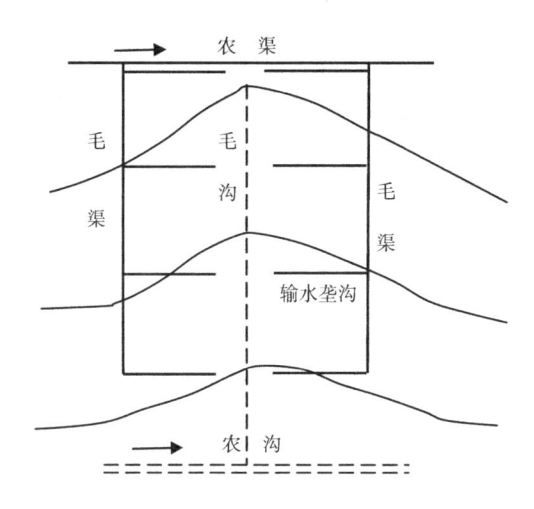

图 2-2 输水垄沟灌排两用的田间渠系

在土壤质量较差、易旱易涝易渍的地区，对地下水位的控制要求较为严格，因此排水沟的间距需要相应缩小。除了排水农沟外，还必须在农田内部设置 1～2 级的田间排水沟道。如果末级排水沟的间距在 100～150 m，那么只需设置毛沟即可，如图 2-3 所示。毛沟的深度通常至少为 1.0 m，而农沟的深度则需要在 1.5 m 以上。为了更有效地排除地表径流，毛沟的布局应大致与等高线平行，且机耕的方向应与毛沟保持一致。若末级排水沟的间距缩短至 30～50 m，农田内部则需设置毛沟和小沟两级排水沟。小沟的布局也应与等高线大致平行，以促进地表径流的排除，如图 2-4 所示。当末级排水沟的深度较大时，为了便于机耕和减少占用耕地，采用暗管形式会更为合适。

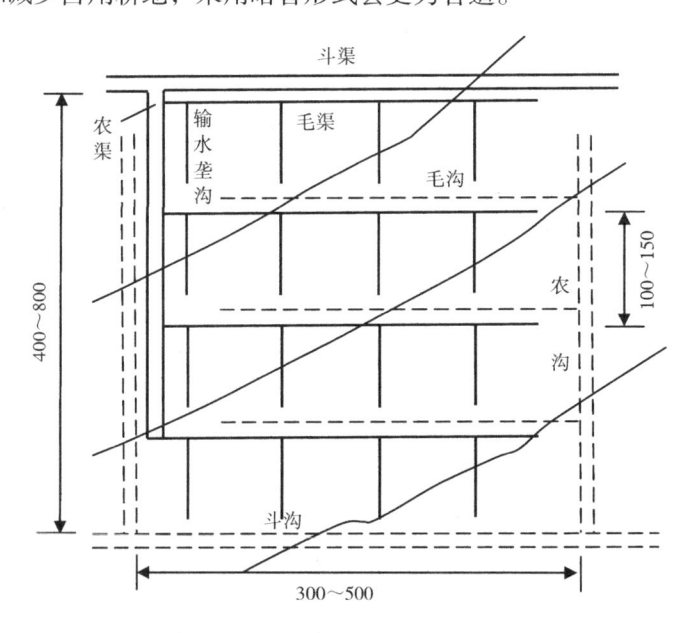

图 2-3 只设毛沟的田间排水网（单位：m）

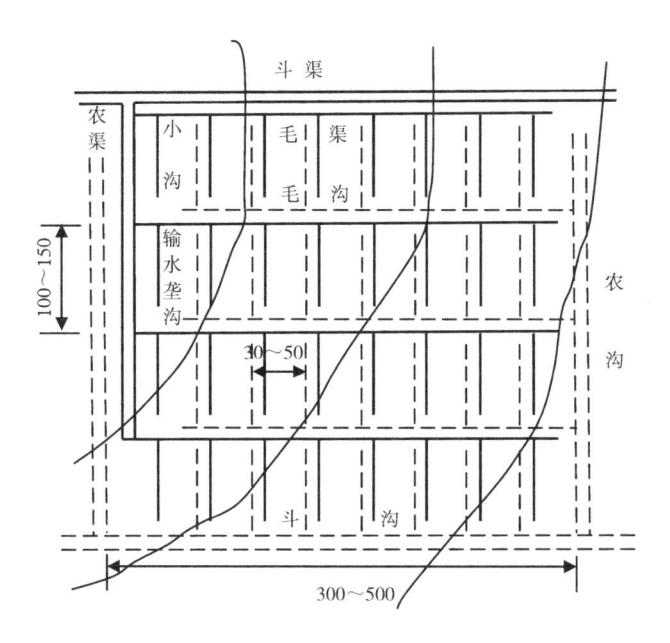

图 2-4 设有毛沟小沟的田间排水沟（单位：m）

（2）暗管排水系统

暗管排水系统主要由吸水管、集水管（或明沟）、检查井和出口控制建筑物等关键组件构成。为了提高系统的效率，有些设计还会在吸水管的上游端设置通气孔。吸水管的设计独特，它利用管壁上的孔眼或接缝，使土壤中的多余水分通过滤料渗透进入管内。集水管则负责汇集这些通过吸水管流入的水流，并有效地将其输送至排水明沟进行排放。检查井在系统中扮演了重要的角色，它不仅便于观测暗管内的水流情况，还提供了在井内进行检查和清淤操作的空间。出口控制建筑物则负责调节和控制暗管内的水流，确保系统的稳定运行。暗管排水系统的基本布置形式主要有以下两种。

①一级暗管排水系统。在排水过程中，此系统采取吸水管与集水明沟垂直的布局方式，且这些吸水管都是等距离、等埋深平行布置的。每一条吸水管都配备了出水口，以便向两侧的集水明沟有效地排放水分。这些吸水管的一端与排水明沟相连通，另一端则被封闭，且距离灌溉渠道保持了 5～6 m 的距离，这样既防止了泥沙的进入，也避免了渠水通过吸水管流失。

这种布局方式具有结构简洁、投资成本较低、维修方便等诸多优点，因此在我国的广大地区得到了广泛的推广和应用。

②二级暗管排水系统。此系统包含吸水管和集水管两级构造，其中吸水管垂直于集水管，而集水管则垂直于明沟。此系统的工作原理是，地下水首先渗透进入吸水管，然后汇集到集水管，最终排入明沟。为了降低管道内的泥沙淤积并方便管理，管道的比降被设计为 1/1 000～1/500。当地形条件允许时，可以适当增加管道比降，以增强管道内的冲淤能力。此外，为了定期检查和维护，每隔约 100 m 就会设置一个检查井。这种土地布局方式可以有效提高土地利用效率，有利于机械化耕作。然而，由于其复杂的布置，需要增加检查井等建筑物，这会导致较大的水头损失和更多的材料和投资。因此，这种暗管系统更适合在坡地地区使用。

在排水过程中布置二级暗管排水网时，需确保每个田块的吸水管均与控制建筑物相连，进而与集水暗管相通。地下排水管道的材料选择多样，包括瓦管、混凝土管以及塑料管等。

二、灌排工程布置

（一）灌溉渠系布置

灌溉渠系是一个综合性的工程体系，它从水源取水，通过渠道和相应的配套设施，将水输送到农田，并经过田间的精细布置实现灌溉。这一过程涉及渠首工程、输配水工程和田间工程三大关键环节。

在现代灌区的规划与实施中，灌溉渠系与排水沟道系统往往是相辅相成的。它们共同协作，确保农田既能得到充足的水分供应，又能有效排除多余的水分，从而构成了一个全面、高效的灌区水利体系。如图 2-5 所示，灌溉渠系与排水沟道系统在灌区中协同工作，为农业生产提供了坚实的基础。

灌溉渠系是一个复杂的网络，由各级灌溉渠道和退（泄）水渠道共同构成。为了有效地控制灌溉面积和分配水量，灌溉渠道通常按照干、支、斗、农、毛的层次进行设置。对于面积超过 30 万亩或地形特别复杂的大型灌区，根据实际需要，可以增设总干渠、分干渠和分斗渠来增强灌溉系统的灵活性和提高效率。相反，在灌溉面积较小的灌区，为了减少建设和维护成本，可以适当减少渠道的级数。值得注意的是，农渠以下的小渠道往往是季节性的临时渠道。

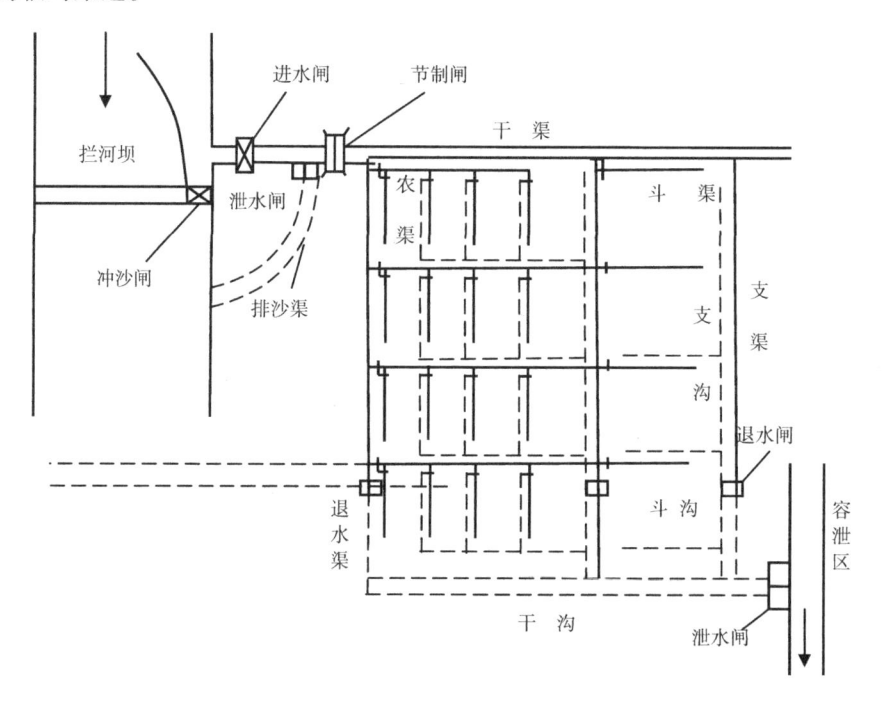

图 2-5 灌排系统示意图

1. 灌溉渠系规划布置原则

灌溉渠道系统的布局需遵循灌区的总体规划和灌溉标准,确保满足农田灌溉的需求。在规划过程中,应坚持以下原则。

①优先考虑在高地布置,以便利用自流灌溉并覆盖更广泛的农田面积。对于面积较小的高地,建议采用提水灌溉方式。

②灌溉与排水应相互结合,进行统一规划。多数地区需要同时进行灌溉和排水,以有效调控农田的水分状况。

③安全性是首要考虑因素。应尽量避免深挖、高填和复杂工程,确保渠道稳定、施工便捷和输水安全。

④经济性也是规划的重要方面。应追求渠线短、交叉建筑物少、土石方工程量小、民房拆迁少的方案。

⑤在确定灌溉渠道位置时,应考虑行政区划,使各用水单位能够拥有独立的灌溉渠道,便于管理。

⑥还需注重综合利用,尽量满足其他部门的需求,实现多目标共赢。

2. 灌溉渠系布置的内容

(1) 干渠、支渠的规划布置

鉴于各地的自然环境和经济条件各异,国民经济的发展对灌区的开发利用有着不同的需求,这也导致了灌区渠系布局呈现出多样化的特点。根据地形的不同特点,可以将灌区大致划分为山丘灌区、平原灌区和圩垸灌区等几种类型。接下来,将深入探讨这几种不同类型灌区的特性及其渠系布置的基本模式。

①山丘区灌区。山区和丘陵区的地形相当复杂,山岗与山谷交错,地势起伏显著,坡度陡峭,河流河床深切,水流落差大,耕地分散且多位于高处。为了满足灌溉需求,通常需要从河流上游引水,导致输水距离相当长。因此,在这类灌区中,干渠和支渠道的布局特色表现为:渠道位置较高,坡度平缓,渠道线路长而弯曲,深挖和高填的工程较多,且沿渠道建设的交叉建筑物众多。此外,渠道常与沿途的塘坝和水库相连,形成了独特的"长藤结瓜"水利系统,旨在提高水资源的调节利用效率和灌溉系统的运行效益。在山区和丘陵区,干渠通常沿着灌区的上部边缘布置,与等高线大致平行,而支渠则穿越分水岭进行布置。

②平原区灌区。平原区灌区多位于河流的中下游,这些区域由河流冲积形成,地势平坦宽广,耕地分布集中且连片。由于灌区的自然地理特征以及洪涝、干旱、盐碱等灾害的影响程度各异,灌排渠系的布局形式也呈现出不同的特点。

a. 山前平原灌区。山前平原灌区多位于山麓附近,地势相对较高,因此排水条件相对较好,渍涝的威胁相对较小。然而,由于地势较高,干旱问题较为突出。在地下水资源丰富的地区,可以同时发展井灌和渠灌,以充分利用水资源;而在地下水资源相对匮乏的地区,则应以发展渠灌为主。干渠的布置多沿山麓方向,大致与等高线平行,而支渠则根据地形情况,可能与干渠垂直或斜交。此外,由于山前平原灌区和山麓相接处常有坡面径流汇入,与河流相接处地下水位较高,因此还需要建立有效的排水系统,以防止渍涝和盐碱化等问题。

b. 冲积平原灌区。冲积平原灌区的位置大多集中在河流的中下游地段，这些地区的地表坡度较为平缓，地下水位相对较高，因此涝碱问题较为严重。为应对这一挑战，需构建一个既包含灌溉系统又涵盖排水系统的综合系统，且灌溉与排水系统需独立运作，互不干扰。干渠的布局多沿河流旁的高地延伸，与河流走向保持平行，其走向大致与等高线呈垂直或斜交状态。支渠则以直角或锐角的方式与干渠相交，形成多个分支，以便更有效地服务灌区。

③圩垸区灌区。圩垸区灌区主要分布在沿江、濒湖的低洼地带，这些地方地势平坦，河湖纵横交错，洪水位高于地面。为了维护正常的生活和生产活动，人们不得不筑堤围成圩垸。由于这些区域缺乏常年自流条件，机电排灌站成为普遍的选择，用于提升和排放水源。对于面积较大的圩垸，通常会设立多个排灌站，以分区灌溉或排涝。在圩垸内部，地形一般呈现出四周高、中间低的态势。灌溉干渠大多沿着圩垸的边缘布局，而灌溉渠系则主要分为干渠和支渠两级。

（2）斗、农渠的规划布置

在规划布置灌溉渠道时，除了遵循已知的灌溉渠道规划原则外，还需确保以下几点得以满足。首先，规划应适应生产管理和机耕耕作的需求，确保渠道布局与生产活动相协调。其次，规划应便于配水和灌水，以提高灌区整体的工作效率。再次，规划应有助于灌水和耕作的紧密配合，减少两者之间的冲突和矛盾。最后，为了降低土地平整的工程量，规划时应充分考虑地形地貌，尽量减少对土地的大规模改造。通过综合考虑这些因素，可以确保灌溉渠道的规划更加合理、高效且经济。

①斗渠的规划布置。斗渠的长度及其所控制的面积受地形条件影响显著。在山区和丘陵地带，斗渠的长度相对较短，其控制的地域范围也较小。然而，到平原地区，斗渠的长度明显增加，其控制的面积也随之扩大。以我国北方平原地区的大型自流灌区为例，斗渠的长度通常介于 1 000～3 000 m，而它所覆盖的农田面积为 600～4 000 亩。斗渠的间距设置主要依据农业机械化耕作的需求，并与农渠的长度相互协调。

②农渠的规划布置。农渠，作为固定渠道的末端，其控制范围局限在一个耕作单元之内。在广袤的平原上，农渠的长度通常在 500～1 000 m，而其间距则在 200～400 m，能够覆盖并控制的农田面积为 200～600 亩。而在丘陵地带，农渠的长度及其控制面积均会有所缩减。对于需要控制地下水位的地区，农渠的间距则依据农沟的间距来确定，确保农田灌溉与排水系统的协同运作。

（二）排水沟道布置

1. 排水沟道布置原则

排水沟道系统分布广泛，数量众多，因此，在规划布置时，必须遵循一系列原则，确保在满足排水需求的同时，实现经济合理性、施工简便性、管理便捷性、安全可靠性以及综合利用的最大化。这些原则构成了排水沟道系统规划布置的指导方针，具体包括以下几点。

①各级的排水沟道应当尽可能设置在最低点，以便更好地掌握水流条件，并实现顺畅的自然排水。

②选择干沟出口时，应优先考虑容泄区水位较低、河床稳定的地点。

③要合理分区控制。根据地方特点，划分排水区域，做到高水高排，低水低排，力争自排尽量减少抽水排水，若必须使用排水泵站，应尽量减少装机容量。同时，应避免高水流向低处，尽量减少抽水排水的范围。

④排水区域内的湖泊、洼地和河网等自然资源应得到充分利用，以减轻排水流量压力。

⑤为降低工程造价，骨干排水系统应尽量利用现有的天然河沟和排水设施。对于不满足排水要求的河段，应进行改造，如调整河道走向、拓宽加深、加固堤防等，以提升排水效能。

⑥灌溉与排水系统应独立设计，以避免相互干扰，确保排水和灌溉的顺畅进行。

⑦排水沟道的规划应与土地利用、灌溉、道路和林带等规划相协调，减少占地和交叉，提高管理效率，节约投资。

⑧骨干排水系统的规划应综合考虑引水灌溉、航运、水产养殖等多元化需求，以实现资源的综合利用。

2. 排水沟道布置形式

在规划排水沟道布局时，需综合考虑地形地貌、水文特征、土壤质地、泄洪区域，以及行政区划和现有工程状况等多重因素。通常，首先会依据地形特点和泄洪区域来合理规划主沟道的走向。在此基础上，再逐步细化各级分支沟道的布局。地形条件是决定排水沟道布局的关键因素，因此，习惯上将排水区域根据地形的不同划分为山丘区、平原区和圩垸区三大类别。在针对不同地区进行排水沟道布置时，每个区域都有其独特的考量因素和布局特点。

（1）山丘区

该区域地形崎岖，坡度陡峭，导致耕地分布散乱，冲沟特征显著，排水体系相对完善。这里常常借助自然河流或冲沟作为主要的排水通道，仅需在必要时对自然河沟进行适度整治，即可实现顺畅的排水。然而，在多雨季节，山洪的暴发常常对灌溉区构成威胁。因此，必须沿着地势较高的边缘设置截流沟，以有效拦截和疏导山洪，从而保障灌排区的安全。

（2）平原区

地形平坦开阔，河网密布，然而地下水位偏高，导致涝渍和盐碱化问题频发，排水通道亦存在不畅之处。在此类地区，如何有效调控地下水位成为亟待解决的问题，而选择合理的排水出口则是规划布局中的重中之重。在设计和构建干、支沟时，应充分利用现有的河沟，以节约资源和提高效率。当需要新建沟道时，地形平坦的特点使得布置方案多样，因此必须对各种方案进行仔细比较，从中选择出最优的方案，确保排水系统的顺畅与高效。

（3）圩垸区

圩垸区，即四周环绕着河道的区域，这些区域受到堤防的保护。在汛期，由于外河的水位常常超过两岸的农田，该区域面临外洪内涝的双重威胁。此外，平时地下水位也相对偏高，农作物经常遭受渍灾的影响。因此，在圩垸区，防涝排渍成了至关重要的任务。

排水沟道的布置应当根据地形的不同特点，采取针对性的排水策略。对于地势较高的区域，可以利用自然重力进行排水；对于地势较低的地区，可能需要通过抽水机站进行排水。为了提升排水效率，减少洪涝灾害的发生，规划时还需保留适量的河沟和内湖面积，以起到蓄水缓冲的作用。在布局排水沟网时，应优先考虑利用现有的河道。若现有的河道无法满足排水需求,应按照排灌标准对河道进行深挖和拓宽,甚至对部分过于弯曲的河段进行裁弯取直,以确保水流畅通无阻。对于圩内复杂多变的天然河港湖汊,应进行合理整治,优化其布局,使排水系统更加合理高效。对于那些无法依赖自然重力排水的地区,应建立抽水机站进行强制排水。

第四节 蓄泄水枢纽工程

一、蓄水枢纽工程

(一)蓄水枢纽工程简介

蓄水枢纽是为解决来水与用水在时间和水量分配上存在的矛盾,修建的以挡水建筑物为主体的建筑物综合运用体,又称水库枢纽,一般由挡水、泄水、放水及某些专门性建筑物组成。[①] 蓄水灌溉工程的核心在于其蓄水枢纽,这是关键的工程部分。这些枢纽负责调节和储存河水以及地面径流,确保农田得到充足的水源进行灌溉。其中,水库和塘堰是这一系统的重要组成部分。当河川径流与农田灌溉需求在时间和水量上存在不匹配时,需要精心挑选地点,建造水库、塘堰和水坝等蓄水设施,以满足灌溉的需求,确保农作物的健康生长。

(二)蓄水枢纽布置

在规划蓄水枢纽的布局时,应遵循国家水利建设的指导原则,并参考流域的整体规划。需要具备长远的视野,同时考虑到近期的实际需求。通过对多种潜在的蓄水枢纽布局方案进行详尽的分析和比较,应选择出最佳的方案。随后,必须严格按照水利枢纽的基础建设程序,分阶段、有计划地进行规划与设计。蓄水枢纽布局的主要任务包括选定坝址、确定坝型,以及整体枢纽工程的布置等。

1.坝址及坝型的选择

坝址及坝型的选择是一个持续优化的过程,贯穿于各个设计阶段。在可行性研究阶段,主要依据开发任务的需求,对地形、地质以及施工条件进行全面分析。在此基础上,初步筛选出几个潜在的筑坝地段(坝段)和若干条具有代表性的坝轴线。通过综合比较枢纽布置方案,选择最有利的坝段和相对较好的坝轴线,从而提出推荐的坝址。随后,在推荐的坝址上进行详细的枢纽布置,并通过方案对比,初步确定基本的坝型和枢纽布置方式。

(1)坝址的选择

选择坝址时,应综合考虑下述条件。

①地质条件。地质条件是建设水库和大坝不可或缺的基础,也是评估坝址优劣的关键因素之一。它直接关系到枢纽工程建设的难易程度。工程地质和水文地质条件对坝址和坝型的选择具有重要影响,有时甚至起到决定性作用。在选择坝址时,首要任务是深入了解

---

① 瞿运斌.基于水利工程枢纽布置方案的选择[J].黑龙江水利科技,2014,42(4):110-112.

相关区域的地质状况。理想的坝基应具备坚硬完整、无构造缺陷的岩石基础。然而，在实际情况中，如此理想的地质条件并不常见。天然地基或多或少会存在地质缺陷，关键在于是否能够通过合适的地基处理措施使其满足筑坝的要求。

②地形条件。为了满足开发任务对枢纽布置的需求，坝址地形条件必须达到一定的标准。理想的状况是，河谷两侧拥有合适的高度和必要的挡水宽度，这有助于枢纽的合理布局。通常，河谷狭窄意味着坝轴线可以相对缩短，从而减少坝体的工程量。然而，河谷过于狭窄可能会对泄水结构、发电设施、施工导流以及施工区域的规划造成不利影响，有时在河谷稍宽的地方进行布置反而更有优势。在选择坝址时，除了考虑缩短坝轴线外，还需综合考虑泄水结构、施工区域布局以及施工导流方案等因素。为了最大化库容并最小化淹没损失，枢纽上游最好具备宽敞的河谷条件。

③建筑材料。在选择坝址和坝型时，必须充分考虑当地材料的种类、数量及分布情况，这些因素往往具有决定性影响。对于土石坝而言，坝址附近必须拥有数量充足且质量符合要求的土石料场。而对于混凝土坝，则要求坝址附近具备良好级配的砂石骨料。这些料场不仅应便于开采和运输，而且在施工期间不能因淹没而影响正常的施工进度。因此，在选择坝址和坝型之前，必须对当地建筑材料的开采条件、经济成本等进行全面深入的调查和分析，以确保工程的顺利进行。

④施工条件。从施工的角度来看，坝址下游应具备较为开阔的滩地，以便利施工场地的布置、场内交通的顺畅以及导流的实施。同时，坝址应具备良好的外部交通条件，确保施工期间所需的物资和人员能够顺畅进出。此外，附近应有廉价的电力供应，以满足施工期间照明和动力需求。在安排施工时，还应从长远利益出发，考虑未来运用和管理的便利性。

⑤综合效益。在选择坝址时，需要全面考虑多个方面的经济效益和社会效益，包括防洪、灌溉、发电、通航、过木、城市和工业用水、渔业以及旅游等各个部门的利益。同时，还需要评估上游淹没损失以及蓄水枢纽对上下游生态环境可能产生的各种影响。通过综合考虑这些因素，可以选择出最符合各方利益的坝址，实现经济效益和社会效益的最大化。

总结上述因素，一个理想的坝址应该具备稳定的地质基础、有利的地形条件、恰当的地理位置、便捷的施工环境、经济合理的总造价以及优越的综合效益。因此，需要进行全面细致的考虑与综合分析，对比多种方案，妥善处理各种矛盾，最终选出最优的方案。

（2）坝型的选择

常见的坝型有土石坝、重力坝及拱坝等。坝型选择仍取决于地质、地形、建材及施工、运用等条件。

①土石坝。在交通不便或缺乏三材的筑坝区域，若地质条件无明显缺陷，并存在合适的河岸溢洪道地形，同时当地有充足的土石料资源，那么采用土石坝作为筑坝材料是一个经济合理的选择。近年来，随着设计理论、施工技术和施工机械的进步，土石坝的建设数量显著增加，其施工周期短，造价远低于混凝土坝，因此在中小型工程项目中占据了重要地位。目前，土石坝已成为全球坝工建设中应用最广泛、发展最迅速的坝型之一。

②重力坝。若地质条件优越，当地砂石骨料资源丰富，且交通便利，那么修筑混凝土重力坝将是一个理想的选择。这种坝型可以直接从坝顶溢洪，无须另行建设河岸溢洪道，而且具有出色的抗震性能。在我国，已经建成的三峡大坝就是一个典型的例子，它是世界

上规模最大的混凝土浇筑实体重力坝,充分展示了混凝土重力坝的优越性和我国在大型水利工程建设方面的卓越能力。

③拱坝。当坝址地形呈现为 V 形或 U 形狭窄河谷,并且两岸坝肩的岩基条件良好时,拱坝成为一个理想的选择。拱坝具有工程量小、造价较低和工期短等优势,其混凝土使用量相比重力坝可减少 1/2～2/3。此外,拱坝还可以从坝顶或坝体内开设孔洞以泄洪,因此近年来其发展速度较快,成为备受青睐的一种坝型。

2. 枢纽工程布置

建设水库的关键在于构建拦河坝,这也是蓄水枢纽的核心特征。除了拦河坝和泄水设施外,根据枢纽的具体功能,枢纽工程还可能包括输水设施、水电站设施和过坝设施等。在规划枢纽布局时,关键在于合理确定各水工设施之间的相互位置关系。这一布局设计涉及防洪、发电、航运、导流等多项功能,与坝址的选择和坝型的设计紧密相关。因此,需要进行全面细致的分析和论证,通过综合比较多个方案,最终选择最优的枢纽布局方案。

(1)枢纽布置的原则

进行枢纽布置时,一般可遵循下述原则。

①为使枢纽的经济效益最大化,在布置枢纽时,需要全面考虑防洪、灌溉、发电、航运、渔业、林业、交通、生态及环境等多个方面的需求。这要求在规划和设计过程中,确保枢纽内的各个主要建筑物能够在任何工作条件下都能够协调一致、互不干扰地正常运行。

②为了优化施工流程、缩短建设周期,并确保工程尽早产生效益,枢纽布置需综合考量施工导流的方式、程序和标准。同时,合理选择主要建筑物的施工方法,并与施工进度计划进行综合分析研究。工程实践表明,通过科学合理的统筹安排,不仅能够简化施工过程,还能使部分建筑物提前投入运营,从而更早地实现工程效益。

③在满足安全和运营管理要求的基础上,枢纽布置应致力于降低总造价和年运行费用。在条件允许的情况下,应优先考虑使单一建筑物发挥多重功能,实现资源的高效利用。例如:通过巧妙设计,一条隧洞可以同时满足灌溉和发电的需求;同样,施工导流设施也可以与泄洪、排沙和放空水库等功能相结合,从而减少建设成本以及日常运营费用。

④在控制工程投资的前提下,枢纽布置应追求与周边自然环境的和谐共融。在设计和施工过程中,应充分考虑建筑艺术,力求打造美观大方的建筑造型。同时,加强绿化和环保措施,因地制宜地将人工环境与自然环境有机结合,创造出一个功能多样、宜人的环境。

(2)枢纽布置方案的选定

水利枢纽设计涉及多个方案的论证与比较,目的是从中挑选出最优方案。最优方案应满足技术先进、经济合理、施工周期短、运行可靠且管理维修方便等要求。在论证比较过程中,需综合考虑以下几个方面。

①主要工程量。主要的工程项目涵盖从土石方挖掘到混凝土与钢筋混凝土的浇筑,再到砌石、金属结构的安装,机电设备的装配,以及帷幕和固结灌浆等多样化的工程任务。

②主要建筑材料数量。主要建筑材料的用量包括木材、水泥、钢筋、钢材、砂石以及炸药等各类物资的消耗量。

③施工条件。施工条件涉及施工周期的长短、发电时间的设定、施工难度的评估、所需劳动力的数量和施工机械化的水平等多个方面。

④运行管理条件。运行管理条件主要考虑泄洪、发电、通航三者之间是否存在相互干扰，建筑物及设备的操作、运用和检修是否便捷，以及对外交通的便捷程度等因素。

⑤经济指标。经济指标是指总投资、总造价、年运行费用、电站单位千瓦投资、发电成本、单位灌溉面积投资、通航能力、防洪以及供水等综合利用效益。

⑥其他。针对特定的水利枢纽，需根据具体情况专门比较和分析不同的项目。例如，当在多泥沙河流上建设水利枢纽时，应特别关注泄水和取水建筑物的布置对水库淤积、水电站引水防沙以及下游河床冲刷的影响。

上述项目中，部分可通过量化分析进行评估，而另一部分则难以量化，这无疑为枢纽布局方案的抉择带来了更大的挑战性。因此，必须依托国家颁布的技术政策为指引，基于详尽的基础数据，秉持科学精神，真实客观地开展全面论证。通过深入的综合分析与技术经济比较，旨在筛选出最佳方案。

二、泄水枢纽工程

在水利枢纽工程中，泄洪闸坝不仅担任着挡水的职责，还负责排放超出规划库容承载能力的洪水，是调控水位和泄洪量的关键设施。除了需要具备充足的泄流能力，溢流闸坝还要保证在运行过程中的稳定性和安全性，并确保泄流与河道水流顺畅衔接。按照构造的不同，泄水系统可分为闸门式和隧洞式。前者一般设置在大坝之上，必要时通过开启闸门来进行泄水。后者则需要在大坝两侧分别设立进排水口，并在水库水位超出安全范围时启用，常用的泄水建筑类型包括以下几种。

①低水头水利枢纽的滚水坝、拦河闸和冲沙闸。

②高水头水利枢纽的溢流坝、溢洪道、泄水孔、泄水涵管、泄水隧洞。

③由河道分泄洪水的分洪闸、溢洪堤。

④由渠道分泄入渠，洪水或多余水量的泄水闸、退水闸。

⑤由涝区排泄涝水的排水闸、排水泵站。

修建泄水建筑物的关键在于妥善解决消能防冲、防空蚀以及抗磨损的问题。对于结构轻巧的建筑物，还需特别注意在泄水过程中防止振动。泄水建筑物的设计和发展与其运行实践，紧密地关联着结构力学和水力学的进步。近年来，随着高水头窄河谷的大流量宣泄、高速水流压力脉动的控制、高含沙水流的泄放、大流量施工导流的优化、高水头闸门技术的提升，以及抗震、减振、掺气减蚀、高强度耐蚀耐磨材料的研究和应用，泄水建筑物的设计、施工和运行水平得到了显著提升。泄水输水建筑物作为水利水电枢纽工程的重要组成部分，其面临的水流冲刷作用可能引发一系列地质问题。冲刷的主要影响因素包括地质和水流条件，其中地质因素是决定性的。目前，冲刷坑的计算主要依赖室内模型试验和原型观测数据的经验公式，而最终冲刷结果的准确性还需通过水工模型试验来验证。考虑到地基冲刷影响因素的复杂性，地质分析和评价需要全面而深入，同时在实际工程运行过程中，对于冲刷严重的区域，必须加强安全监测，以确保枢纽工程的稳定运行。

目前，我国的水利工程中广泛采用泄水建筑物，其主要功能包括排放多余水量、泥沙以及冰凌等。这些建筑物在保障水库安全排洪、放空方面发挥着至关重要的作用。对于水库、江河、渠道或前池等水工设施的正常运行，泄水建筑物如同太平门一般不可或缺，并可用于施工导流。其中，溢洪道、溢流坝、泄水孔、泄水隧洞等构成了泄水建筑物的主要形式，它们是水利枢纽工程中不可或缺的重要组成部分。考虑到泄水建筑物的造价通常占整个工程总造价中相当一部分，因此，合理选择其形式并确定恰当的尺寸至关重要。根据进口高程的不同，泄水建筑物可被布置为表孔、中孔、深孔或底孔。表孔泄流具有更大的泄流能力，更为方便可靠，这使其成为溢洪道和溢流坝的主要形式。相对而言，深孔和隧洞通常不会被用作大泄量水利枢纽的单一泄洪建筑物。

葛洲坝水利枢纽的二江泄水闸拥有令人瞩目的泄流能力，高达 84 000 m^3/s。如果将冲沙闸和电站的泄洪能力也纳入考量，其总泄流能力更是达到了惊人的 110 000 m^3/s。这一数字使葛洲坝水利枢纽展现了人类在工程技术领域的杰出成就。

第五节 给排水工程

一、给水工程

给水工程是确保城市、工业企业等持续获得所需用水的系统工程。其核心职责是从各类水源提取水，然后根据用户的水质标准进行相应的处理。随后，这些水被输送到各个用水区域，并精准地分配给每个用户。这一过程中，供水不仅涵盖居民的生活用水、企业的生产用水，还包括应对火灾等紧急情况的消防用水，以及为城市道路清洁、绿化景观等提供的市政用水。这一系统工程旨在确保各类用水需求得到满足，为城市的正常运作提供坚实的水资源保障。

（一）给水工程的组成

供水工程又被称为给水工程，从结构布局和地理位置上看，它可以细分为室外给水工程和建筑内部的给水工程。其中，室外给水工程主要涵盖了水源的获取、水质的处理以及城市内部的供水管道等设施，因此也常被称为城市给水工程。而建筑给水工程则专注于建筑物内部的给水系统，包括室内供水管道、各种供水设备以及相关的建筑结构等，日常中常被称为上水系统。给水工程一般由取水工程、给水处理和输配水工程构成。

1. 取水工程

取水工程的核心设施涵盖了取水构筑物以及一级泵站，这两项设施共同承担着从指定水源（无论是地表水还是地下水）中提取原水，并且经过加压处理，最终输送至水处理构筑物的任务。当前，随着城镇化进程的日益加快，以及水资源日趋紧张的局面，城市饮用水取水工程的内容已不再局限于传统的取水构筑物以及一级泵站。水源的选定、规划以及保护等方面同样成了不可或缺的重要环节。因此，取水工程实际上涉及了城市规划、水利水资源管理、环境保护以及土木工程等多个领域与学科的深度交叉与融合。

2. 给水处理

给水处理设施主要包括水处理构筑物和清水池两大组成部分。水处理构筑物的核心职责是根据原水的水质状况以及用户对水质的具体要求，对原水进行相应的处理，确保出水质量达到用户的期望标准。针对不同的水源和多样化的用水需求，给水处理的方法具有多种选择。以地表水为主要水源的城镇，其常用的处理方法包括混凝沉淀、过滤和消毒等步骤。而清水池则扮演着储存和调节水量的重要角色，它能够平衡一、二级泵站之间的抽水量差异，并确保水在消毒过程中有足够的停留时间，以达到最佳的消毒效果。这些设施通常会被集中设置在净水处理厂（通常也被称为自来水厂）内，以实现高效、有序的水处理过程。

3. 输配水工程

输配水工程是一个综合性的系统，涵盖二级泵站、输水管道、配水管网以及储存与调节水池（或水塔）等多个组成部分。其中，二级泵站肩负着关键任务，它负责将清水池中的水提升至适合供水所需的高度，确保水量充足且稳定地流向下一环节。输水管道则分为两类：一类负责将原水从源头输送到水厂，另一类则负责将经过净化处理的水输送到配水管网。考虑到许多地区的原水来源于上游，为了节约建设成本和运营成本，这些地区往往采用重力输水方式。配水管网的作用则在于将清水输送到城镇的各个用水区域。此外，输配水管网中还设有水塔和高地水池等调节设施，它们能够储存并调节二级泵站输水量与用户用水量之间的差值，确保供水系统的稳定与高效。

随着科学技术的飞速发展和现代控制理论、计算机技术等的持续革新，大型复杂系统的控制与管理能力得到了显著提升。这一进步也为给水系统利用计算机系统进行科学调度管理奠定了坚实基础。因此，传统的水池、水塔等调节设施在给水系统调控中的地位逐渐减弱。近年来，我国众多大型城市纷纷建立起自来水优化调度系统，这些系统能够满足水质、水量和水压等多重需求，不仅增强了供水系统的安全性，提升了供水质量，还实现了能源的有效节约，从而获得了显著的经济效益和社会效益。

（二）给水工程的给水系统

为了确保用户获得满足水质、水量和水压需求的用水，给水工程通常由以下几部分构成。

1. 取水构筑物

取水构筑物是专门设计用于从各种水源（如地下水或地表水）中收集原水的设施的总称。根据其取水方式的不同，取水构筑物可以分为两大类：地下水取水构筑物和地表水取水构筑物。

2. 水质处理构筑物

水质处理构筑物是指专门设计用于净化处理不满足用户水质要求的水的各种设施的总称。这些构筑物，连同其后的二级泵站和清水池，通常被集中布置在水厂内部，以形成一个完整的水处理系统。

3. 泵站

泵站是专门设计用于提升和输送水的设施及其相关配套设备的总称。这些设备主要包括水泵机组、管道和闸阀等，它们通常被集中安装在泵房内。根据功能和应用场景的不同，泵站可以分为多个类型，包括一级（取水）泵站、二级（供水）泵站、增压（中途）泵站和循环泵站等。

4. 输水管（渠）和配水管网

输水管（渠）是指专门负责将原水从水源地输送到水厂，或者将经过净化的清水输送到用水区的管道（或渠道）设施。这类设施通常只负责沿线的输送任务，不直接向两侧地区供水。与之不同，配水管网则是指在用水区域内，负责将水从主管道配送到各个用水户的管道设施。这些设施通常呈现网络状的布局，配水管网如蜘蛛网般密布，确保每一个用水户都能获得稳定可靠的水资源供应。

5. 调节构筑物

调节构筑物是为了实现对水量和水压的有效调节而专门设计的建筑设施。这些设施主要包括清水池和高地水池或水塔等。清水池一般设置在水厂内部，并位于二级泵站之前，其主要功能是储存和调节水量，确保供水系统的稳定运行。而高地水池或水塔则属于管网调节构筑物，它们同样用于储存和调节水量，并通过保证水压来满足用户的用水需求。这些构筑物通常被设置在管网内部或附近的地形最高处，这样做不仅可以降低工程造价，还能减少动力费用，实现经济效益和供水效率的最大化。

（三）给水系统的布置形式

1. 统一给水

统一给水网络是指在整个用水区域内，采用一个统一的系统来供应生活、生产、消防和市政等各方面的用水需求。目前，绝大多数城市都采用了这种供水方式。普遍而言，统一给水网络更适用于地形相对平坦、用户分布集中，且各用户对水质和水压的需求差异不大的城镇和工业企业。在特殊情况下，当某些用户对水质或水压有特殊需求时，他们可以从统一给水网络中取水，然后进行必要的局部处理或加压，以满足他们的特定需求。根据管网取水水源的数量，统一给水工程通常可分为单水源给水和多水源给水两种形式。

（1）单水源给水

单水源供水，是指整个给水工程仅依赖于一个水源进行取水。由于其结构相对简单，管理起来也更为便捷，因此，它特别适合那些水源相对充足或总体用水量不大的中等规模和小型城镇，以及工业企业。在这些场景中，单水源供水工程能够高效且稳定地满足用户的用水需求。

（2）多水源给水

多水源供水指的是在整个供水区域内，统一供水工程能够同时从两个或更多的水源中取水。它具有调度灵活、供水安全可靠、动力消耗较少以及管网内压力分布均匀等优点。此外，多水源供水还有助于分期发展，适应不同阶段的供水需求。然而，随着水源数量的增加，水厂的占地面积、机电设备的数量和管理工作也会相应增加。因此，多水源供水更适用于大型和中型城市，以及对供水安全有较高要求的大型工业企业。

2. 分系统给水

在供水区域内，如果不同用户对水质和水压的需求存在较大差异，或者地形高差显著，又或者功能分区明显且总体用水量较大时，为满足这些特定的供水需求，可以根据实际需要设计和采用多个独立运行的给水工程，这种供水方式被称为分系统给水。分系统给水在设计和实施时，可以根据具体情况选择单水源或多水源的供水方式，与统一给水类似。根据实际需求，分系统给水可以有以下几种选择。

（1）分质给水

当用户对水质的需求存在显著差异时，可以设计和实施两个或更多的独立供水系统，以确保各类用户获得符合其需求的水质。这种分质供水的做法不仅能够降低整体的供水成本，还能更高效地利用现有的水资源。例如，对于水质要求相对较低的工业用水和市政用水，无须使用高质量的城市自来水，而可以选择经过简单处理的原水或城市污水处理厂的回用水等作为供水来源。特别值得一提的是，污水处理回用对于解决我国当前面临的水资源短缺问题具有重大意义。它不仅有助于节约和保护宝贵的水资源，还能促进水资源的可持续利用。为此，许多城市已经着手建立污水回用供水系统（通常称为"中水"系统），以实现分质供水，确保各类用户得到适合其需求的水质。

（2）分压给水

当用户对水压的需求存在显著差异时，为满足这些不同的水压要求，会采用多个独立的给水系统，这种供水方式被称为分压给水。分压给水的应用可以有效避免低压用户受到过高水压的影响，从而保护用水器具和设备的安全运行。同时，它还有助于减少因水压过高造成的水量漏损和能量浪费，提高水资源的利用效率。然而，需要注意的是，采用分压给水意味着需要增加更多的管道和设备，以及相应的管理工作，这可能会带来一定的投资和维护成本。

（四）给水工程规划

1. 明确任务

在进行给水工程规划的过程中，首要任务是明确规划设计的目标与职责。这涵盖了多个方面，如确定规划项目的性质，界定规划任务的具体内容和范围，参考相关部门对给水工程规划的指导文件和指示，以及与其他相关部门达成的工作分工和协议等。这些元素共同构成了给水工程规划设计的完整框架，为后续的规划实施提供了清晰的方向和依据。

2. 搜集资料

（1）规划和地形资料

规划内容需涵盖近期与远期的规划布局，同时考虑城市的人口分布状况，建筑物的层数以及卫生设备的配置标准。此外，还需收集并参考区域周边的总地形图资料，以确保规划的科学性与实用性。

（2）现有给水设备的概况资料

规划需全面考虑用水人数、用水量等需求因素，同时深入调研现有设备的运行状况，分析供水成本结构。此外，还需明确药剂和能源的供应来源，以确保供水系统的高效稳定运行。

（3）自然资料

自然资料涵盖了气象数据、水文及其地质特性，以及工程地质等多方面的信息。

（4）水文资料

水文资料主要涵盖了对水量、水质以及水压要求的详尽数据，这些资料是评估水资源状况、规划水利工程以及保障供水安全的重要依据。

3. 制定规划设计方案

在给水工程规划设计的初期阶段，一般会提出多个具有潜力的方案。这些方案会经过详细的计算，并绘制成给水工程规划方案图，以便更直观地展示每个方案的特点。同时，对每个方案进行工程造价估算，确保在预算范围内。接下来，通过技术经济比较，综合考虑技术可行性、经济合理性等因素，最终筛选出最佳方案。

4. 绘制工程系统图及文字说明

在规划图纸中，比例尺设定为 1/10 000～1/5 000，以精准地反映实际情况。图纸详细展示了给水水源的具体位置、取水点的选择、水厂的地理坐标以及泵站的确切地点。此外，还清晰地描绘了输水管（渠）和管网的布局，确保每一个细节都得到充分的体现。

文字说明应当详细阐述规划项目的核心特性、建设的总体规模，以及方案中不同组成部分的特色与潜在缺陷。同时，必须明确列出工程造价预算，并详细说明所需的主要设备材料清单。此外，能源消耗的情况也应被纳入其中。除此之外，规划设计的基础资料也必不可少，它们将作为支撑资料，确保规划内容的完整性和可靠性。

二、排水工程

排水工程不仅对于保护环境、推动工农业生产的持续发展以及保障人民健康具有重大的现实意义，而且其深远影响不可忽视。因此，应积极发挥排水工程在水利工程建设中的关键作用，努力实现经济效益、社会效益和环境效益的和谐统一。

（一）排水工程的内容

排水工程在减轻地表水和地下水对坡体稳定性的不利影响方面起着关键作用。通过排除地表水和地下水，排水工程不仅有助于增强现有条件下坡体的稳定性，还允许在保持坡体稳定性的同时增加坡度。具体而言，排水工程涵盖了两大方面：一是排除地表水工程，二是排除地下水工程。

1. 排除地表水工程

地表水工程的目的是双重防护：首先，它要拦截病害斜坡之外的地表水，确保斜坡外部水源不会流入斜坡内部；其次，它要防止斜坡内部的地表水大量渗入，并迅速将这些水汇集并排出。为实现这一目标，地表水工程包括防渗工程和水沟工程。防渗工程通过整平夯实和铺盖阻水两种方式来防止雨水、泉水和池水的渗透。当斜坡中存在易渗水的松散土体时，必须填平坑洼、封闭裂缝并进行整平夯实。铺盖阻水是一种覆盖大面积的措施，旨在防止地表水渗入坡体，其材料有多种选择，如黏土、混凝土和水泥砂浆。黏土通常适用于坡度较缓的情况。对于斜坡上的坑凹、陡坎和深沟，可以通过堆渣填平来平整坡面，为后续的夯实铺盖做准备。铺土要均匀，厚度为 1～5 m，通常约为水头的 1/10。对于裸露的破碎岩体斜坡，可以采用水泥砂浆进行勾缝抹面处理。在水上斜坡完成铺盖后，还可以种植植物，以防止水流冲刷。但需要注意的是，在坡体排水地段不应进行铺盖，以避免阻碍地下水的自然流动，从而导致渗透水压力的产生。

水沟工程涵盖截水沟与排水沟两个方面。截水沟应被安排在病害斜坡的外围，其主要任务是阻挡并引导地表的流动水源，从而防止水源流向病害斜坡。而排水沟则位于病害斜坡上，其布局往往类似于树枝状，以便更好地利用已有的自然沟谷。在斜坡的湿地和泉水露头处，可构建明沟或渗沟等设施，有效引导水流。当斜坡表面较为平坦，或治理要求较高时，需要挖掘集水沟与排水沟，以形成一个完整的排水系统。集水沟能够收集斜坡上的地表水，而排水沟则通过较大的水面比降，迅速将收集到的水排出病害斜坡。水沟工程的具体实施方式多样，可采用砌石、沥青铺设、半圆形钢筋混凝土槽或波纹管等不同形式。有时，为节约成本，也会选择不铺砌的沟渠，尽管其渗透和冲刷能力较强，但效果可能稍逊一筹。

2. 排除地下水工程

排除地下水工程的作用是排除和截断渗透水。它包括渗沟、暗沟明暗沟、排水孔、排水洞、截水墙等。

渗沟的关键功能在于排除土壤中的水分并支撑局部土体，特别适用于在滑坡体前缘进行布置。在存在泉眼的斜坡上，渗沟的布置应紧邻泉眼及湿润区域，以确保有效的水分引流。为了充分疏干土壤中的水分，渗沟的深度一般需超过 2 m。沟底应安放在湿润层下方较稳定的土层中，并且需要进行防渗铺砌。为了防止坡面上方的水流流入渗沟，上方应修建挡水墙，其表面设计成拱形，以便顺利排走坡面的流水。

为了排除深度在 3 m 以上的浅层地下水，可以采用暗沟和明暗沟两种方法。暗沟分为集水型和排水型两种。集水暗沟专门负责汇集这些浅层地下水，而排水暗沟则与集水暗沟相连，将汇集的水作为地表水排出。在暗沟的底部，布置带孔的钢筋混凝土管、波纹管、透水混凝土管或石笼，以确保水能顺畅流出。为了防止淤塞，在暗沟的底部铺设不透水的杉皮、聚乙烯布或沥青板，并在侧面和上部设置由树枝和沙砾组成的过滤层。而明暗沟，则是在暗沟之上修建明沟，这样可以同时排除滑坡区的浅层地下水以及地表水。

排水孔是一种重要的工程结构，旨在通过钻孔的方式排除地下水或降低地下水位。根据不同的应用需求，排水孔可被细分为垂直孔、仰斜孔和放射孔三种类型。垂直孔排水的工作原理是通过钻孔穿透含水层，将地下水转移到下伏强透水岩层，进而达到降低地下水位的目的。而仰斜孔排水则是通过接近水平的钻孔将地下水引出，以疏干斜坡。仰斜孔施工简便，能够节省大量的劳力和材料，且效果显著，特别是在含水层透水性强的情况下。钻孔的布置需根据含水类型、地下水的埋藏状态和分布情况等因素进行，确保钻孔能够穿透主要裂隙组，从而汇集更多的裂隙水。仰斜角的设定通常在 10°～15°，具体取决于地下水位的高低。当钻孔在松散层中可能存在塌壁堵塞的风险时，应采用镀锌钢滤管、塑料滤管或加固保护孔壁的措施。对于透水性较差的土质斜坡，如黄土斜坡，可以通过沙井和仰斜孔的联合使用实现排水效果，即利用沙井收集含水层的地下水，再通过仰斜孔将水排出。放射孔排水则是排水孔的一种布置方式，呈放射状分布，它常常作为排水洞的辅助措施使用。

排水洞的主要职责是拦截和引导深层地下水。在病害斜坡的外围，会修筑排水隧洞来拦截和转移补给水；而在斜坡内部，它的作用则是排泄地下水。为了确保有效地截住滑坡的地下水，隧洞的洞底应低于隔水层的顶板，或者位于坡后部的滑动面之下。在开挖时，顶线必须穿透含水层，同时衬砌的拱顶必须低于滑动面。隧洞的轴线应与水流方向大致垂直，以确保水能够被有效拦截和引导。排水隧洞的洞底应位于含水层之下，特别是在滑坡区域，它应该深入滑动面以下，并且沿着滑动方向平行布置在滑坡的前部。根据具体的情况，还可以选择渗井、渗管、分支隧洞和仰斜排水孔等辅助措施与排水隧洞配合使用，以增强排水效果。在排水隧洞的边墙和拱圈上，还需设置泄水孔，并填充反滤层，以防止水流对隧洞结构造成损害。

在发现地下水大量涌入滑坡区域，沿着含水层流动时，一个有效的解决方案是在滑坡区外构建截水墙。这一构造能够截断地下水的流动，随后通过仰斜孔将其排出。在此过程中，重要的是要确保截水墙不建在滑坡体上，因为这可能会诱发滑坡。构建截水墙有两种常用方法：一种是挖掘至含水层后建造墙体，另一种则是采用灌注法。当含水层较浅时，第一种方法更为适用；而当含水层深度超过 3 m 时，使用灌注法则更为经济高效。在灌注材料的选择上，水泥浆和化学药液是两种主要选项。若含水层具有大孔隙和较小的流量及流速特征，使用水泥浆可能更经济。然而，由于水泥浆的黏度较大且凝固时间较长，它在压入小孔隙时可能需要较大的压力，而在快速灌注时，则可能在凝固前流失。因此，有时会选择将水泥浆与化学药液混合使用。化学药液则可以单独使用，其胶凝时间可以从几秒调节到几小时，且其黏度较小。

（二）排水工程的排水系统

排水管道系统承担着收集与输送污（废）水的关键任务，由管渠、检查井、泵站等设施共同构建而成。整个排水系统包括室内污水管道系统、室外污水管道系统、污水泵站及其配套的压力管道、污水处理厂、出水口以及事故排出口等多个组成部分，这些部分协同工作，确保污水能够高效、有序地被处理和排放。

1. 室内污水管道系统

室内污水管道系统的主要职责是收集并引导生活污水，最终将其安全地输送至室外居住小区的污水管道系统中。在这个系统中，住宅和公共建筑内部的卫生设备作为起始点，生活污水从这里开始，依次经过水封管、支管、竖管和出户管等建筑内部的排水管道，最终流入室外居住小区的管道系统。为了确保管道系统的正常运行和易于维护，每个出户管与室外管道的连接处都设置了检查井，便于定期检查和清理。

2. 室外污水管道系统

室外污水管道系统涵盖了污水支管、干管以及主干管等多个组成部分，它们被铺设在城市的主要街道之下，主要作用是收集和传输来自不同住宅区和公共建筑区域的污水。在系统中，主干管因其较大的管径和广泛的收集范围，能够接纳大量的污水；而支管、干管则因其较小的管径和有限的收集范围，主要负责较小区域的污水收集。

在排水流域中，干管扮演着将支管中的污水进行汇聚的重要角色，这类干管也常被称为流域干管。主干管则进一步负责收集来自两个或更多干管的污水。最终，总干管将主干管中的污水接收并输送至总泵站、污水处理厂或水体出水口。由于污水处理厂和排放口通常位于建成区之外，因此总干管多数情况下也会铺设在污水管道系统的覆盖区域之外。此外，该系统还包括诸如检查井、跌水井和倒虹管等附属设施，用于维护以及管理。

3. 污水泵站及其配套的压力管道

污水通常依赖于重力自然排放，然而，地形等环境因素的制约往往使这一方法难以实施。在这种情况下，建立泵站成了一个有效的解决方案。泵站通过压力管道将污水压送至高地自流管，再经由承压管段输送至污水处理厂，实现了污水的有效输送及处理。

4. 污水处理厂

原污水及污水厂产生的污泥需经过一系列净化处理，以达到特定的质量标准，从而满足其再利用或安全排放的需求。这一系列用于处理过程的构筑物及其附属设施，统称为污水处理厂。在城市环境中，这类设施常被称为市政污水处理厂或城市污水处理厂；而在工业区内，则常被称为企业废水处理站。通常，污水处理厂会选址在河流下游区域，同时会确保与居民区或公共建筑保持足够的卫生防护距离。

5. 出水口及事故排出口

出水口是污水排入水体的主要渠道和最终出口，作为整个城市污水系统的终端设施，它负责将处理后的污水安全排入水体。而事故排出口则是设置在污水排水系统中间位置的一种辅助性出水设施，它通常位于易于发生故障的部件之前。一旦系统发生故障，污水会通过事故排出口被直接导入水体，以确保污水不会在系统内部积聚或造成更大范围的污染。

（三）排水工程系统体制

1. 排水体制的分类

水源的排放方式可以灵活多变。一方面，它们可以共享同一个管渠系统进行排除；另一方面，它们也可以通过两个或更多独立的管渠系统分别进行排放。这种根据污水排放方式的不同而设计的排水系统，被称为排水工程系统体制，简称排水体制。具体来说，排水体制主要可以分为合流制和分流制两大系统。

（1）合流制排水系统

合流制排水系统是一种将各种水源混合在同一个管道网络中排除的系统。根据排放方式的不同，合流制排水系统可分为直排式和截流式两种。直排式合流制排水系统是指将混合后的污水未经处理直接排入附近的水体。这种排水方式在过去被许多国内外的老城市所采用，但由于未经处理的污水直接排放，会对接收水体造成严重污染。因此，现在更常采用的是截流式合流制排水系统，如图2-6所示。

该系统是在河岸边构建的一条主要的截流水管，同时，在合流干管与截流主干管交汇之前或交汇点处设立溢流井，下游的截流主干管则连接着污水处理厂。在晴朗天气和初期降雨时，所有污水均被导向污水处理厂，经过净化处理后再排入水体。然而，随着降雨量的增强，雨水径流也相应增加。当混合污水的流量超出截流主干管的输水能力时，部分混合污水将通过溢流井直接排入水体。虽然这种截流式合流制排水系统相较于直排式合流制排水系统有所进步，但仍存在部分混合污水未经处理就直接排放的问题，从而对环境造成污染。

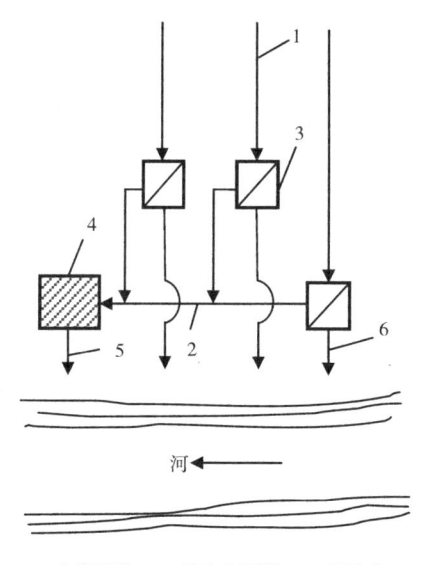

1—合流干管；2—截流主干管；3—溢流井；
4—污水处理厂；5—出水口；6—溢流出水口。

图 2-6　截流式合流制排水系统

（2）分流制排水系统

分流制排水系统是一种将水源进行分类处理的排水方式，其中不同类型的水源，如雨水、污水等，会被分别引导至两个或两个以上相互独立的管道系统中进行排除。这样的设计使得不同类型的水源能够得到有效分离，有助于减少水源之间的相互干扰和污染，同时也方便了对各类水源进行针对性的处理和管理，如图 2-7 所示。

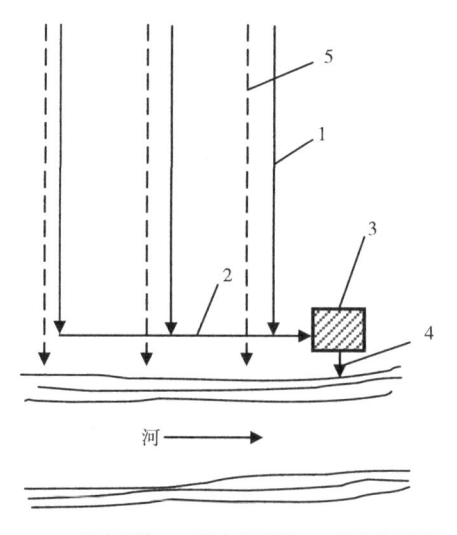

1—污水干管；2—污水主干管；3—污水处理厂；
4—出水口；5—雨水干管。

图 2-7　分流制排水系统

2.排水体制的选择

对于排水工程的规划与设计，合理选择排水体制是其中的核心议题。这一选择不仅直接关系到排水工程的建设、施工、运营与维护，而且深远地影响着城市和企业的整体规划以及环境保护工作。同时，它也是决定排水工程总投资、初期投资及后续维护费用的关键因素。因此，在选择排水体制时，必须充分考虑环境保护的需求，并结合当地的具体条件进行技术经济分析。总的来说，环境保护应成为选择排水体制时的首要考量。

（1）环境保护方面

对于排水工程，合流制设计能够一并处理生活污水、工业废水以及雨水，这种全面的处理方式在理论上对于水体污染的防控是理想的。然而，实施这种设计会面临实际挑战。合流主干管需要承受巨大的流量，导致尺寸需求增大，同时污水厂的处理能力也必须相应提升，这无疑会显著提高建设成本。特别是在暴雨期间，大量雨水会冲刷合流管道中的污泥，并通过溢流井进入水体，同时部分混合污水也会在雨天直接排入水体。实际上，很多采用截流式合流制排水系统的城市都面临着水体污染日益严重的问题。因此，或许需要寻找新的解决方案，如建立雨水时期的污水储存设施，在晴天时再将这些污水送往污水厂处理，或者将现有的合流制排水系统改造为分流制，以更有效地管理城市排水，从而保护水环境。

（2）工程造价方面

一些国外的经验显示，合流制排水管道的建设成本相较于完全分流制通常要低20%～40%。然而，合流制排水系统在泵站和污水处理厂的建设上，其成本会高于分流制排水系统。就整体建设成本而言，完全分流制排水系统可能会超过合流制排水系统的造价。从初始投资的角度看，不完全分流制排水系统由于初期仅需建设污水排水系统，因此能够降低初始投资费用，同时缩短工期，使工程效益更快地得到体现。相比之下，合流制排水系统和完全分流制排水系统在初期投资上均要高于不完全分流制排水系统。

（3）维护管理方面

合流制管渠在晴天时，污水并未完全充满管道，流速相对较慢，容易造成沉淀。但在雨天，水流增大，形成满流状态。虽然晴天时的低流速可能导致沉淀物的积累，但这些沉淀物在暴雨中容易被冲刷掉，降低了维护成本。然而，合流制的一个挑战在于晴天和雨天流入污水厂的水量波动极大，增加了管理的复杂性。相较之下，分流制排水系统则能维持稳定的流速，减少沉淀的发生。同时，流入污水厂的水量和水质波动较小，使得管理更加简便。混合制排水系统则介于两者之间，具有各自的特点和优缺点。

总之，选择合适的排水系统体制是一项重要而复杂的任务。这一决策需综合考量工程项目的整体规划、环境保护需求、污水再利用情况、现有排水设施、水量水质状况、地形气候特征以及水体环境等多个方面。在满足环境保护基本要求的前提下，通过深入的技术经济对比分析，应寻求一个综合效益最优的方案。对于新建地区，通常建议采用分流制排水系统。然而，在某些特定情境下，合流制排水系统可能更有利。

第三章 水利工程施工建设

水利工程施工的目的是建设出符合设计要求、质量可靠、安全稳定的水利工程，以满足人民生活和经济发展的需要。在水利工程施工过程中，需要充分考虑施工环境、施工条件、施工资源等因素，采取科学合理的施工方法和措施，确保施工质量和安全。同时，还需要注重环境保护和可持续发展，实现水利工程建设与生态环境的协调发展。本章围绕水利工程施工导流、水利工程堤防施工、水利工程水闸施工、水利工程混凝土施工等内容展开研究。

第一节 水利工程施工导流

一、水利工程施工导流的概念

施工导流，也称导流施工，就是指在水利工程施工中通过对河流进行拦挡，将部分河流水引流至其他区域的一种施工技术。在水利工程施工中，通过导流施工技术能够有效避免河流水淹没耕地、破坏生态环境等问题，是一种重要的施工技术。当前我国大部分水利工程采用的都是导流施工技术，该技术的应用有效降低了水利工程建设过程中的各种风险，确保了工程质量。从总体上来看，导流施工技术能够使水利工程施工建设过程中的各种问题有效解决。[1]

在当前水利工程施工中，导流施工技术的作用举足轻重。一方面，它能显著降低工程成本。在建设过程中，若不进行适当的导流处理，将会增加工程成本。而通过应用导流技术，可以将部分河道截流作为导流河段，从而有效降低工程建设成本。另一方面，导流施工技术能确保河流水流畅通无阻。若在水利工程建设中未能妥善疏导河流水流，将引发河道堵塞问题，进而严重影响水利工程建设质量和经济效益。

二、水利工程施工导流的方法

（一）明渠导流法

明渠导流技术的核心原理是在河岸处挖掘渠道，并通过设置围堰在上下游确定水流路

---

[1] 胡广才. 水利枢纽工程导流洞洞挖施工技术：以黄藏寺水利枢纽工程为例 [J]. 工程技术研究，2021，6（15）：44-45.

径，使水流能够顺利通过这些渠道流向下游，从而达到导流的目的。在实施该技术时，必须精确确定明渠的导流轴线、高程以及进出口的位置。特别关键的是布置轴线，它是明渠导流施工过程中的核心步骤。在选择明渠导流的布置点时，需要充分考虑合理性，同时科学地设定明渠的转弯半径，确保该半径不小于沟道底部宽度的5倍。此外，合理控制明渠的长度对于确保上游与下游河道的顺畅连接至关重要。渠道的进出口设计应与上下游水流相协调，与主干的夹角一般应控制在30°以内。为确保围堰基础不被冲刷，进出口与上下游围堰坡脚的距离设置也需特别注意。最后，明渠的水面与基坑水面的最小间距必须大于渗流破坏的临界值，以确保工程安全。

（二）隧洞导流法

隧洞导流施工技术是在河岸上建设水工隧道，令河水顺着隧道向下游流动。这种导流技术一般应用于水流量较小、施工环境复杂、河床较窄的水利工程中，能够有效地提升施工质量和施工效率。在确定施工计划后，需要合理地布设隧洞导流施工轴线，技术人员需要严格遵守规范要求。导流洞的断面形式与地质条件、施工条件和断面尺寸有关。常用的截面形式有圆形、马蹄形和方圆形（城门洞型）三种，其中，方圆形在使用上有很大的优势，其截面高宽比在1.2~1.5。因其工程造价昂贵，一般都把导流洞和永久结构相结合，以实现一洞多用。为满足不同建设阶段和不同水库水位的泄流需求，可将隧道入口设于不同高程，但在最下部隧道封闭过程中，需要注意，由于隧道闸门会受到较大水压的影响，从而造成闸门启闭困难。

（三）分段围堰导流

在水利工程中，分段围堰导流法是一种广泛应用的导流技术，也被称作分期围堰导流。这种技术因其简便性而备受水利工作者的青睐。在实际操作中，分段围堰导流法可细分为底孔导流和缺口导流两种方式。一方面，底孔导流通过在混凝土坝体上构建临时或永久性的泄水道来实现导流，常见于二期导流施工中。在这一过程中，必须按照水力学计算，精确确定导流底孔的位置、高程和尺寸。另一方面，缺口导流则是在尚未完成的坝体上开设缺口。在对缺口进行设置时，必须全面考虑水利工程的施工条件、结构特点，以及导流流量和泄水强度等因素，从而科学地确定缺口的高度和宽度。

（四）涵洞导流

涵洞导流法在水闸和中小型土石坝工程中得到了广泛应用。其工作原理是在工程基坑的上下游构建挡水围堰，利用涵洞的功能来引导河水绕过施工区域，流向下游。这种方法具有施工作业面大、施工周期短、经济性强的特点。在实际操作中，技术人员需充分考虑施工区域周围的山势分布，合理选择涵洞的设置位置。可以在沿滩地带设置涵洞，也可以将沟槽布设于大坝基岩位置，通过加强砌筑和在顶部加设混凝土等措施，确保涵洞的稳定性和安全性。

（五）坝体缺口导流

在水利工程施工中，混凝土坝体是极为常见的坝体结构，且为整个工程的核心部分。当施工区域处于汛期时，水流量会显著增加，这可能会干扰原有的排水导流系统，导致其功能受限，从而影响水利工程的施工进度。为了有效应对这种情况，施工时通常会采取坝体缺口导流法。该方法的基本原理是在混凝土坝体上预留一个缺口，通过此缺口来调节和控制汛期时的水流量。一旦汛期结束，便会及时修补这一缺口，以确保坝体的完整性和稳固性。

三、水利工程施工导流技术保障措施

（一）精准勘察水文地质数据

水利工程项目建设离不开详尽的勘察工作，精准的勘测数据对于施工导流技术的有效应用具有至关重要的支持作用。所以，在应用施工导流技术时，相关单位必须全面加强勘察工作的力度。首先，鉴于水利工程涉及的地域广泛、河道众多，工程建设单位需要在不同地点的河道区域合理部署测量设备，并定期收集和分析设备记录的数据信息，确保所得数据的代表性和准确性。其次，施工人员与勘测人员之间需要建立深入的沟通机制，就施工现场的具体情况进行充分讨论，从而明确工程施工的具体需求。在此基础上，双方应就围堰的材质选择等问题达成一致意见，确保施工方案的科学性和可行性。最后，需要注意的是，施工导流技术的应用受到多种因素的影响，如降水、地质环境等。尽管数据测量工作可能较为烦琐，但相关人员必须保持严谨的态度，实事求是地进行分析和处理，针对不同情况采取具体措施，为施工导流技术的有效应用提供准确可靠的数据信息支持。

（二）强化施工管理队伍建设

很多水利工程项目的施工条件都非常苛刻，不同的水利工程还存在差异化的施工目标，如有的需要供电、供水，有的则是搭建运输网络，还有的需要供电供水以及运输网络，这就对施工管理队伍也有较高的要求。施工单位定期要对施工管理团队培训水利相关的理论和技能知识。理论知识包括混凝土的设计、过水断面、均质黏性土坡的滑动面形式、土的饱和度、传统的测量方法如何确定水平距离、高差，以及水平角等；技能知识包括围堰技术、导流技术、大体积混凝土施工技术、坝体填筑施工技术等；通过培训保障后续的工作效率。在培训过程中，培训单位可以通过开展学术交流的方式、知识讲座的方式以及工作经验分享的方式保证培训质量。如果条件允许可以引入高素质、专业化的管理人才，提升整个团队专业素养的同时，保障施工导流技术的应用效果。

（三）建立和完善应急预案

为确保施工导流技术的有效应用，完善的应急预案是不可或缺的保障措施，它对于保障施工的安全性和稳定性至关重要。尽管在水利工程中，人们已经采取了多种预防措施来降低施工风险，但仍难以完全避免突发事件的发生，如围堰截流失败、导流方向失控等，这些事件都可能给工程和人员带来严重危害。所以，制定应急预案是施工导流技术应用过程中的重要环节。在制定预案时，应参考国内外成功的施工导流技术应用案例，总结其成功经验，并结合施工单位的实际经验和案例，对本次施工的风险点进行全面预判。随后，邀请相关专家或工程技术人员参与预案的协商、分析和讨论，确保预案的科学性和合理性。此外，与水利工程管理部门合作进行预案演练也是关键步骤。通过演练，可以评估响应措施的有效性和可行性，确保在突发事件发生时，预案能够迅速且准确地启动，最大限度地降低损失和风险。总之，通过综合应用成功案例的经验、施工单位的实际案例以及预案演练等手段，可以建立一个完善的应急预案体系，为施工导流技术的有效应用提供有力保障。

第二节　水利工程堤防施工

一、水利工程堤防施工的作用

（一）防洪防灾

水利工程是基础设施建设的核心组成部分，而堤防作为水利工程的关键结构，自古以来便被广泛采用作为重要的防洪手段。为了确保水利工程的顺利进行和高效运行，必须高度重视水利工程建设，并强化其建设管理。这样做不仅有助于提升水利工程的整体质量，还能有效抵御洪涝灾害，从而避免其带来的巨大损失。然而，除了自然灾害外，堤防结构在运行过程中还可能面临流通、管涌和渗漏等问题。这些问题的产生往往与多种因素有关，包括现场勘查不充分、堤防结构设计不合理、堤身和堤基填筑密实度不足，以及施工材料质量不达标等。这些因素都可能导致水利工程堤防结构失效，从而使其失去原有的防洪功能。为了有效解决这些问题，堤防加固施工技术显得尤为重要。这就要求施工单位在施工前深入勘探现场环境，全面获取地质和水文信息。在此基础上，施工单位需要综合比较各种堤防加固施工技术，选择既经济合理又适用性强的施工技术。通过这样的方式，可以进一步提升水利工程建设的质量，确保堤防结构在防洪工作中发挥应有的作用。

（二）发挥水利枢纽功能

现阶段，我国水利工程堤防加固施工技术水平不断提高，各施工单位也积累了相关经验，在工程管理实效提升的同时，熟练掌握施工工艺的应用，很大程度提升了水利堤防加固工程的施工质量。通过信息化平台，使工程建设信息实时、清晰地展现，为决策制定提供可靠依据，论证施工技术的可行性和科学性，编写施工方案，进而使用工程相关软件进行动态仿真模拟检验工程的设计方案，以确保水利工程堤防加固施工顺利开展，安全运行水利工程，充分发挥堤防的整体价值和作用，提高水利工程的运行效益，同时降低自然灾害的影响，保障水资源充足供应。

二、水利工程堤防施工技术的分类

堤防施工技术的分类对于水利工程领域至关重要，它们在不同的领域发挥着各自的作用，为水资源管理、洪水控制和生态保护提供了多样化的解决方案。

（一）根据施工材料分类

混凝土堤防是一种经过高度工程化设计的结构，因其出色的耐久性和抗洪能力而备受赞誉。其显著特点在于其材料的坚实性和稳定性，可以承受巨大的压力和长期的水环境侵蚀。因此，混凝土堤防在大型水电站、洪水风险高的地区以及长期水资源管理项目中得到广泛应用。土石坝则主要采用土壤和石块作为其主要构建材料，其特点在于相对较低的施工成本，使其更适用于中小型水利工程。这种堤防类型在农田灌溉、农村水资源管理和小型水库建设中发挥着重要作用。此外，河沙袋作为一种紧急防洪工具，一般采用易于快速填充的河砂或砾石制成。其优势在于其灵活性和便捷性，使其在临时应急情况下成为快速堤防修复和保护的理想选择。

（二）根据结构类型分类

重力坝是一种依赖自身重量来抵抗水压力的稳定结构。常见的形式有混凝土坝和土石坝，它们共同的特点是稳定性和耐用性出色，因此常被用于要求高可靠性和抗洪能力的工程项目中。另外，拱坝的设计呈曲线状，巧妙地将水流引导至河流中心，从而减轻对坝体的压力。这种坝型以其卓越的水力性能，常见于河道导流和水力发电工程。而堤防开发则是一种将水利工程与生态系统修复相结合的方法，旨在提高洪水防御能力的同时保护环境。这种方法注重可持续性和生态平衡，包括湿地恢复、鱼类通道等生态修复措施。

（三）根据用途分类

洪水防御堤防的核心目的在于抵御洪水的侵袭，其设计特色在于坝体的高强度与出色的防御性能，使其能够应对极端洪水事件，表现出坚固与可靠的特点。相对而言，灌溉堤防的主要功能在于将水资源引导至农田以满足灌溉需求，其特色在于对水的分配与流动进行精细控制，通常借助土石坝和渠道系统来实现这一目标。而生态堤防则是一种更为综合的水资源管理策略，它充分考虑了环境保护与水资源利用的平衡。这种堤防设计的核心理念是生态友好，它强调生态系统的修复与生态平衡的重要性。其特点包括湿地保护、鱼类通道的建设等，这些都是为了保护并恢复生态系统的健康与活力。

通过深入了解河道堤防施工技术的分类和特点，可以更好地选择适当的技术以满足不同水利工程项目的需求。这不仅有助于提高水利工程的可靠性和效率，还有助于实现水资源管理、洪水控制和生态保护等多重目标。

三、水利工程堤防施工的内容

（一）清基施工

①按照设计规定和现场实际情况，明确清基施工所需达到的深度。

②在进行地表覆土和杂物的清理时，务必保证清理彻底，并达到规定的平整度标准。可以利用各类工具和机械设备，如挖掘机、铲车等，来辅助完成清理工作，以提高施工效率和质量。

③在进行清基施工过程中，必须严格遵守安全操作规程，切实保障施工人员的生命安全。同时，还需注意保护周围环境，防止对水体、植被等造成不良影响或破坏。

④在进行清基施工过程中，可能会遇到各式各样的杂物，包括但不限于树枝、石头和建筑垃圾等。对于这些杂物，需要仔细甄别并进行适当的分类处理。针对那些可回收利用

的杂物,应积极进行回收利用;而对于无法回收的杂物,则应当妥善处理,以免对周边环境造成不必要的负面影响。

⑤清基施工结束后,为了确保施工质量达到设计要求,必须对清理后的基础进行全面检查,特别关注其平整度。利用平整度测量工具,如水平仪、测量尺等,可以对清理后的基础进行精确测量,从而确保施工质量符合标准。

(二) 加固施工

水利堤防工程的稳固性是其核心要素,因此在选择堤防施工技术时,必须重点关注如何增强这一稳固性,特别是针对堤段的削坡土方进行加固处理。这一加固施工技术通常涉及使用推土机和挖掘机等设备进行堤防削坡修护工作。在作业过程中,产生的土方会被放置在需要固定的堤坝上方,随后由推土机推平。土方推平后,还需要进行夯实处理,以确保其稳固性。这种加固施工技术的运用,能够使原有土方与新填土方之间实现自然衔接,进而提升堤防的整体稳固性和安全性。在实际工作过程中,相关工作人员必须正确掌握并应用这一加固施工技术,尤其是针对新建的土方部分,必须做好充分的加固工作。同时,新旧土方连接处也需确保夯实处理,以避免潜在的安全隐患。值得注意的是,由于不同地区对堤坝的承压力等要求可能存在差异,设计人员在堤防工程的设计阶段,可预先对主体堤坝地基施加预应力,以检查加固效果。若效果不佳,需及时识别问题并进行相应的调整,以确保后续堤坝施工的安全和质量不受影响。

此外,堤脚和护坡需要处理。堤防工程施工技术应用还需思考洪水、滑坡等问题,为此做好堤脚和护坡的处理非常必要,如果堤脚和护坡出现问题解决不及时,较轻时会导致堤防坍塌,严重时就会导致滑坡。所以,堤防的危险性需由专业的人员评估,如比较严重则启动紧急措施解决漏水以及滑坡的危险。水流急且深度大的堤段,护堤坝的方法为分段向外的形式或者将长坝分成短坝。边坡的防护要点集中在增加抗力和承载力上,使用十字形支护效果更好。堤脚受到水流侵蚀和冲击时,出现损坏情况就必须用坡面固定脚规避连续冲刷造成的安全风险。

(三) 河道开挖施工

水利工程建设前,技术人员结合水利工程实际施工方案和施工环节综合分析河道情况以及挖掘方向,优化控制网布孔。另外,技术人员需要注重开挖工作施工实际情况,确定正确的河道挖掘方向。河道挖掘时,河道导流渠横断面挖掘主要分为两方面:一方面是技术人员在导流渠侧面挖掘河道以保证挖掘工作顺利进行;另一方面是技术人员同时在导流渠两侧挖掘河道,以保证挖掘质量和效率。河道开挖作业需要技术人员按照规格采用挖掘机进行挖掘,一般规格选择为 $1\ m^3$,这种情况下的挖掘作业灵活性更高,效果更好。同时需要技术人员应用好装卸运输车辆对土壤进行初步运输挖掘,防止挖掘作业受到影响。并在挖掘过程中,精准控制河道挖掘作业。基于此,为了防止河道挖掘面临坍塌或是挖掘不到位等问题,技术人员需要在导流渠周边准备好所需土体,以便正式挖掘时的导流渠可以使用推土机推运河道边坡残留土体,进而填补过度挖掘导流渠面,以保证河道挖掘工作和水利施工方案相同,进而提高水利工程建设施工质量和安全。

（四）填筑施工

在河道堤防施工的整个流程中，填筑施工扮演着至关重要的角色。其核心目标在于向河道内填充经过精心挑选的土料，进而构建出坚固可靠的堤防结构。为了保障这一步骤的效果和质量，必须高度关注土料的均匀性，确保每一部分填充的土料都具备出色的质量和密实度。

首先，在工程设计和实际施工条件的基础上，需要精心挑选合适的土料来进行堤防的填筑工作。选择的土料必须具备良好的抗冲刷和抗侵蚀性能，这是确保堤防长期稳定运行的关键。同时，也要综合考虑土料的可获取性和成本因素，优先选择那些既易于获取又经济合理的材料。为了进一步提高土料的质量，可能还需要对其进行一些必要的处理和筛选工作，包括根据土料的颗粒大小和组成特点进行筛分和分级，以确保填筑的土料既均匀又具有一定的密实度。

其次，填筑施工可以采用人工填筑或机械填筑的方式。进行人工填筑时，必须重视土料的均匀性与紧实度，确保土料能够紧密堆放；而采用机械填筑时，则需选择恰当的施工设备并规范操作，使土料均匀分布并得到充分压实。填筑施工的过程中，务必实施填筑控制，确保每层土料的厚度和坡度都满足设计要求。借助测量仪器和工具进行实时监测和调整，从而确保填筑的质量和稳定性。

最后，填筑施工结束后，必须对填筑的土料进行质量检验，包括进行土料的密实度和含水率等测试，以全面评估填筑效果及土料的质量。若在检验过程中发现任何问题，必须立即采取相应措施进行修补或改进，以确保填筑工程的最终质量和安全。

（五）防渗施工

1. 帷幕灌浆技术

这项技术是通过将黏土与水泥砂浆混合后进行灌浆施工的方法。与在岩石中进行灌浆施工相比，在卵砾石层中实施灌浆施工存在显著的差异，因为在这里形成钻孔较为困难。为解决这一问题，通常采用套阀式和循环式这两种钻管法。此外，水利工程项目往往在地质条件较差的环境中进行，这些区域更容易受到水流侵蚀的影响。所以，工作人员在控制填充浆液的过程中面临着诸多挑战，可能会出现填充超出或填充不足的情况。为了确保施工管理的标准化和规范化，灌浆施工时需要设置不少于 3 排的灌浆孔。

2. 劈裂灌浆技术

该技术通过施加灌浆压力，使堤防产生劈裂裂缝，随后将预先配制好的浆液注入这些裂缝中，形成纵向垂直的防渗帷幕。这种方法不仅能够增强堤防的稳固性，还能有效地修复堤防中的裂缝和孔洞。在施工时，需在堤坝的轴线上预设孔洞，并利用注浆时产生的力量使坝体劈裂，随后进行强制注浆。当浆液凝固后，会形成一道防渗坝体。劈裂灌浆防渗技术的应用，可以进一步提升坝体的强度，并显著降低渗漏问题的发生率。

3. 混凝土防渗墙

这种技术广泛应用于堤坝防渗施工中，旨在确保施工过程的安全稳定以及堤防设施的良好运行。在实际应用中，它要求在地面上连续打孔，并在孔内灌注混凝土以构建防渗墙。

防渗墙的底部需嵌入基岩,以此截断或减少地基水流,从而提升堤坝的安全性。值得注意的是,防渗墙属于隐蔽工程,因此,在施工过程中,需按照地质条件的变化采取相应的施工方案,并及时发现和解决可能出现的问题,以确保堤防工程的安全顺利进行。

(六)摊铺碾压施工

摊铺碾压施工的核心目标是在堤防上均匀铺设土料,并通过碾压操作增强其密实度和稳定性。为确保施工质量和安全,施工人员必须严格遵循施工规范和操作要求。在施工开始前,需要对摊铺机进行细致的调试和预热,确保其性能稳定、运行顺畅。紧接着,将土料从运输车辆中平稳、有序地倾倒入摊铺机的料斗中,这需要施工人员精准控制倾倒速度和角度,防止土料堆积或溢出。随后,摊铺机将土料均匀铺设在堤防上。在这一步骤中,施工人员需要按照设计要求和施工图纸,精确控制摊铺的厚度和宽度,确保土料分布均匀、符合规定。同时,保持稳定的摊铺速度至关重要,过快或过慢都可能影响土料的质量和稳定性。土料摊铺完成后,碾压操作随即展开。选择合适的碾压机械,按照施工规范进行碾压,是确保土料密实度和稳定性的关键。碾压应从堤防中心开始,逐渐向两侧延伸,确保每个区域都能得到充分的压实。在碾压过程中,施工人员需密切关注碾压速度和次数,以确保达到预期的压实效果。

(七)筑地作业施工

筑地作业施工的目的是在水中建造一个稳定可靠的堤体结构,以确保河道的正常运行和安全性。

①需要明确施工区域,按照设计要求和现场实际情况,选取合适的施工地点。随后,要准备充足的堤坝材料,并确保这些材料的质量和数量均符合施工标准。另外,为确保施工顺利进行,还需在施工前进行水位调控,保持施工区域内的水流稳定,为施工人员创造安全、便利的作业环境。

②运用挖掘机等设备清除水底泥沙。在填筑过程中,选用合适的填筑设备,将预先备好的堤坝材料均匀倾倒在施工区域。倾倒时需严格把控速度和角度,防止材料堆积或溢出,确保施工顺利进行。

③使用碾压机械压实填筑的堤坝材料。自堤防中心向两侧进行碾压作业,以保证堤体均匀且密实。施工过程中,务必实施严格的质量控制措施。利用测量仪器与工具进行实时监测与调整,从而确保填筑土料层的厚度和坡度与设计要求相符。

④施工过程中,施工人员应严格遵守安全操作规程,正确使用施工设备和工具,遵循施工流程,确保施工过程的安全性。通过以上具体的施工操作流程和操作方法,可以确保筑地作业施工的质量和稳定性,为河道堤防的建设和维护奠定坚实的基础。

(八)河道护岸施工

河道护岸施工的主要目的是保护河道的岸坡,防止河水的侵蚀和岸坡崩塌,以下是几种常用的技术方法。

1. 堆砌施工

堆砌是一种广泛应用的河道护岸施工技术。在施工前,首要任务是清理和平整河道岸坡，这是确保施工基础稳固的关键步骤。接下来，施工人员将护岸材料，如石块，逐层堆砌在岸坡上，逐步构建出一个坚固的护岸结构。在这个过程中，护岸材料的均匀分布和紧密堆砌至关重要，它们直接影响护岸的稳固性和抵抗水流侵蚀的能力。

2. 倾倒施工

倾倒施工技术，在大规模护岸工程中发挥着重要作用。它采用专用设备，将护岸材料，如混凝土块，精确倾倒在河道岸坡上。这一过程中，施工团队需密切监控倾倒的速度与角度，确保材料均匀分布且避免堆积或溢出。倾倒完成后，紧随其后的整平和压实工作同样关键，它们能够确保护岸表面平整、结构稳定。

3. 挤压施工

挤压作为一种特定的护岸施工技术，特别适用于狭窄的河道或需要维护边坡稳定的情况。施工过程中，专业的挤压机械被用来将护岸材料紧密地挤压至河道岸坡上，进而形成一个既均匀又牢固的护岸结构。为了确保护岸的稳定性和抗侵蚀能力，施工人员在挤压过程中需要严格控制挤压的压力和速度。只有在这样的精确控制下，挤压施工技术才能充分发挥其效用，为河道的长期安全提供坚实保障。

（九）河道疏浚施工技术

在水利工程建设中，堤防工程施工技术的实际应用需结合河道疏浚工作进行技术更新和方法优化。在河道疏浚施工之前，必须充分准备所需的设备和填充料等材料，以预防因材料短缺导致的施工中断。此外，深入研究施工图纸至关重要，以确保疏浚作业能够精确无误地进行。技术工作人员需根据实际情况，在图纸上精确标注河道疏浚的范围和堤坝加固的高度，从而确保施工过程的顺利进行和最终的工程质量。

施工环节，做好淤泥清理工作。因清理淤泥的河段多为自然河段，实际河道断面比预期大，淤泥量更多。通过计算发现，河道开挖量数据是断面河道的总长与实际和预期差的乘积。制订好疏浚方案后，操作长臂挖掘机直接清理淤泥，选择的起点为淤堵最严重的部分，需注意的是清理工作要确定淤泥深度将其清理干净。挖出的淤泥及时运输出去，运输车辆性能和密闭性好以免淤泥掉落。如果运输时有渣土掉落，现场作业人员要及时清理，避免遮挡运输路径使车辆受阻。清理出的淤泥不能随意堆放，存放淤泥的位置到疏浚河道距离适当。存放位置管理也要重视，使用专业的机械清理场地，并配合运输淤泥的车辆更好卸土，堆放渣土的高度合理，避免超高导致的倒塌问题。

四、水利工程河道堤防施工的质量控制

（一）水利工程河道堤防施工质量控制的重要性

在河道堤防施工的全过程中，质量控制占据着举足轻重的地位，它贯穿并影响着施工的每一个环节。一个健全的质量控制体系能确保材料的选择、施工技术的运用以及最终的施工成果均符合工程设计的预期标准和质量要求。通过实施严格的质量控制措施，能够有效减少潜在的施工缺陷和质量隐患，从而确保河道堤防在未来投入使用后具备足够的安全性和可靠性。

（二）水利工程河道堤防施工质量控制的措施

1. 建立质量管理保证体系

（1）组织保证体系

在施工前，需要根据堤防施工的具体任务，构建一个高效的质量管理组织机构。这个机构由具备强大专业能力和丰富管理经验的人员组成，为质量管理的顺利实施提供坚实的基础。为了确保质量管理高效有序，坚持项目经理负责制和岗位责任制，合理分配管理任务，确保各项管理工作能够有条不紊地进行。具体来说，项目经理要承担起堤防施工质量管理的主要责任，负责执行各项质量制度，确保施工质量的稳定。定期召开质量工作会议，对堤防施工质量检查中发现的问题进行总结，制定相应的管理决策，处理质量问题，并加强质量隐患的预防工作。此外，项目经理还需处理与施工质量相关的其他事宜，确保施工过程中的质量问题得到及时有效的解决。与此同时，技术负责人负责日常的施工技术工作，对技术方案的实施进行监督，从技术层面推动施工质量的提升，辅助施工质量管理工作的开展。

（2）技术保证体系

堤防工程是一项需要高度专业性和技术性的工作，因此，在施工管理过程中，必须建立一套完善的技术保证体系。这一体系将负责监督和控制技术的实施，确保施工过程中的技术操作符合标准，从而有效提高整体的技术水平。以混凝土防浪墙的浇筑施工为例，质量管理人员需要严格遵循行业颁布的技术标准和施工质量验收规范等技术性文件，明确质量管理的目标。这将为施工过程提供科学、准确的技术指导，确保每一步操作都符合技术要求。同时，在施工过程中，管理人员还需按照工艺标准的要求进行混凝土的振捣工作，规范振捣点位的布置，以防止出现漏振问题。

2. 加强检测与检验

河道堤防施工常见的材料包括土石材料、混凝土和钢筋等，这些材料的质量直接关系到堤防工程的稳固性和耐久性。为了确保这些材料符合规定的技术标准，应使用多种检测设备和方法来全面检测其物理和化学性质。此外，在施工过程中，还应进行现场检验，实时监测和评估施工质量，以确保工程的安全性和可靠性。

3. 加强技术指导和培训

河道堤防施工的质量控制离不开具备专业知识和熟练技术的施工人员。为了提升施工人员的素质和水平，减少施工质量问题，为施工人员提供专业的技术指导和培训显得尤为重要。通过系统的培训，施工人员能够深入了解和掌握正确的施工方法和操作技术，从而在施工过程中有效地执行施工工艺和质量控制措施。

4. 加强质量评估与统计

为进一步提高河道堤防工程施工质量，应持续评估和统计分析施工过程中的质量数据，发现和分析质量问题的成因，提出改进措施，并定量评价施工质量。评估和统计分析质量数据的主要步骤包括数据收集、数据整理和归档、数据分析、问题识别和成因分析、改进措施提出及质量评价。

第三节 水利工程水闸施工

一、水利工程中水闸的类型

（一）挡潮闸

挡潮闸在水利工程中扮演着至关重要的角色，其主要功能是防止海水倒灌，同时兼顾排涝作用。这些闸门通常位于水利工程的入海口位置，通过提升闸内河流水位的方式，实现蓄水灌溉等多种功能。此外，挡潮闸还具有通航作用，当潮水较为平缓时，它们可以在水利工程中发挥通潮的作用，确保水流的顺畅。

（二）节制闸

节制闸的核心职责在于调整并控制水位，使之保持在适宜的水平。它不仅能在水位变化时发挥稳定作用，还可以根据需要调节水量。特别是在洪水季节，节制闸能利用其所在的渠道系统中的各类建筑设施，灵活调整水流状态，从而实现对水位的精确调控。而在枯水期，该系统则能有效提升水位，保障航道畅通，同时充分发挥其引水功能。通常，节制闸会被设置在渠道系统的分水口下游，这样的布局有助于实现支渠的引流目标，从而优化整个水利系统的运行效率。

（三）分洪闸

在水利工程中，分洪闸的设置扮演着至关重要的角色。它的主要作用在于有效地泄洪，降低洪涝灾害的风险。当洪水水位超过下游河道的承受能力时，分洪闸能够及时排泄多余的洪水，从而避免洪水泛滥带来的危害。这样的设计不仅确保了河道下游的安全性，还为周边地区提供了重要的保护。通常情况下，分洪闸会被设置在河道的一侧，以确保其能够有效地发挥作用。

（四）进水闸

水利工程中进水闸的重要作用就是实现引水灌溉、供水、发电，而且共同兼顾双面挡水的作用。利用进水闸的设置可积极引入水流，实现高一级水流向着低一级实现分流。通常，进水闸包含了农门、水闸、斗门。不仅如此，进水闸还可以起到防洪倒灌的作用。

二、水利工程水闸施工的特点

（一）内容多

水利工程中的水闸施工涵盖了众多内容，按照水闸的结构特点，可以将其分为开敞式、胸墙式、涵洞式等多种类型。由于不同形式的水闸在施工任务上存在显著差异，技术人员必须按照水闸的具体类型，如节制闸、冲沙闸、涌水闸和分洪闸等，进行规范化施工。

（二）工种多

水利工程中的水闸施工涉及多个工种，这些工种共同构成了水闸施工的核心团队。其中包括水闸施工组，他们负责土方开挖、钢筋绑扎、支模、焊接、浇筑和吊装等核心工作。同时，还有机电组、检测组和物资组等多个辅助团队，分别负责机电安装、质量检测以及混凝土材料的准备等工作。这些团队在水闸施工过程中相互协作，形成了默契的配合关系。只有各工种之间紧密合作，才能确保水闸施工任务按照预定计划顺利完成。

（三）关联性

水利工程中水闸施工断面大、长度长，各个施工环节紧密相关，每一个施工环节的质量均会影响整体水闸施工效果。例如：土方开挖断面过大，将导致混凝土浇筑量增加，影响水闸强度；混凝土中含超粒径颗粒会导致混凝土含水量超标，影响水闸养护效果。

（四）工期较长

水闸工程通常具有较长的施工周期，可能持续数月甚至数年。这一复杂的施工过程涉及多个阶段，每个阶段都需要精细的管理和严格的计划执行。为确保施工进度和质量，必须合理安排施工计划，确保各阶段工作有序进行。同时，加强施工管理也至关重要，包括人员调配、资源配置、技术指导和安全监控等方面，确保施工进度和质量。

（五）技术要求高

水闸工程的技术规格十分严格，它必须满足止水、挡水、启闭等多重功能需求。这就要求在施工过程中，必须高度重视技术创新和质量监控。通过不断引入先进的技术手段和严格的质量管理体系，可以确保水闸工程的高质量完成，从而充分发挥其各项功能，保障水利工程的长期稳定运行。

（六）安全管理重要

水闸工程的施工涉及繁重的土石方挖掘和混凝土浇筑等任务，这些作业都伴随着较高的安全风险。为了确保施工过程中的安全，必须加强安全管理，制定详尽的应急预案，包括对施工人员的安全培训，定期的安全检查，以及确保施工现场的整洁和有序。

（七）环保要求高

在水闸工程建设过程中，必须充分考虑其对水环境和生态环境可能产生的影响。为了确保水利工程建设与环境保护的平衡，需要采取相应的环保措施。这可能包括减少施工过程中的噪声和尘土污染，保护水源质量，以及维护周边生态系统的完整性。

三、水利工程水闸施工技术

（一）开挖技术

在水闸施工过程中，施工人员必须充分考虑现场实际情况，进行深入调查和研究，以制订出最合理的开挖施工方案。这样可以确保开挖施工的有效性和安全性，同时保证施工质量符合设计要求。在进行土方开挖时，必须根据现场条件来确定合适的开挖面。如果开挖面过大,将造成资源的严重浪费;而开挖面过小,则可能无法满足施工强度的要求。因此,开挖施工必须严格按照前期设计方案进行,以确保施工质量,为水闸工程的顺利完成提供有力保障。

(二)混凝土技术

在水闸施工的过程中,混凝土施工占据举足轻重的地位,其结构强度要求严格,因此必须对混凝土施工给予充分的重视。在混凝土施工的前期阶段,施工企业有责任安排专业的质量检查人员,确保混凝土的性能符合设计标准,并且混凝土的配比要科学合理。这要求对各种材料的使用量进行严格的管理和控制,以确保混凝土的质量。在混凝土的浇筑过程中,一个常见的质量问题是温度裂缝。如果对此问题缺乏科学有效的管理,将会直接影响工程的运行,甚至可能产生安全隐患。具体来说,在施工过程中,由于温度条件的变化,混凝土内部和外部的温度差异会变得明显,进而产生温度应力,这是温度裂缝产生的主要原因。因此,在水闸施工的底板、闸墩等混凝土浇筑环节,必须做好温度控制工作。通过有效的措施,可以缩小混凝土内部和外部的温度差异,从而避免温差裂缝的产生。

(三)门槽施工技术

在中小型水闸的闸墩部位,通常会设置门槽,这些门槽内部嵌入有滑动导轨或反轮导轨、止水座、侧轮、主轮等关键装置。这些装置为启闭机门提供了必要的支持和引导,确保闸门能够顺利启闭,同时也有助于实现闸门的有效封水功能。考虑到水闸导轨铁件的尺寸相对较小,技术人员在闸墩立模阶段就开始进行预置工作。他们会在模板的内侧固定好这些铁件,随后通过混凝土浇筑,将这些铁件与混凝土紧密结合,确保它们的稳固性和耐久性。

1. 平面闸门门槽施工要点

在进行平面闸门门槽的预埋铁件浇筑过程中,技术人员必须严格确保门槽和导轨的垂直度。为了达到这一要求,他们会在模板的上侧嵌入一颗铁钉,然后在铁钉上方固定一个吊锤。当吊锤稳定时,他们会使用辅助钢尺来测量吊锤上下两侧与模板之间的距离,并根据这些测量结果对模板进行垂直度校正。在确认门槽的垂直度后,技术人员会从闸墩立模环节开始工作,先在门槽部位开设一个大尺寸的凹槽,并在凹槽的侧壁和正壁模板上固定导轨基础螺栓。这样,在拆除模板后,可以迅速在混凝土内部放置这些螺栓。接着,他们会使用螺栓和垂球来对导轨的垂直度进行校验。一旦确认导轨的垂直度符合要求,就可以进行混凝土的分段下料浇筑了。

2. 弧形闸门施工技术要点

在弧形闸门施工期间,根据弧形水闸闸门沿水平轴活动以及经支臂拉控特点,从降低启闭门力着手,将1个滑块设置在闸门两端。在滑块安装前,结合导轨特点,预先设置长80 cm、宽20 cm的凹陷槽,将2排钢筋设置到凹槽内部,牢固槽体。从安装活动着手,进行钢筋校验。确认钢筋无误后,将若干垂直度对称控制点设置到槽侧面,并将校正完毕的导轨分段连接钢筋临时控制点。根据垂直平面控制点,进行导轨垂直度调节。确认无误后,进行混凝土浇筑。

(四)土方施工技术

施工企业在开挖施工作业过程中,应确定好技术要求。①在开挖施工前期,需要对设计图纸内容进行解读,确定好标高控制位置,按照开挖线路精准定位。②开挖施工过程中应逐层进行,设计好临时性排水沟,并逐层向下进行挖设,通过借助各种施工设备,对地基科学处理,预留 0.2 m,以人工方式挖设。③由上至下开挖,不可出现掏挖,开挖施工过程形成一定排水坡度。④若施工地点中土质含砂率相对偏高,为了更好保证施工质量和安全,施工企业还要建立临时工作平台。在回填施工中,需要借助推土机进行碾压和平整处理,不宜采用机械处理的位置,可以通过人工打夯机施工。在结束施工后,施工人员需要对压实度进行检查,确保压实度符合设计标准。

(五)模板施工技术

在模板工程施工中,构建一个完善的施工体系是至关重要的。优先选择木质模板,并确保使用优质木材,以保证面板表面光滑,无凹凸不平的现象。在模板的组装过程中,精确控制模板尺寸至关重要,接缝处应使用海绵进行细致填充,以防止漏浆情况的发生。对于两侧的模板,可以采用螺栓进行连接,以确保其牢固性。完成模板施工后,应在模板内侧涂抹一层隔离剂,这样可以有效避免与混凝土的粘连。当模板施工全部结束后,还需对模板支撑进行妥善处理,确保其强度与工程实际需求完美匹配,并严格控制横向和纵向的距离,以保证施工质量和安全。施工企业必须高度重视防止模板下口移动的问题。为确保模板的稳固性,应依据实际情况和间距要求精准确定下口锚桩的位置,并在中间位置使用钢管进行稳固连接。在拆除模板的过程中,施工人员必须严格遵循设计图纸的要求,明确施工要点。一方面,非承重模板的拆除应优先进行,同时要确保混凝土的强度符合设计标准,避免因模板拆除不当而导致质量问题。另一方面,在拆除墙、墩等部位的侧模时,对混凝土强度的把控尤为重要。一旦发现混凝土强度未达到要求,必须立即停止模板的拆除工作,以确保整体结构的安全性和稳定性。

(六)围堰施工技术

围堰属于水闸工程作业期间较重要的一环,围堰施工的方法有很多,土石围堰、膜袋砂围堰以及钢板桩围堰等都属于较为常见的施工围堰法。不同种类的围堰施工运作有不同的特点,选择具体的施工技术实施期间,必须依据现实的工程状况,在充分结合水文、地质状况背景下,综合性考量整体的施工作业方案。

1. 土石围堰法

土石围堰是一种经济高效的施工方法,它利用土石材料作为主要的施工媒介。这种方法允许工作人员就地取材,最大化利用现有资源,从而显著降低施工成本。从整体来看,土石围堰的结构相对简单,但其抗冲刷能力却十分出色,使其成为具有较强实用性的围堰施工手段。在应用土石围堰法时,首先需要进行实地考察,以明确围堰的高度、宽度和坡度等关键参数。施工过程中,主要采用进占法进行填埋作业。挖掘机的操作必须严格根据工程需求和现场条件进行,确保填筑方式的科学性和合理性。当填筑达到设计水平面后,需进行分层压实操作。值得注意的是,所有填埋材料都必须进行含水量检测。只有当含水量满足预设标准时,才能按顺序进行压实作业。

2. 膜袋砂工艺

借助袋装砂落实围堰修建。此施工行为成本低且运作成效较好，人们可借助较大型的机械实现施工，以达到切实保护河岸的目标。膜袋砂使用的材料也可就地取材，充分利用施工现场砂土完成具体施工行为，以降低施工成本。需要注意的是，为优化作业产出成效，水闸工程在落实膜袋砂围堰过程中，要有择优意识，自觉选用粒径高于 0.1 mm、伸缩率大于 30% 的腈纶式纤维布。待材料选择完毕之后，还要及时对河床表面杂物实现清理，随后再填充厚度高于 1.5 m 的石砂。直至石砂完成具体的填充后，作业人员要有意识地对其沉降展开监测，确保没有明显沉降状况后，以膜袋砂密实填充，优化密实度填充成效。

3. 钢板桩工艺

钢板桩工艺是目前市面上常用的施工工艺之一，其核心在于利用预制钢筋板来实施围堰施工。从钢板桩的本质来看，它是一种新型钢材，其四周边缘设计有锁口，这一特点使其相较于其他围堰施工方法具有更强的适用性和明显的优势。然而，钢板桩也存在一定的局限性，其整体刚度相对较弱，这可能会在施工过程中受到制作工艺、钢材种类等多种因素的影响。以制作工艺为例，如果制造工艺无法满足施工需求，可能会导致明显的安全隐患，增加施工风险。

（七）地基处理技术

1. 基坑的开挖施工

在确定基坑的边坡时，必须综合考虑工程所在地的实际地质条件，并在施工过程中采取相应措施以降低地下水位。对此需要进行详细的分析和计算。在正式开挖之前，必须严格控制地下水位，确保其低于开挖面至少 0.5 m。当采用机械施工方式时，需事先调查施工道路的状况，并按照机械设备的需求进行必要的加宽和加固工作，以确保施工安全。同时，施工现场的场地和作业环境不仅需要合理规划，还需重视维护工作。例如，可以通过加铺路面等措施，确保机械设备能够正常运转。基坑的开挖可以分层进行，这样有利于每层排水沟的设置，并可以逐层进行挖掘。此外，为确保基坑符合施工标准，还需在底部设置保护层。保护层的厚度应根据土质、气候条件和机械设备等因素来确定。在底部施工开始前，保护层需分块进行挖除。

2. 对于地基的处理

基于水闸的施工特点，闸基的施工具有一定的复杂性，通常选取的地基处理方式主要有换土法、排水法、振冲法以及钻孔灌注法。具体选取哪种施工方式，还要结合实际工程。换土法通过将软弱土层挖除，然后填充稳定性好的砂土、石等材料来增强地基承载能力。该方法通常适用于处理软弱地基或含水量较高的地基。排水法一般采用的是砂井排水的方式，将地下水位降低到符合设计及规范要求的高程。振冲法是通过振冲器将振动冲击波传递到地基深处，使地基中的土体产生振动和冲击，从而使土体颗粒排列更加紧密，土体强度得到提高。钻孔灌注法通过钻孔、灌浆等方式来处理地基。它通常用于处理地基中的溶洞、松散层、地下水位高等难题。具体选用哪种处理技术，还要结合工程的实际情况。

（八）止水设施施工技术

水闸结构的稳定性可能会受到地基变形和沉降等问题的影响。为了确保水闸的安全性和稳定性，施工企业在施工过程中必须严格按照设计方案进行沉降缝和温度缝的施工工作。通常，缝宽被控制在 1 cm 的范围内，并在缝内填充适当的止水材料。在选择止水材料时，施工企业通常倾向于使用沥青杉板、泡沫板等材料。在安装这些止水设施时，施工企业必须给予足够的重视，确保所有工作都按照规范和标准进行，从而有效地防止水闸结构因地基变形和沉降等问题而失稳。

①利用铁钉将填料固定在模板侧面，随后进行混凝土浇筑。待拆除模板之后，确保沉降缝与混凝土结构紧密结合。同时，对沉降缝的另一侧模板进行安装，并再次进行混凝土浇筑作业。

②在沉降缝一层的立模和混凝土浇筑施工过程中，可利用长钉进行固定处理。具体操作时，需在外侧预留 30% 的位置，并在填料安装过程中将铁尖敲弯。待这一侧工作完成后，再进行另一侧的施工。若选用沥青杉板作为填料材料，则在材料制备阶段需确保杉木板在沥青槽内充分浸透。

四、水利工程中水闸施工管理

（一）水闸施工进度管理

施工进度管理在施工管理中占据着至关重要的地位，它是确保工程按期完成的关键环节。为了有效管理施工进度，首先需制订详细的进度计划。在此基础上，采取一系列进度保障措施，以确保施工计划得以顺利实施。在制订进度计划时，必须坚守质量至上的原则，旨在按时或提前完成工程。同时，明确关键节点，突出主线和重点，以确保计划的科学性和合理性。在规划进度时，还需充分考虑分项分部工程以及工序之间的流水作业，以优化施工流程，提高施工效率。

在施工进度管理中，必须迅速且有效地完成人员、材料和设备的准备与部署工作，最大限度地缩短施工准备时间。此外，开工前，必须精心编制进度网络计划，以充分利用不同工序之间的时间差，实现紧凑而合理的工序衔接。同时，加强组织领导工作也是至关重要的，需要建立一个专门的调度指挥机制，确保施工作业有序、高效地进行，实现忙而不乱的进度管理效果。通过这些措施，能够确保水闸工程按时交工，实现优质、高效的施工管理。

（二）水闸施工安全管理

水利工程水闸施工现场环境比较复杂，而且施工难度也相对较大，使此类工程的施工需要面对一定的安全风险，所以，要按照工程施工特征和要求对施工安全管理体系进行优化，完善安全管理机制，加大力度管控施工安全。在水闸工程建设各流程中融入安全管理目标，针对现场技术人员的操作工作进行严格管理，使其能够根据要求操作，防止施工过程中出现各种风险，重点对施工环节中可能存在的安全隐患进行全面评估，并结合安全隐患管理不足之处对安全管理内容进行持续优化完善。水闸施工过程中，施工流程比较复杂，安全风险点比较多，监理部门可以在加强安全管控的同时完善安管理机制，使质量管理工作有序进行，并根据施工要求确定技术人员的安全管理工作职责。

为了确保工程施工过程的安全，技术人员必须具备识别砌体工程施工中安全风险的能力。他们应重点分析水闸工程安全事故的影响因素，比较各项工程安全指标，并据此制定出一套安全可靠的风险管控机制。这样的机制旨在有效规避工程建设施工中的风险，并提前规划出相应的安全应急措施。与此同时，监理人员在水闸工程质量管理中应提升管理的合规性，及时发现并纠正施工人员的不规范操作，确保他们遵循技术标准进行施工。此外，通过绩效考核和薪酬评价等手段，可以激励技术人员更加积极地参与工程质量和安全管理工作，从而推动水闸工程高效且高质量地进行。

（三）水闸施工质量管理

为了规避水利工程建设中的质量风险，应重视质量管理，并在质量管理过程中健全配套的组织机构、质量管理类体系，让质量管理工作效果顺利达到预期。在此过程中，应确立各岗位的质量责任制，将质量管理责任具体划分到个人，由此让质量责任层层分解、层层压实，确保各项质量控制措施得以有效落实。

在施工质量管理中，要设置专门的质检人员，负责专门的质量抽查检测，如钢筋接头焊接质量检测等，还要设置施工现场质量监督人员，负责对施工操作进行监管，并采用旁站、巡检等方式，及时发现和纠正不规范的操作，而且对于重要的施工环节，需采用旁站的方式，进行全过程的监督，待该环节操作完毕后，还要进行质量检查，确认无问题后，才能准许下一个施工环节的开展，由此更好地保障工程施工质量，有效控制工程建设中潜在的质量风险。

五、水利工程水闸施工注意事项

（一）填埋沉陷缝隙

在水闸的施工阶段，为规避其表面存在形变或其他问题，工作人员应高度重视项目建设过程中的沉陷缺陷。在前期选址时，如项目所在区域的土壤较软，极易存在沉陷风险，有关人员可以围绕以下几点操作，减少出现沉陷的概率。

①运用科学的方法和技术，精准地完成各个组件的组装工作。在处理缝隙时，可以精心挑选合适的材料进行填埋，确保缝隙的密实性和美观性。为了实现钢材与木质结构的稳固连接，要巧妙运用钢材的优势。接下来，可以进行混凝土浇筑工作，确保每一道工序都符合设计要求。针对出现沉陷问题的区域，精准地注入混凝土，并确保补充建材的直立状态。在混凝土填埋沉陷缝的过程中，还要使用铁钉进行加固处理，但特别注意避免铁钉完全埋入混凝土中，以确保加固有效。

②施工人员需要在墙体两翼预先设置沉降缝，一般情况下，只需在指定区域布置沉降缝即可。以基体为基准，工作人员还需确保缝面始终保持稳定状态。在实际操作过程中，相关人员需密切关注沉降缝的所在区域，并按照行业内的相关标准，对沉降缝隙进行合适的填埋处理。

（二）落实工前准备

在工程动工之前，确保项目不仅能在预定工期内顺利竣工，而且其施工质量也要达到既定标准。因此，前期的准备工作必须做得充分且有效。

首先，根据水闸工程的具体建设需求，精心制订建设计划，确保每位工作人员都能明确自己的职责与任务。特别是负责图纸设计的人员，他们应深入施工现场进行实地勘察，以确保设计与实际情况相符。同时，他们还需在当地的建材市场中精挑细选，选择高质量的建筑材料和装置，并采用最适合的施工技术。

其次，组建团队之后，紧接着需要组织相关人员参与岗前培训。这一步骤至关重要，因为它旨在普及各类防护知识，提升团队成员的安全意识。在工程建设过程中，安全问题若处理不当，可能会对项目的施工造成严重影响。因此，在开工之前，必须引导相关人员预先了解和掌握可能遇到的风险事故及其相应的解决流程。

最后，在项目建设的准备阶段，必须全面细致地检查施工过程中可能存在的隐患。以开闸放水为例，如果下游区域的水位过低，可能会导致水流速度急剧增加，从而引发水流冲刷等安全事故。因此，相关人员必须高度重视现场查验工作，确保在项目的竣工验收及后续应用过程中，不出现任何严重的安全风险。

（三）重视质量监管

制订较为完备的管理方案，重视质量监管，有利于从根本上提升水闸工程的建设品质。首先，完成建设团队的组建，优化人才的征召策略，聘用掌握专业技术的综合型人才。其次，应用严明的奖惩机制，管理者可以结合项目的施工进度、工作人员的业务能力，针对在施工过程中秉承认真负责态度的人员，可以给予其丰富的精神与物质奖励。相反，对于消极怠工者，必要时可以给予严惩，甚至开除。如此，有利于在良性竞争的氛围中，强化施工人员面对工作的积极性。最后，制定科学的监管机制，管理者应前往项目施工现场，实时监管各个施工环节，及时完成风险问题的有效处理。例如，相关部门成立案例中的专业的督导小组，并聘用业内的权威专家。小组成员前往现场，实时调查项目所在地的实际情况，明确工程的运转状态。在这一过程中，针对其中可能出现的隐患，提出对应的处理方案。有关部门的管理者借助该活动，可以了解水利工程运维管理过程中容易发生的事故，查漏补缺。

一个健全的监督管理体系对于确保水闸工程施工质量至关重要。为了实现这一目标，需要采取合理措施来完善管理程序，并严格把控工程建设的质量。构建全面的管理机制，及时进行质量检查与优化，是防止人为因素导致项目整体出现重大风险隐患的关键。此外，为了减轻管理人员的工作压力并提高监管效率，领导层应积极发挥模范带头作用，投入资源购置先进的仪器和设备。

（四）完善管理制度

在水闸施工管理过程中，需要充分根据市场需求来进行管控，完善水闸管理制度，便于进行社会化的动态管理，只有不断地约束水闸施工中的管理行为，才能尽快提升水闸施工管理水平，按质按量完成施工任务。此外，动态化的监督机制也能够有效促进水闸施工管理进程，在原材料的使用上，机械设备的运行状况上，施工进度上，都可以进行全面监督，倘若发现违规操作的行为，应当给予严厉的制止，发挥机制和制度的优越性，确保水闸施工过程能够符合标准。健全企业中的员工培训机制，积极鼓励员工参与继续学习，根据企业的文化和制度来进行严格自我约束，不断地充实自己的知识储备，更新自己的知识面，通过积累丰富的实战经验和知识财富来拓展自己的认知，为水闸施工管理提供更多宝贵意见，做出更多努力。

第四节 水利工程混凝土施工

一、水利工程混凝土施工技术的分类

（一）衬砌混凝土技术

1. 衬砌混凝土技术的定义与特点

（1）衬砌混凝土技术的定义

衬砌混凝土技术是指在水利工程中，通过使用混凝土材料对结构进行衬砌和覆盖，以增强结构的稳定性和水密性。它在各类水利工程中都有广泛的应用，包括水库、大坝、渠道、隧洞和排水系统等。衬砌混凝土技术在水利工程中应用的重要性不可忽视。首先，衬砌混凝土能够增强工程的结构稳定性和抗渗性。在水利工程中，衬砌混凝土能有效地承受水流和土压力，保证工程的长期稳定性和安全性。其次，衬砌混凝土能够改善水流的流速和流态，减少水流对工程造成的冲刷和破坏。同时，衬砌混凝土还能提高工程的水密性，防止水分渗透和泄漏。最后，衬砌混凝土还能提供良好的维修和检修条件，便于日后的维护操作。[①]

（2）衬砌混凝土技术的特点

衬砌混凝土施工技术的特点主要包括以下三种。

①衬砌混凝土施工技术能够根据水利工程的实际需求进行灵活调整，这是其与传统施工技术的一个显著区别。传统施工技术通常对地质条件有较为严格的要求，而衬砌混凝土施工技术则通过改变支护材料和灌注的外形，来适应不同的地质环境和工程需求。

②灵活的施工模式。相较于传统施工方式，衬砌混凝土施工方式最大的特点在于其高度的灵活性和适应性。不论地形如何复杂、空间条件如何受限，衬砌混凝土施工都能通过灵活调整施工策略来应对。例如，根据具体施工条件，可以选择木模板、钢模板或台车等不同方式进行施工，既保证了施工不会因为空间限制而受阻，也避免了因空间充足而缺乏效率提升手段的问题。总之，衬砌混凝土施工方式能够根据实际施工现场条件，灵活调整施工方式，确保施工的高效与顺利进行。

③抗渗性强。衬砌混凝土施工技术通过支护材料加固、混凝土灌注、二次衬砌等施工步骤，能够极大提升水利工程的整体抗渗性，保障水利工程的整体质量。

衬砌混凝土施工技术的特点完全符合水利工程项目的施工需求，所以，在当前的各种

---

① 宋丕德.研究水利渠道混凝土的防渗施工[J].智能城市，2019，5（11）：112-113.

水利项目施工中被广泛应用。

2.衬砌混凝土技术在水利工程建设中的重要性

在水利工程中，建筑物经常面临各种外力的挑战，包括水压、土压和水流冲刷等。这些外力会在一定程度上对建筑物产生冲击，从而威胁其稳定性和结构安全。为了有效应对这些外力，衬砌混凝土被广泛应用。作为一种强度高、稳定性好的材料，衬砌混凝土能够出色地承受这些外力，确保建筑物的稳固和安全。在水利工程中，承载水流的结构对密封性能的要求极高，因为任何水分渗透和泄漏都可能对设施造成损害。衬砌混凝土凭借其密实的结构和卓越的抗渗性能，可以有效防止水分通过这些结构渗透，从而提高水利设施的防渗能力。

在水流河道和渠道的建设过程中，水流冲刷和侵蚀是常见的挑战。为了应对这些问题，衬砌混凝土的应用变得尤为重要。衬砌混凝土可以有效地平稳水流速度，能够避免产生漩涡和湍流现象，进而显著减少水流对工程的冲刷和破坏，延长工程结构的使用寿命。在施工过程中，衬砌混凝土因其简便性和可操作性，使得施工过程更为高效。此外，衬砌混凝土还为后续的维护和检修工作提供了便利条件，为工程的日常维护和管理带来了极大的方便。

衬砌混凝土技术在水利建设中具有重要的应用重要性，可以提高工程的结构稳定性，增强水利设施的防渗能力，改善水流流态，减少冲刷和破坏，并且便于施工和维护。未来的发展中，随着科技的进步和工程需求的提高，衬砌混凝土技术将继续不断创新和改进，使其发挥更大的作用，为水利工程的优化和可持续发展做出贡献。

（二）碾压混凝土施工技术

1.碾压混凝土的定义和特点

碾压混凝土是一种特殊的混凝土拌合物，其塌落度为零，通过薄层摊铺和碾压密实，能够实现层面全面泛浆。与传统的干硬性混凝土相比，碾压混凝土的性能转变为半塑性，极大地提升了混凝土层间的质量，从而增强了建筑物的防渗性能。在施工过程中，碾压混凝土具有一系列独特的特点，包括低水泥用量、低VC值（vibrating compacted value，碾压混凝土拌和物在规定振动频率及振幅、规定表面压强下，振至表面泛浆所需的时间）、高掺量的掺合料（如粉煤灰）、高石粉含量、中等胶凝材料以及双掺减水剂和引气剂等。

碾压混凝土筑坝技术具有绿色环保、投资省、快速施工、机械化程度高、施工简单、适应性强等特点。碾压混凝土施工的最大优势即快速施工，一般高度100 m以上的混凝土大坝，采用碾压混凝土筑坝技术，大坝2~3年即可建成，与常态混凝土筑坝技术相比可缩短工期1/3以上。

"层间结合、温控防裂"一直以来都是碾压混凝土施工质量控制的关键。近年来，随着碾压混凝土坝高的增加，为了使工期进一步缩短，同时满足快速施工的特点，出现高温季节连续不断地浇筑；另外，大体积混凝土施工，在水化作用下坝体内温度较高，温度高容易出现裂缝影响大坝质量，所以碾压混凝土施工温控工作越来越严格，并呈现出越来越复杂的趋势。

碾压混凝土坝的施工具有一次性特点，使得施工质量始终处于受控状态尤为重要。尤其是碾压混凝土生产及浇筑现场，VC值动态控制、及时摊铺碾压、碾压速度及遍数、喷雾保湿、覆盖养护等环节，与层间结合质量和温控防裂性能有直接关系，所以在碾压混凝土施工中要严格控制好以上环节。

2. 碾压混凝土施工适用范围

碾压混凝土施工技术适用于各种规模和类型的水利工程大坝建设，包括重力坝、拱坝、土石坝等。它在以下情况下特别适用。

（1）大坝高度较高

对于高度较高的大坝，传统的人工振捣施工方法往往面临效率低下和工期冗长的挑战。采用碾压混凝土施工技术，可以充分利用机械设备迅速完成压实工作，从而显著提高施工效率。

（2）大坝体积较大

传统的人工振捣施工方法在处理大体积混凝土时，其工作量相当繁重，这无疑增加了人工劳动的强度。相比之下，碾压混凝土施工技术通过利用先进的机械设备，能够迅速完成施工任务，从而显著减轻人工劳动的强度，提高施工效率。

（3）大坝地形复杂

在处理地形复杂、坡度较大的大坝施工时，传统的人工振捣施工方法很难实现均匀的压实效果。借助碾压混凝土施工技术，可以利用机械设备在各种地形条件下实现均匀的压实，从而确保大坝的施工质量。

3. 碾压混凝土施工的准备工作

（1）原材料的准备和质量控制

在碾压混凝土施工中，原材料的准备和质量控制是至关重要的环节，它们直接决定了混凝土的质量和性能。为确保施工质量，需从多个方面严格把控原材料的选取与处理。首先，选择适合的水泥品种和等级是基础。应根据工程的具体需求和设计标准，慎重选择如硅酸盐水泥、矿渣水泥或高性能水泥等类型。同时，对水泥进行详尽的质量检查，包括其化学成分、物理特性及颗粒分布等，确保所有指标均符合或超越既定标准。其次，骨料作为混凝土的主要构成部分，其选择同样重要。骨料需满足相关标准中关于颗粒形状、粒度分布和抗压强度等要求。此外，为维持混凝土的稳定性和均匀性，对骨料的含水率也要进行严格控制。最后，不可忽视的是掺合料的使用和管理。掺合料，如粉煤灰、矿渣粉等，能有效提升混凝土的性能，如增强其抗裂性和减少收缩等。在使用时，必须严格遵循设计建议和掺配比例，确保掺合料的质量和数量均达标。

（2）设备和工具的准备

合适的设备和工具是碾压混凝土施工的基础。混凝土搅拌机是施工中必不可少的设备之一，用于将原材料充分搅拌均匀。选择合适的搅拌机非常重要，要考虑施工规模和工期，确保搅拌机能够满足施工需求。同时，要定期保养和维护搅拌机，确保其正常运行。输送设备用于将混凝土从搅拌站输送到施工现场。常见的输送设备包括混凝土泵车和皮带输送机。在选择和准备输送设备时，要考虑施工距离和高度，确保输送设备能够满足施工需求。除了搅拌机和输送设备外，还需要准备一系列的工具，如振动器、铲子、测量工具等。这些工具在施工中起着重要的作用，用于混凝土的浇筑、压实和检测等工作。在准备工具时，要确保其质量可靠，并定期进行检查和维护。

（3）施工场地的准备和布置

碾压混凝土施工的顺利进行，高度依赖于施工场地的精心准备与布置。首先，对施工场地进行彻底的平整与清理，移除所有障碍物和杂物，保障施工区域的平整性和安全性。同时，排水处理亦不可或缺，需确保场地排水系统畅通无阻，防止积水对施工质量造成不良影响。其次，场地围护与防护措施至关重要。应根据施工需求设立围挡和警示标志，以保障施工区域的安全。此外，还需合理规划并设置临时设施，如办公室、仓库及临时供电设备等，为施工人员创造一个舒适的工作环境。最后，施工道路的布置亦不容忽视。应按照施工计划合理设置施工道路及临时通道，确保设备和人员进出顺畅。同时，道路的平整度和承载能力亦需得到保障，以确保设备安全运行及施工进程顺利无阻。

（三）混凝土裂缝控制技术

1. 水利施工中混凝土裂缝的类型

（1）表面裂缝

混凝土表面裂缝主要有三种：一是塑性收缩裂缝，其特点是发生在混凝土硬化前，裂缝的宽度较小，且较规则；二是干缩裂缝，其特点是发生在硬化后，裂缝的宽度较大且不规则；三是温缩裂缝，其特点是在硬化过程中或者初凝前出现，并且该裂缝呈现出不规则形状。其中，塑性收缩裂缝和干缩裂缝都属于内部因素造成的收缩裂缝，而温缩裂缝则属于外部因素造成的收缩裂缝。

在水利工程中，表面裂缝主要表现为两种形式：一种是混凝土表面出现了竖向或斜向的纵向贯穿裂缝，另一种是表面出现了横向或斜向的贯穿性开裂现象。这些裂缝的产生与水利工程施工环境的特殊性密切相关。由于水利工程通常处于较为恶劣的环境中，混凝土表面容易受到水分蒸发的影响，导致混凝土发生干燥收缩。这种收缩现象会在混凝土表面产生拉应力，当拉应力超过混凝土的抗拉强度时，就会发生裂缝。

（2）深层裂缝

混凝土中常见的裂缝大多属于表面裂缝，其深度通常不超过 1 cm。然而，深层裂缝的成因则相对复杂。当混凝土浇筑完成后，其内部温度逐渐下降，但内部温度往往高于外部温度。这种温差导致混凝土发生收缩变形。然而，由于外部环境的约束，如土壤、模板等，混凝土的收缩变形受到一定限制。当这种内部收缩变形与外部约束之间的平衡被打破时，就会产生裂缝。

所以，在水利工程施工过程中，为了降低深层裂缝出现的风险，施工人员需要采取一系列有效措施。首要任务是严格控制混凝土原材料的质量，因为原材料是影响混凝土性能的关键因素。这要求在施工过程中对水泥用量、细骨料和粗骨料等材料的比例进行精确控制，确保混凝土的性能满足工程要求。此外，施工人员在进行混凝土浇筑时，必须掌握适当的浇筑速度和方法，以避免因浇筑不当而导致裂缝的产生。同时，施工过程中还需密切关注温度、湿度等环境因素对混凝土性能的影响，并采取相应的控制措施，确保混凝土在适宜的环境条件下硬化和固化。

（3）贯穿裂缝

贯穿裂缝是钢筋混凝土建筑物内部较为常见的裂缝类型，其出现与钢筋的间距和排列方式密切相关。在混凝土结构中，如果钢筋分布较为密集，则裂缝出现的概率相对较小；

相反，若钢筋相对较少，则裂缝出现的概率会增大。值得注意的是，在水利工程中，贯穿裂缝不仅表现为混凝土结构内部的裂缝，还可能出现在结构外部。因此，这种裂缝类型并非特定于某一情况，而是在多种情况下都可能发生。

对于水利工程中贯穿裂缝，需要针对其产生的原因进行分析，并采取有效措施进行防治，通常水利工程中贯穿裂缝产生的原因是温差，当混凝土在浇筑时温度过高或过低，都会导致混凝土内部温度出现波动，如果此时混凝土浇筑材料不能满足标准要求，则会导致混凝土开裂。另外，如果在水利工程施工中采用了膨胀水泥以及膨胀材料，也会导致混凝土出现裂缝。此外，在水利工程施工中，若选用了水泥剂量较大、掺合料较多的混凝土材料也会引发贯穿裂缝问题。

2. 水利工程施工中混凝土裂缝产生的原因

（1）不均匀沉降

在混凝土现浇期间，基础结构或模板支撑体系的承载能力较差，所承受上部施工荷载超出极限承载能力，出现基础结构不均匀沉降、模板晃动失稳、支撑架坍塌等情况，最终导致混凝土结构开裂。以基础结构不均匀沉降为例，工程现场天然地基的土质较软，没有提前进行硬化处理，在基础结构上部堆放过量材料、停放重型机械设备，基础结构在受压期间产生沉降量，各部位沉降量存在明显差异，出现不均匀沉降、局部沉陷现象，导致上部混凝土结构出现裂缝，包括纵向裂缝、倒八字形裂缝、斜裂缝和八字形裂缝。

（2）塑性收缩

塑性收缩裂缝主要在混凝土养护阶段出现，通常是由于养护方案与现场实际情况不符所导致的。可能的问题包括混凝土提前结束养护、养护期间洒水保湿工作不到位，以及混凝土表面干湿交替等。这些因素会导致混凝土结构产生收缩应力，当这种应力超过混凝土的抵抗能力时，混凝土体积会向内收缩，从而形成塑性裂缝。根据以往的水利工程施工案例，塑性裂缝主要分布在混凝土表面，其深度通常较浅。这些裂缝互不贯通，形状不规则，通常呈现出中间宽、首尾两端细的特点。裂缝的长度可以从数厘米到数米不等。

（3）干燥收缩

干燥收缩裂缝出现在混凝土塑性流动到弹性阶段，时间跨度大，一些水利工程在投运使用阶段仍存在混凝土开裂的可能性。干燥收缩裂缝的形成机制在于，水泥基材料以干燥收缩作为固有特性，由于线膨胀系数存在差异，水泥浆体积变化取决于骨料约束程度，水泥浆体积变化程度明显超过混凝土体积变化程度，随着混凝土多余水分蒸发，体积发生变化，最终形成宽度不超过 0.2 mm 的细微裂缝。干燥收缩裂缝属于表面性裂缝，分布在混凝土表面，裂缝走向缺乏规律，混凝土结构变截面位置集中分布干燥收缩裂缝。

（4）温度影响

温度裂缝常见于采用大体积混凝土工艺的水利工程中。这种工艺的特点是表面系数小，内部温升迅速。在施工期间，如果混凝土的入模温度超出规定范围，或者混凝土内部与外部的温度差异超过 20℃，就会在结构内部产生过大的温度应力。当这种应力超出混凝土的承受能力时，结构就会开裂。此外，水利工程所在地的气温异常，无论是偏低还是偏高，都可能导致温度裂缝的产生。以某水利工程为例，在夏季高温施工时，由于现场气温偏高，加上太阳光的持续照射，混凝土表面温度波动范围可达 30～60℃，导致混凝土结构发生温度变形，进而形成裂缝。

（5）自生收缩

自生收缩裂缝问题主要出现在混凝土凝结后的几天内，通常是由施工人员未能及时进行保湿养护作业所导致的。在没有外界水分补充的情况下，混凝土表面水分会逐渐散失，导致混凝土含水量减少。随着时间的推移，这种水分的散失会引起混凝土内部孔隙尺寸的变化，进一步在毛细水负压的作用下导致混凝土结构发生自生收缩，最终形成裂缝。值得注意的是，自生收缩裂缝的发育程度与混凝土的强度等级密切相关。对于低强度等级的混凝土结构，其收缩裂缝的宽度和深度相对较小，通常不会对结构的完整性和工作性能造成显著影响。然而，对于高强度等级的混凝土结构，由于胶凝材料的使用量较大，自生收缩裂缝的危害程度较高。因此，在这种情况下，需要采取专门的控制措施来预防和控制裂缝的产生，以确保工程的安全性和稳定性。

3. 水利工程施工中混凝土裂缝控制技术的分类

（1）裂缝修补技术

针对宽度范围在 0.3~3 mm 的细小裂缝，施工人员可以使用黏结剂灌浆法进行修补。首先，施工人员需要合理选择注射器、喷嘴以及钻孔等，随后将修补材料环氧树脂注射进混凝土裂缝当中，此种方式操作简单，且修补效率较高。针对宽度范围在 3~15 cm 的一般裂缝，如果不存在断裂现象，可以在裂缝周围切除平行于裂缝且 12 cm 长的混凝土，切除深度在 10 cm 左右，随后垂直于裂缝方向布设螺丝钢，而在平行于裂缝方向布设圆钢，通过绑扎使其成为钢筋网构造。最后，施工人员需要配制混凝土进行裂缝修补。若裂缝出现断裂情况，首先需要在裂缝周围切割出一个长 15 cm 的凹槽。接着，使用冲击钻在凹槽底部钻孔，确保钻孔位置准确。然后，清除凹槽内的钻渣，保持内部清洁。随后，在清理干净的钻孔内安装螺丝钢，以增强结构的稳定性。最后用砂浆对凹槽进行回填，确保回填紧密、均匀。

（2）灌浆填充技术

①压力注浆法。当混凝土裂缝较小，施工人员可采取以下步骤进行修补：首先，要彻底清理裂缝周边的杂物，确保裂缝的清洁和干燥。接下来，将注浆嘴与裂缝相连接，确保注浆嘴与裂缝之间紧密贴合。为了确保注浆质量，施工人员在进行注浆操作前应进行漏浆测试，以确保注浆材料能够有效地填充裂缝。注浆操作完成后，施工人员还需将混凝土表面再次清理干净，确保裂缝修补工作的质量。

②开槽填补法。该方法的修补方式类似于涂抹封闭法，主要适用于混凝土结构可开槽，且裂缝宽度较大、数量较少的情况。

③涂抹封闭法。当裂缝宽度小于 0.2 mm 时，通过一种特定的修补方法，可以有效抑制混凝土的碳化现象，并防止混凝土受到有害物质的腐蚀。具体步骤如下：首先，施工人员需要沿着裂缝凿出一个U形槽，以便后续的处理和修补工作。接着，在槽的底部和两侧均匀涂抹一层截面处理浆，以增强修补材料与混凝土之间的黏结力。最后，向U形槽内注入聚合物水泥砂浆，确保填充饱满且无空隙，从而完成裂缝的修补工作。

（3）材料粘贴技术

在混凝土裂缝修补作业中，钢材材料粘贴技术是一种常用的方法。该技术主要采用钢材作为修补材料，特别适用于承载力较低的混凝土结构。常见的修补位置包括混凝土结构的斜截面、截面受拉区以及受压区等。这种表面粘贴修补方式操作简单、方便，能够有效提升混凝土结构的承载力。

另外，纤维增强塑料粘贴技术也广泛应用于混凝土裂缝修补。该技术主要使用胶接材料作为修补材料，这种复合型材料能够确保裂缝面修补得平整，同时增强混凝土结构的承载力。与钢材材料粘贴技术不同，纤维增强塑料粘贴技术还具有提高混凝土结构耐潮湿性、耐腐蚀性等优势，有助于延长混凝土结构的使用寿命，降低修补和维护成本，同时避免混凝土结构重量的增加。

（4）混凝土置换技术

当混凝土结构因裂缝问题严重导致大面积脱落时，施工人员可采用混凝土置换技术进行修复。尽管此技术应用频率相对较低，但它在解决各种裂缝问题上效果显著。与其他修补技术不同，混凝土置换技术要求施工人员先剔除受损的混凝土，然后置换为新的混凝土材料或水泥砂浆。在此过程中，新置换的混凝土材料强度等级必须与建筑原有混凝土结构相匹配，同时要避免置换混凝土中产生拉应力。规范操作下，混凝土置换技术能够有效修复混凝土结构，不会引发净空问题。然而，由于该技术施工周期较长，施工人员在实际应用中需要科学控制施工时间。该技术主要应用于梁、柱等混凝土承重结构。

二、水利工程混凝土施工技术要点

（一）材料控制

在水利工程中，在混凝土施工前期，应提前准备好施工材料。在施工材料选择中，应对材料性能、质量等进行检查，尽可能选择质量满足要求的混凝土原材料，如和设计方案相符合的水泥、粉煤灰、外加剂等。在施工之前，将各种材料充分搅拌，施工企业应和混凝土搅拌部门取得联系，从而保证混凝土供应充足，为后续施工工作有序进行提供支持。在混凝土适配过程中，应做好水泥性能控制工作，尽可能选择低热、中热、收缩性能小的水泥材料，从而保证施工质量。另外，注重外加剂选择，通过加入适量的外加剂，能够优化混凝土性能，减少水泥材料消耗，避免内外温度差异明显。

与此同时，通过在混凝土中加入适量粉煤灰，可以在优化混凝土性能的基础上，取代水泥，从而控制水泥材料使用量，避免混凝土发生水化热反应。但是在把粉煤灰加入混凝土材料中时，应重点关注混凝土强度问题。在使用膨胀剂时，应控制好膨胀剂的加入量，一般不得超过水泥总量的10%，以保证混凝土施工工作正常进行。

（二）接缝灌浆施工

接缝灌浆施工技术涵盖了多种灌浆方式，如重复式、盒式及骑缝式等，这些方式均能有效提升水利工程施工质量和水平，满足相关要求。特别是骑缝式灌浆方式，其流动性更佳，不易出现管道堵塞的情况。而重复式灌浆方式则更适用于二次灌浆施工。在实际操作中，盒式灌浆工艺因其不易堵塞管道的特性，在纵缝灌浆中得到了广泛应用。然而，需要注意的是，盒式灌浆工艺的材料消耗量相对较大。

总之，接缝灌浆是一项比较隐蔽的工程，施工企业应做好灌浆质量控制工作，从而保证整个工程施工质量。为减少变形等问题出现，施工企业应严格按照相关流程操作，如在结束横缝灌浆工作后，才能开展纵缝灌浆施工，从而确保工程整体性。

（三）混凝土搅拌

在混凝土施工过程中，确保混凝土材料搅拌均匀是浇筑前的关键步骤。为了提高工作效率和质量，通常会采用机械搅拌方式，以确保混合料的均匀性。同时，为了保障混凝土的质量，加强质量监督检查至关重要。在混凝土搅拌环节，应对混合物搅拌情况进行检查，严格控制原材料质量，杜绝使用存在质量问题的材料。在搅拌过程中，需要科学配比，避免材料配比不合理引发质量问题。如果需要在混合料中加入添加剂，还需精确控制添加剂的添加量，以确保混凝土的质量和性能符合设计要求。相较于其他混合物的搅拌过程，混凝土的搅拌要求更为严格。为了确保混凝土的质量，必须遵循科学、规范的搅拌流程，以避免对混合料的质量产生不良影响。在不使用外加剂的情况下，搅拌流程通常按照砂石、水泥等材料的顺序进行。然而，如果需要添加外加剂，应在加入砂石材料之前将其加入，以确保其均匀分布并发挥预期作用。在混凝土初步搅拌完成后，对混合物质量进行严格检查至关重要。如果质量不符合要求，必须立即向上级部门反馈，以避免出现大面积返工的情况。此外，搅拌工作完成后，应尽快进行混凝土的浇筑，以防止因放置时间过长而影响材料质量。

（四）混凝土温度控制

在混凝土浇筑施工过程中，施工人员应密切关注混凝土浇筑过程中的温度变化，因为温度变化是导致混凝土出现裂缝问题的关键因素。在实际施工中，必须充分考虑温度变化对混凝土质量的影响。除了关注昼夜温差变化外，季节温度变化也是不可忽视的重要因素。尤其是在冬季低温环境下，应采取有效的保温措施，以防止混凝土结构出现裂缝问题。

在混凝土浇筑施工过程中，模板变形或位移是可能遇到的问题。一旦出现这种情况，为确保施工质量，应立即暂停浇筑，并及时进行模板变形修复处理。为了提高施工效率，施工企业还需特别关注模板的类型和位置，确保其满足设计要求。鉴于我国冬夏季温差较大，科学控制混凝土入模温度至关重要。通常，冬季施工时，混凝土入模温度应保持在10℃以上，以应对低温环境对混凝土质量的影响，并做好相应的保温工作。而在夏季，混凝土入模温度则不得超过25℃，以防止混凝土出现质量问题。

（五）混凝土养护

养护是混凝土施工中不可或缺的重要环节，通过科学养护，可以有效减少混凝土内外温度差异，从而降低裂缝问题的发生概率。在养护过程中，施工人员应密切关注并控制混凝土的温度变化，采取必要措施减少内外温差，同时合理控制混凝土的降温速度，以确保其质量。此外，除了温度控制，混凝土湿度和养护时间的管理同样重要。适当的湿度和足够的养护时间是保证混凝土施工质量与安全的关键因素。因此，施工人员应全面考虑温度、湿度和养护时间等因素，确保混凝土得到充分的养护，从而提高整个工程的施工质量与安全水平。

三、水利工程混凝土施工质量保障措施

（一）提高施工人员水准

施工人员的素质和技术水平对于水利工程混凝土施工的质量与效率具有决定性的影

响。为了提升水利工程混凝土施工技术的应用质量，施工单位必须高度重视技术人员的培养和素质提升。通过加强技术人员的专业培训，提高他们对施工质量的管理意识，确保每位施工人员都能充分发挥自身的职责和优势。为此，施工单位应定期开展多元化的培训教育活动，不断完善培训内容，重点涵盖专业技术、施工安全、材料质量控制以及管理机制等方面，全面提升人员的综合素质。同时，为确保培训效果，施工单位还需对参与培训的人员进行相应的考核，并建立奖惩机制，激发人员的学习热情和积极性，使培训真正发挥作用。

（二）做好施工资源管理工作

施工资源是混凝土施工技术的核心要素，其质量直接关系到混凝土施工的整体质量。所以，对施工资源的管理显得尤为重要，特别是混凝土的质量和混凝土施工设备的管理。混凝土是由胶凝材料、骨料、水、外加剂和掺合料等多种成分混合搅拌而成的，这些组成成分的质量和比例直接影响着混凝土的性能。

在施工资源管理中，应结合不同施工环节的技术指标，选用符合要求的水泥型号、粗细得当的骨料、搅拌用水等，严格按照混凝土配比添加相应外加剂、掺合料等，并严格把控混凝土搅拌时长，以保证混凝土质量达标。另外，混凝土施工技术应用需要相应的施工设备，在进行资源管理时，应做好施工设备进出场登记，定期检修施工设备，确保其能正常、高速运转，以提高混凝土的施工效率与施工安全性。

（三）灵活使用 BIM 技术

在水利工程施工建设过程中，先进数字信息技术的运用对于混凝土施工而言至关重要，能够显著提升水利建设的安全可靠性。其中，BIM（building information modeling，建筑信息模型）技术在建筑行业中的应用尤为广泛，它不仅有助于提高施工建设质量，还能有效降低施工环节中的风险。BIM 技术通过集成化管理整个项目，利用信息化平台高效协调管理工作进度与施工进度，确保施工环节的人员分配明确。同时，借助 BIM 技术，可以实时监控施工现场及相关构件，为水利工程施工提供有力支持。BIM 技术优势明显，其在施工过程中应用时需要注意施工人员和技术人员二者连接，防止二者信息不对等而导致建设工作受到影响。

（四）做好混凝土后期维护

混凝土后期维护是水利工程施工中不可或缺的重要环节，只有完善养护期检验与维护工作，才能及时发现不达标的施工项目，并采用维护、重新浇筑等方式予以修正，以延长水利工程施工项目的使用寿命。在混凝土后期维护中，应严格按照质检规定加强混凝土施工项目检测，开展动态管理分析，若密实度不符合设计要求，水利工程内部钢筋结构长期受到环境因素影响，易发生锈蚀问题，影响整体结构的牢固性，甚至工程主体结构出现裂缝、剥落等问题。所以，在混凝土后期维护中，发现不符合水利设计密实度要求、缝隙分布多的问题时，应及时采取补救措施，提高水利工程的密实度。

第四章　水利工程建设项目管理

　　水利工程建设项目管理工作是水利工程建设的重要组成部分，其核心是工程质量、安全、工期和资金，其根本是发挥工程投资效益。水利工程项目建设一般都具有投入较大、周期较长的特点，而现代社会运行的节奏越来越快，所以，很多工程都是在压缩工程周期情况下实施的，这就使得时间紧迫，任务繁重，无形中增大了工作难度，于是就出现了一些诸如设计不合理、质量不合格、资金预算严重超标等问题，甚至出现了"豆腐渣""烂尾工程"等现象。因此，做好水利工程建设项目管理至关重要。本章围绕水利工程建设项目管理的方法、水利工程建设项目管理的模式、水利工程建设项目管理的现代化等内容展开研究。

第一节　水利工程建设项目的管理方法

一、精细化管理方法

（一）精细化管理方法的应用原则

1. 精准规划与前期设计

　　在水利工程中，精细化管理的重要体现之一是精确规划与协调设计。这要求项目管理人员在项目启动之初，就进行周密而详尽的规划工作，包括但不限于对项目目标的明确、预算的制定、时间表的安排、资源的合理配置，以及对潜在风险的预测和评估[①]。精细化的设计不仅聚焦于工程的技术细节，还必须全面考虑其对环境、社会可持续性的影响。例如，水利工程在设计阶段就需综合考量泄洪、供水、发电等多重功能，确保每一项功能都能得到高效且合理的运用。此外，精细化管理还要求项目管理人员在设计阶段就具备预见性，能够预测并提前规划解决可能出现的技术难题和潜在冲突，从而在实际施工过程中减少不确定性和风险，确保工程的顺利进行。

2. 精准执行与持续监控

　　在水利工程建设项目的施工阶段，精细化管理的核心是精准执行和持续监控。这意味着施工过程必须严格按照规划和设计执行，确保每一步工作都符合预定的标准和质量要求。持续监控通过实时跟踪项目进展、资源使用和质量控制，及时发现各方面的问题。例

---

① 康文轩.现代水利工程管理中精细化管理的应用分析[J].中国设备工程，2022（6）：68-69.

如，利用先进的项目管理软件和技术，如 BIM 和地理信息系统（geographic information system，GIS），可以有效跟踪解决工程进展和资源分配有关的问题，确保项目按计划推进。同时，定期的质量检查和风险评估也是确保水利工程质量和安全的关键。

3. 持续改进与创新

在水利工程建设项目中，精细化管理方法的应用展现了对进步与创新的执着追求。这驱使项目管理者积极学习并采纳最新的技术和手段，从而提升工程的效率和质量。具体来说，在工程的实施过程中，项目管理者需要根据现场情况和技术更新，灵活调整和优化施工方法和管理流程。同时，对于已完成的工程，进行事后的评估和总结，提炼出有价值的经验和成功模式，为今后类似的项目管理提供宝贵的借鉴和启示。这种持续的学习与改进过程，不仅推动了水利工程建设行业的整体管理水平提升，也为工程质量的持续优化奠定了坚实基础。

（二）精细化管理方法的具体实施

1. 项目规划与设计优化

在水利工程建设项目的规划与设计阶段，精细化管理方法发挥着至关重要的作用。这种方法强调对项目细节的深入考虑，包括地理环境、资源状况、成本预算以及潜在风险。项目团队运用精细化管理方法，能够确保在设计过程中充分考虑并利用创新技术和方法，从而提升水利工程的可持续性和环境友好性。通过在设计方案早期阶段进行细致的评估和优化，能够有效地减少资源浪费，降低对环境的影响，并最终提升水利工程建设项目的整体效能和长期效益。

2. 施工过程管理

在水利工程建设项目的施工过程中，精细化管理方法的应用显得尤为关键。这种方法不仅能够对施工过程进行全面而严格的监督，还能根据实际情况进行灵活调整，从而确保工程进度按计划进行并符合质量标准。具体来说，精细化管理方法关注施工阶段的每一个环节和细节，包括但不限于施工方法的选择、材料的质量控制、工作人员的技能培训以及安全措施的落实。通过精确的时间管理和资源分配，管理者可以实时掌握工程进度，并在遇到意外情况时迅速作出调整。此外，定期的质量检查和安全审查也必不可少，它们能够确保水利工程最终符合所有相关的安全和质量要求。

3. 成本控制与预算管理

在水利工程建设项目中，成本控制和预算管理是精细化管理方法的核心环节。这种方法严格要求对项目预算进行细致的控制和监控，旨在防止成本超出预算，并确保每一笔投资都能得到最大限度的利用。为了实现这一目标，项目管理者需要对水利工程建设项目的成本进行全面分析，包括直接成本（如材料费、设备购置费、劳动力成本）和间接成本（如管理费、贷款利息等）。通过精确的成本预测和持续的监控，项目管理者能够及时发现并应对可能导致预算超支的情况，从而确保项目的经济效益。此外，精细化管理方法还鼓励项目管理者积极寻找和评估潜在的成本节约途径，如采用更具经济性的材料或施工方法，以提高整个项目的经济效益和可持续性。

4. 质量保证与风险管理

在水利工程建设项目管理中，质量保证和风险管理是精细化管理的重要组成部分。精细化管理能够对工程材料、方法和工作完成情况进行定期、全面的检查，有助于防止质量问题，从而确保工程符合所有相关标准和规范。在风险管理方面，精细化管理能够有效识别可能存在的风险（如施工灾害、技术故障），并制定相应的应对策略。通过这种方法，管理者能够提前做好准备措施，降低不可预知事件对工程细节和质量的影响。

（三）精细化管理方法在水利工程中的应用策略

1. 渗透精细化管理理念

在水利工程建设项目中，精细化管理的实施对于确保工作的高效执行和充分落实至关重要。为了提升精细化管理工作的执行水平和质量，必须加强对人员的培训和引导，使他们深刻理解和重视精细化管理理念，提升他们的思想意识。此外，还需要基于领导层，自上而下地贯彻精细化管理思想，确保各项制度得以充分落实。这种方式可以为水利工程项目施工提供强大的保障，确保工程顺利进行，并达到预期的效益。

2. 进行量化精细化考核

相较于其他建筑工程，水利工程具有其独特的复杂性和挑战性。大多数水利工程位于偏远、环境恶劣的深山峡谷地带，不仅给施工带来了诸多不便，还受到水文、地形、气象、地质等多重因素的制约。与常规的工业流水线作业相比，水利工程施工过程中的随机性和不确定性更为显著，这些因素都可能对施工进度和质量产生深远影响。为了应对这些特殊性和挑战，制定一套全面、精细且能够量化的考核制度显得尤为重要。这样的制度需要充分考虑各种影响因素，并对其进行科学、合理的评估。同时，负责制定这一制度的工作人员不仅需要具备深入基层一线的熟练施工技巧，还需要拥有丰富的实践经验和专业知识。他们需要对具体的工序作业进行完整详细的考量，以确保每一项工作都能够得到有效监督和管理，从而保障水利工程施工的顺利进行和高质量完成。

量化管理的核心在于如何科学、公正地进行考核。为了增强员工的工作责任感和对企业的信任感，绩效考核指标的设定必须坚守公开、公正、公平的原则。除了要评估工作人员的专业技术能力，还需实施多维度、多元化的考核方式。例如，引入员工间的多方联动考核，以此考查员工的工作态度、责任心以及团队协作精神。基于考核结果，采取合理的奖惩策略。对于表现优秀、工作态度积极的员工，适当提高工资水平，以增强他们的工作成就感和对企业的忠诚度。对于专业能力不足、态度消极的员工，则要实施绩效工资下浮制度，并加强培训和考评。若连续三个月未能达到考核标准，要考虑进行岗位调整或终止雇佣关系。这种分层次的多元化考核机制可以激发员工的工作主动性和积极性，将他们的热情转化为工作动力，从而提升水利工程建设项目的整体质量。

3. 构建分层次的精细化管理激励机制

精细化管理是一个持续改进的过程，驱动力可以来自行业内部，也可以来自外部环境，如市场压力、同行竞争、上级部门考核评价等。水行政主管部门可以分别从单位和个人两个方面制定精细化管理激励机制，以奖励的方式促进水资源管理单位积极规划并持续实施精细化管理。

在构建单位激励机制的过程中，可以采用达标激励与"以奖代补"激励相结合的方式。首先，达标激励是一个重要手段。水行政主管部门应确保精细化管理与达标创建紧密结合，使达标考核指标充分体现精细化管理的相关要求。通过发文、授牌等方式，对达到考核标准的单位进行表彰和激励，以激发其持续改进的动力。其次，以奖代补激励也是一种有效的激励方式。考虑到水资源管理单位作为公益类事业单位，其运行管理费和工程维修养护费依赖于财政拨款，可以结合精细化管理考核评价制度，实施以奖代补政策。这样不仅能激励市、县（区）增加对精细化管理的资金投入和监督，还能促进水管单位提升管理水平和效率。为了确保激励政策的有效实施，还需要制订精细化管理考核评价方案。这个方案可以与达标考核评价方案相结合，依据单位自检、市复检、省级巡查等环节的结果，全面考核评价水管单位的精细化管理成效。根据考核结果，合理拨付维修养护资金和白蚁防治资金，以支持水管单位在精细化管理方面的持续改进和发展。

从构建个人激励机制的角度，可以从以下几个方面执行。一是内部竞赛与水利工匠培育机制。榜样示范对于具有相似年龄、地位、教育背景的同辈群体的学习效应尤为明显，对于基层操作员工和班组，可按照精细化管理要求形成常态化的内部技术竞赛机制。对排名靠前的员工和班组，单位内部给予相应的奖励。同时，在内部竞赛的基础上，可以选取优秀的员工、管理人员作为全国或省级水利工匠的培育对象，进行学习培训，设立内部工作室等。水利工匠作为一种荣誉称号，对获得者和单位皆有较强的成就激励作用，同时对单位内部其他员工也有很好的榜样示范作用。二是员工晋升与流动激励机制。水管单位员工的晋升通道较窄，利用精细化管理制度拓宽管理者和员工的晋升空间，提升他们工作动力至关重要。三是内部奖金激励机制。水管单位可在下达的年度运行管理经费中安排相应资金用于本单位精细化管理的奖励。根据精细化管理绩效考核结果予以奖金分配，打破"平均主义"，从而起到一定激励作用。

二、造价全过程管理方法

造价全过程管理就是对水利工程建设涉及的各个环节以及相应的投资费用、工程招投标价、施工过程变更、索赔、签证的价款审核和进度款结算价的审核等进行全方位、全过程的管理，以保证水利工程建设经济效益和各方经济权益。

（一）造价全过程管理方法的意义

鉴于国内资源利用的新阶段特征和经济发展现状，为确保持续稳定的发展速度，对建设资金的投入实施合理管控显得尤为重要。在这一背景下，提升水利工程造价的全过程管理水平，能够有效应对资金筹措的困难，减少人力、物力和财力的过度投入，以及降低能源消耗。同时，它还能助力实现以最小投入换取最大经济效益和社会效益的目标，从而确保国民经济稳步提升，推动经济健康、稳定发展。

（二）造价全过程管理方法的原理

水利工程造价全过程管理重点在于"全过程"。利用动态控制手段，要求各相应专业人员进驻整个过程，依据项目投资系统性特点把握施工各服务间内在规律，便于固定资产投资由决策预算至竣工结算全过程总额度的确定。在此过程中要注意对设计、施工和监理权责进行系统性、有效性划分，以便具体管理工作有序开展。利益各方在签订合同、履行合同义务时可以相互支持、监督和制约，保证将水利工程建设的事前控制、施工管理、竣工验收等环节进行有效融合。具体进行全过程管理时应注意以事前控制、主动控制为原则。在投资环节的具体控制操作中，先行整理相关资料和数据并对其进行有效分析，将活动层次、过程图表等以恰当的方式描述出来。针对资源的有效利用进行合理规划，使决策得以实现，利于项目改善、提高经济效益。

（三）造价全过程管理方法的原则

1. 节约原则

造价的管理与控制是降低人力、物力和财力投入，提升企业效益的关键环节。在节约造价的过程中，要在降低成本的同时确保合理性和可持续性。这既需要企业内部管理水平的提升，也需要按照水利工程项目的实际情况加强事前控制，优化过程管理，以及事后的检查与分析。

2. 全面造价控制原则

在水利工程项目实施过程中，由于涉及多个单位、部门和班组的工作表现，所以需要通过全体成员的参与来加强造价控制的力度和质量。此外，水利工程项目应遵循全过程控制的原则，在项目的不同阶段进行连续的造价控制，确保不出现间断。这样可以确保水利工程项目的各个过渡阶段都在造价控制与管理的范围内，从而确保项目的顺利进行和效益的最大化。

3. 动态化管理原则

造价控制工作应实时动态进行，贯穿于水利工程项目实施的每个阶段和环节。在施工过程中，必须根据动态数据，迅速对各类造价的起始、进展和终止环节进行管理和控制。在水利工程施工过程中，要及时反馈各类造价数据，揭示潜在问题。一旦发现实际造价与计划存在偏差，应立即采取措施进行纠正，确保项目顺利进行。

4. 权责结合原则

为了有效推进水利工程建设项目的开展，必须实施造价目标责任制度。这一制度将权力、责任和利益三者紧密结合，确保各岗位人员明确自身的职责和期望成果。通过对比实际发生的造价与相关指标，对水利工程建设项目的造价指标完成情况进行业绩考核与评价。这种考核方式不仅公正客观，还能激励和督促各岗位人员积极履行职责，提高工作效率。同时，根据考核结果，实施相应的奖惩措施，进一步激发员工的工作积极性和创造力。

（四）造价全过程管理方法的实施策略

1. 科学控制材料价格与用量

若想更好地控制水利工程建设项目的造价管理质量，应科学控制材料价格与使用量。水利工程建设项目的建设材料多运用在施工阶段，要合理把控材料使用数目，根据材料市场确认对应的购置价格。施工企业要深入材料市场、施工现场，根据造价责任管控机制，明确各项材料的购置标准，为此后的项目结算提供基础依据[1]。还要在设计阶段密切关注工程设计变更，由于水利工程建设项目的设计结构较为复杂，设计变更将严重损伤工程内部

---

[1] 陈敏，黄维华. 水利水电工程 EPC 模式造价集成管理研究 [J]. 水利经济，2021，39（2）：63-67，97.

的整体结构，因此必须对材料使用量进行合理规范。水利工程项目正式建设前，施工人员应全面熟悉不同环节的材料应用计划，精准控制材料使用数量，避免工程项目施工后形成的材料浪费。项目管理层还要科学控制水利项目的建设周期，由于材料市场在不同周期中的价格变动较大，所以要将材料价格的变化范围控制在项目建设标准范围中，使各环节成本都能得到精准控制，从而极大增强材料应用的稳定性，真正实现材料成本控制。施工人员还要定期检查各类材料的使用状态，及时检测材料的内部性质，杜绝使用存在质量问题的材料，保障施工材料的整体质量。

2. 提高水利工程造价管理水平

为了更好地落实水利工程造价全过程管理，提高水利工程造价全过程管理水平也是关键的对策。

首先，应加强水利工程造价全过程管理的人才培养和引进。具体措施包括建立健全水利工程造价全过程管理的人才培养体系，提高水利工程造价全过程管理的教育质量和水平，培养一批具有专业知识和实践能力的水利工程造价全过程管理人才，并且还要吸引和引进一批具有丰富经验和创新能力的水利工程造价全过程管理人才，优化水利工程造价全过程管理人才队伍的数量和质量。

其次，必须高度重视人员培训，完善培训制度，并精心制定培训规划。通过定期组织相关人员参与培训学习，可以提升他们在水利工程造价全过程管理方面的专业知识和能力。此外，加强水利工程造价管理人员的责任感和使命感也至关重要，这有助于提升他们的服务水平和效率。同时也需要建立一套全面的水利工程造价全过程管理考核制度，定期考核评价相关人员的业绩和能力。对于表现出色的水利工程造价全过程管理人员，应当给予适当的奖励和激励；而对于表现不佳的人员，则需要提供必要的培训和整改机会，以提高他们的综合素质和竞争力。

3. 充分利用水利工程造价管理信息

对相关信息的充分利用，是确保水利工程造价全过程管理成效的必要途径。

首先，强化水利工程造价信息的收集、整理、分析及应用流程，确保其完整性、即时性、准确性及有效性。具体而言，应建立统一的水利工程造价信息采集标准和方法，确保定期、系统地收集并更新关于工程量、工程标准、工程定额、材料价格、工程质量及工程进度等关键信息。这不仅能确保数据的真实性和可靠性，还为后续的造价管理工作奠定坚实基础。同时，制定明确的造价信息整理规范和程序至关重要。通过统一的信息编码和数据格式，对收集的数据进行分类、归档、汇总和核对，有助于保证造价信息的规范性和一致性，减少信息误差和误解。此外，采用科学有效的造价信息分析方法也至关重要。结合统计学、数学和经济学等理论和方法，对造价信息进行处理、比较、评价和预测，能够确保信息的科学性和实用性，为水利工程造价控制提供有力支持。

其次，需要加强水利工程造价信息的共享和交流，建立造价信息的平台和渠道，实现造价信息的互联互通，提高造价信息的利用率和更新率。建立健全水利工程造价信息的共享制度和规范，明确造价信息的共享范围、共享方式、共享条件、共享责任等，保障造价信息的公开透明和安全保密。利用互联网、数据库、信息系统等技术手段，实现造价信息的在线查询、下载、上传、反馈等功能，提高造价信息的交流效率和便利性。

4. 打造畅通的水利工程造价管理协调机制

为了推动水利工程造价全过程管理工作的规范化与高效执行，并确保各方之间的协同合作，需要构建一个流畅、高效的水利工程造价全过程管理协调机制。首先，要确立明确的沟通和协调机制，详细界定参与水利工程造价全过程管理各单位的权利与义务，确保造价管理目标的协同实现。同时，要积极运用多样化的协调手段，如会议、报告、信函、电话、网络等，确保造价全过程管理的协调顺畅。为了加强协调效果，应确保及时交流与反馈造价全过程管理的信息和意见，并迅速解决和处理在造价全过程管理过程中出现的纠纷和问题，确保整个过程的和谐与稳定。其次，加强水利工程造价全过程管理人员的协调能力建设同样重要，包括加强对相关人员的培训和考核，提升他们的专业知识和协调能力，并增强他们的责任感和使命感。通过这些措施，可以进一步提升水利工程造价全过程管理人员的服务水平和效率，为水利工程造价全过程管理工作的顺利推进提供有力保障。

第二节　水利工程建设项目的管理模式

一、代建制

代建制是指通过招标、直接委托等方式，选择专业化的项目管理单位，负责项目的建设实施，竣工验收后移交给运行管理单位。

（一）代建制的主要特点

代建制特别适用于技术力量相对薄弱、管理水平有所欠缺的中小型水利工程。

首先，代建制能够推动项目的专业化管理，使代建单位的技术和管理优势得以充分发挥，有效弥补地方政府和项目法人在专业知识和管理能力上的不足，从而提升整体的建设管理水平。

其次，通过代建制，项目法人能够从繁重的项目管理事务中解脱出来，更加专注于项目的前期工作，如筹集建设资金、协调水利工程的外部条件等，确保项目顺利推进。

（二）代建制存在的问题

代建单位在筹措工程建设资金、协调地方政府推进征地拆迁移民安置以及维护工程建设外部环境等方面常常面临挑战。作为项目实施期间的法人，代建单位按照合同约定全权负责项目管理，并承担项目风险及建设过程中的民事责任。然而，其利润回报主要来源于有限的建管费，而约定的结余分成存在很大的不确定性，导致风险责任与回报之间存在明显的不对等。所以，代建单位在招募优秀管理人才和确保投入优质管理资源方面面临困难。

二、PM 管理模式

项目管理（project management，PM）服务是一种专业的工程服务，由工程项目管理企业根据合同规定提供。在项目的决策阶段，这些企业会为建设单位编制可行性研究报告，进行深入的可行性分析，并策划项目。进入项目实施阶段，为建设单位提供一系列的服务，包括但不限于招标代理、设计管理、采购管理、施工管理和试运行（竣工验收）。在这个过程中，代表建设单位对工程项目进行全方位的管理和控制，包括质量、安全、进度、费用以及合同和信息等方面。通过这种服务模式，PM 承包商承担起项目管理的重要责任，确保项目能够高效、顺利地进行。

当前，项目管理（PM）服务模式在实际应用中展现出灵活的操作性。一方面，PM 单位可以独立承担项目管理工作的全部职责，确保项目的顺利进行。另一方面，建设单位也可以选择组建自己的项目管理机构，并配备适量的管理和技术人员。在这种情况下，PM 单位将提供劳务服务，并派遣专业的技术和管理人员参与联合项目管理工作，与建设单位共同协作，确保项目的成功实施。

（一）PM 管理模式的特点

① PM 管理模式是一种纯粹的项目管理方式，建立在明确的委托代理关系之上。在这种模式下，PM 单位依据委托合同在规定的职责范围内开展工作。尽管如此，建设单位仍需承担项目建设的风险及其相应的民事责任。

② PM 管理模式对于提升建设期的项目管理水平至关重要，为确保项目建设目标的实现提供了坚实的保障。此模式有效地缓解了项目建设单位在建设期管理人员短缺的问题（尽管建设单位仍承担主要的管理职责，并需配置一定数量的管理人员）。同时，它也避免了项目完成后大量人员的闲置问题，从而有助于建设单位机构的精简。然而，目前这一模式尚未形成统一的合同范本。

（二）PM 管理模式存在的问题

① PM 单位在工程项目中并不承担建设主体责任，这一核心责任依然落在建设单位肩上。然而，在实际建设过程中，建设单位与 PM 承包人之间可能会存在责权交叉的情况，这有可能导致管理上的混乱和潜在风险。

②在 PM 模式下，项目管理费是作为工程概算中建设管理费的一部分来计算的。如果这一比例设置得过高，对于建设单位来说可能会显得难以接受。对于 PM 承包人，即使 PM 合同金额占到了建设管理费的相当大一部分，项目管理团队的人均年产值仍然相对较低，这对于 PM 承包人来说可能也是不够理想的。在这种情况下，找到一个双方都能接受的平衡点变得尤为困难。

工程实践中，从事 PM 管理业务的多为监理类型的企业。在合格项目管理团队资源有限的市场环境下，此种模式只能是特定条件下的一种有益补充。

三、EPC 管理模式

（一）EPC 管理模式的内涵

设计、采购、施工（engineering，procurement，construction，EPC）工程总承包是一种合同模式，其中业主与总承包商签订协议，由总承包商全权负责工程的设计、采购和施工等全过程。总承包商需确保工程的质量、成本和工期达到合同要求。鉴于水利工程具有投资大、周期长和结构复杂等特点，EPC管理模式在水利工程中特别关注设计与施工的衔接，强调项目的统一管理和总承包商的统筹协调。这种模式促进了各方之间的协作，提高了项目管理效率。同时，通过组建总承包商联合体项目管理部，采用矩阵式管理模式，建立覆盖水利工程全生命周期的管理机制，不仅可以提升水利工程建设质量，还可以降低业主的参与程度，确保项目目标顺利实现。这种模式对水利建设行业的可持续发展和总承包商的顺利转型具有积极推动作用。

（二）水利工程EPC管理模式的适用性

对于业主来讲，采用EPC模式可以有效转移部分风险。一般情况下，水利工程项目对环境的依赖程度比较高，工程选址的选择性不大，主要取决于河流、堤坝等问题，基本难以完全避开不利的地质条件。相比于一般的建筑工程，水利工程建设存在较大的不确定性，技术复杂程度与风险均高于常见建筑工程。EPC模式可以将业主的部分风险转移给总承包商。同时，降低业主的参与程度。由于我国普遍存在基层水管单位人员不足的问题，其无法满足水利工程建设的需要，很多水利基础设施建设都是由当地乡镇部门负责，技术水平和工作经验比较欠缺。采用EPC模式可以简化业主的管理工作，提高项目管理效率；对于水利工程来讲，采用传统的建设模式周期比较长，流程繁杂，很多水利工程受汛期影响，只能在枯水期进行建设，造成水利工程建设的时间较长，增加了时间成本和建设成本，相应的风险随着时间的增长而增加。采用EPC模式可以使建设周期大大缩短，使设计和施工等多方配合更加协调。实行EPC模式可以激励水利工程总承包商进行优化设计，保障建设质量，促进水利建设的健康发展。

（三）水利工程EPC总承包模式的问题及对策

1.鼓励可行性研究报告批准后实行工程总承包模式

水利工程采用工程总承包模式时，通常在项目初步设计报告获得批准后启动总承包招标流程。在这一阶段，工程技术方案已大致敲定，设计与施工开始逐渐融合。但这一过程中可能会遇到几个关键问题。首先，如果初步设计阶段的设计成果未能充分考虑施工需求，设计深度不足，可能会导致建设实施阶段出现大量设计变更。这不仅增加了项目法人单位的管理负担和审批责任，还可能对项目的顺利进行造成障碍。通过让总承包模式更早地介入初步设计阶段，可以在项目前期就有效规避这类问题。其次，由于初步设计批准后才进行EPC招投标，可能导致初步设计单位和建设实施阶段的设计单位不是同一家。这种设计单位的不连续性可能会使建设阶段的设计单位无法充分收集、了解和消化掌握初步设计的相关资料、设计理念和设计成果。这可能导致施工图阶段的设计产品质量下降，前一阶段遗留的设计问题或错误在施工阶段难以避免，从而增加投资控制的风险。最后，设计单位的不连续性还可能导致设计变更管理出现问题。如果出现设计变更，需要原初步设计单位批准同意才能实施，这会使工程建设管理链条变得冗长，设计变更管理效率低下。这不仅可能影响工程质量、投资和进度，还可能对整个项目的顺利推进造成不利影响。

2.严格设计变更和设计优化管理

在EPC总承包模式下，设计与施工的深度融合意味着设计更需满足施工的实际需求。

总承包方在成本控制上的核心关注点转向了施工费用的管理，旨在通过施工方案的优化来实现成本节约。然而，这种优化往往伴随着设计变更和优化措施。尽管这能有效避免过度设计导致的投资浪费，但同时也引出了两大问题：首先，过度的变更和优化可能损害工程质量，甚至降低结构的安全系数，对工程的耐久性和使用寿命造成潜在威胁；其次，设计变更与优化为项目法人单位带来了更多的管理任务和责任，这通常是他们不愿看到的，并可能因缺乏支持而阻碍项目的顺利推进。

建议：一是鼓励合理的设计变更和设计优化，以提高工程建设效率和节约社会成本，但鼓励不代表弱化或放权，更不能因为抢进度而简化设计文件审查程序，而更应采取措施加强设计质量的管理；二是项目法人单位应转变观念，技术力量不足时建议引入专业的第三方技术支撑单位尤其是对前期初设成果熟悉和了解的单位，作为施工图和设计变更审查咨询单位，加强施工图成果和设计变更的第三方审查，对于不属于变更但属于施工图设计优化的仍要进行审批，严控设计变更，防止不合理的优化，保证工程质量满足规程规范、功能正常运行和工程耐久性要求。

3. 坚持计量支付量价齐备控制

EPC总承包模式通常采用固定总价方式，并根据工程施工节点的形象进度进行支付。在这种模式下，工程总承包方往往不太关注工程量的精确性及其变化，而是倾向于简化程序，有时甚至可能出现工程量造假的情况。然而，这种结算支付方式存在几个明显的弊端。首先，它不利于施工过程中的投资与费用控制。仅依据工程形象进度进行支付，使得总承包方实际完成的工作量难以准确把控，从而增加了投资与费用超预算的风险。其次，当遇到物价调整等合同变更因素时，这种支付方式会导致新增支付部分难以实施。由于固定总价合同的特点，物价波动带来的成本变化往往无法通过调整合同金额来弥补，从而给总承包方带来经济损失。此外，当工程发生变更或优化导致新增或节省投资时，该部分投资的分摊难以量化。最后，在当前的管理体制下，项目审计工作需要提供量价齐全的结算清单。然而，由于EPC总承包模式下工程量的不确定性和可能的造假情况，使得项目审计工作难以顺利进行，增加了审计难度和风险。

基于以上因素，在EPC总承包模式下工程计量应该严格执行，并做好工程计量台账。项目法人应该要求总承包方每月必须申报工程量，监理单位加强工程量的审核，在月或者季度支付中必须量价齐备，采用工程量清单化、形象进度加节点控制的方式进行支付双控。

4. 合理分摊项目风险

虽然EPC总承包模式在很大程度上减轻了项目法人的风险责任，但水利建设项目通常由政府主导投资，其主要目标在于迅速实现社会效益，因此在建设管理中往往更侧重于进度推进。遵循合同双方对等的原则，对合同风险进行合理分担。具体而言，对于由项目法人要求变更、恶劣气候条件、自然灾害、物价波动、政策调整以及征地移民等因素造成的风险，应由项目法人承担。相反，若风险源于前期设计缺陷、勘测设计精度不足、总承包单位项目管理能力或设计施工水平有限、施工组织不善，或是总承包单位按照现场条件和自身需求提出的变更、工期延误等自身原因，则应由总承包单位承担相应责任。对于地质条件变化等不可抗力因素引发的变更，在合同文件中设定一个明确的限额，限额以下的风险由总承包单位承担，而超过该限额的部分则由项目法人承担。

四、PMC 管理模式

（一）PMC 管理模式的概念

项目管理总承包（project management contracting，PMC）模式是一种由建设单位通过招标方式选定的项目管理模式。在此过程中，建设单位会从众多投标单位中挑选出综合实力最强、最符合工程建设需求的项目管理承包商，也就是 PMC 承包商。这些承包商负责对水利工程项目进行全过程的集成管理，并与建设单位签订总价承包合同。在这种模式下，PMC 承包商承担水利工程的质量、投资、安全和工期等各方面的责任。建设单位只需明确提出各项标准要求，并按预定条件定期向 PMC 承包商支付施工款项。这样，建设单位无须直接参与项目管理和施工现场管理活动，从而极大地减轻了其在项目管理上的工作负担。目前，PMC 管理模式主要应用于那些建设单位缺乏专业管理人才、资金不足以支撑项目全周期施工建设活动，以及项目目标设定严格的水利工程。通过引入 PMC 承包商，这些工程能够有效地弥补建设单位在管理、资金和技术等方面的短板，确保项目的顺利进行。

（二）PMC 管理模式的优势

与传统管理模式相比，PMC 管理模式的优势主要体现在以下四个方面：管理能力的强化、统筹管理的实现、风险的规避以及管理机构的精简。

①在管理能力强化方面，PMC 承包商代替建设单位负责项目管理的各项工作。由于多数 PMC 承包商都具备强大的综合实力、卓越的管理能力以及丰富的管理经验，他们能够顺利完成所交办的各项管理任务，并在面对突发状况时表现出色，有效应对各种挑战。

②在统筹管理方面，PMC 承包商负责组织和协调工程参建单位共同开展项目管理工作。这包括质量管理、造价管理、安全管理以及进度管理等，确保设计、施工、采购等各个阶段的管理目标保持一致。同时，这种管理模式也保证了水利工程建设全周期管理目标的连贯性，避免了在工程建设过程中出现管理盲区或交叉管理、无效管理等问题。

③在规避风险方面，建设单位与 PMC 承包商签订的项目管理总承包合同对双方的责任进行了明确的划分。合同中设定了关于投资、质量等方面的建设目标，这些目标一旦签订即具有法律约束力，不可随意更改。如果最终未能达到预期的建设目标，建设单位可以根据合同约定的条件向 PMC 承包商提出索赔，从而有效地规避项目风险，避免自身承受实质性的经济损失。

④在精简管理机构方面，传统的管理模式通常要求建设单位设立专门的项目部来全面负责施工管理工作。然而，这种方式往往导致管理过程复杂、管理成本高昂。相比之下，PMC 模式更加灵活高效。在该模式下，PMC 承包商会按照项目的实际需求组建临时管理机构，而建设单位则只需派遣少量管理人员参与工作，这样既降低了管理成本，又提高了管理效率[1]。

尽管 PMC 模式在实践中展现出显著的优势，但其实施效果也暴露出该模式的一些缺点。从建设方与施工承包商的关系来看，二者之间并没有直接的合同关系。这意味着建设

---

[1] 常继成. 水利工程建设项目管理模式探讨[J]. 水利水电工程设计，2019，38（3）：1-4.

单位无法直接与施工承包商签订工程合同，而是需要通过 PMC 单位来选择和管理施工承包商。这在一定程度上会造成沟通复杂化，同时也不利于直接管理。此外，PMC 模式还面临着政策法规支持不足的问题。由于相关的政策法规体系尚不完善，这在一定程度上限制了 PMC 模式的应用和发展。建设单位需要与 PMC 单位进行沟通协商，并在达成一致意见后，通过项目管理机构的名义来下达指令。

（三）PMC 管理模式的分类

国内外采取的 PMC 项目管理模式主要分为两种。

一是业主自行对参建单位进行招标，只与 PMC 承包商签订合同，并要求 PMC 承包商与其他参建方签订合同，并由 PMC 承包商管理项目建设。

二是业主自行对参建单位进行招标并签订合同，委托 PMC 方管理项目全过程。这种模式可细分为以下两种形式。

①若 PMC 承包商具有监理资质时，那么业主无须招聘监理单位，安排管理方与 PMC 方以及监理单位协商，合理分配工程的工作，明确自身的职责。同时，确定 PMC 方关注项目的一体化管理，监管单位关注工程的进度和工程的效率，三者的职责关系如图 4-1 所示。采用该管理形式，促进 PMC 方、监理方以及管理方协调工作，避免出现交叉工作的现象，防止工程建设步骤无法衔接，拖延施工进度；同时，当造成事故时，能明确各方的职责，避免产生职责分不清的现象。

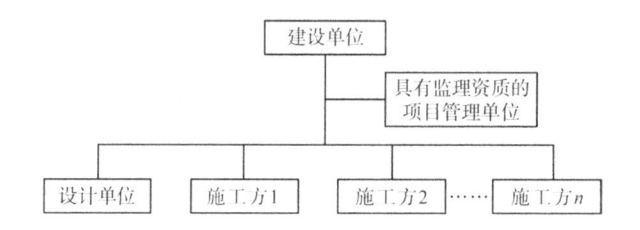

图 4-1 具有监理资质的 PMC 模式下组织机构

虽该形式具有上述优点，但是，由于 PMC 方与监理方为同一公司，因此，在工程建设过程中，无法科学地使用资金、判断工程的质量，造成项目建设过程中可能出现质量问题或者资金不足问题。

②如果 PMC 方已具备勘察设计资质，则业主无须另行招聘设计单位。在此情况下，业主应要求 PMC 方内部的设计部门与项目管理部门紧密合作，共同推进项目，其组织结构如图 4-2 所示。凭借自身丰富的管理经验和高水平的管理技术，PMC 方能够科学合理地管控项目，实时监督工程的质量、安全性和进度，从而大大减轻业主的负担，提升业主的管理效率。业主可将设计任务全权委托给 PMC 方，由其负责安排设计工作。然而，这种管理形式也存在一定的风险。由于缺乏第三方监督，工程的质量和设计是否符合业主的要求难以保证。

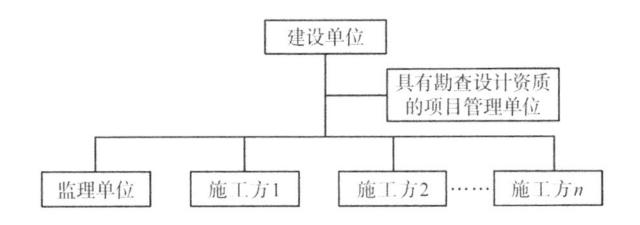

图 4-2　具有勘察设计资质的 PMC 模式下组织机构

鉴于上述两种模式均存在共同的局限性，并考虑到水利工程的建设特性以及 PMC 项目管理模式的潜在缺陷，对 PMC 管理模式进行深入研究并降低其风险性变得至关重要。在实施 PMC 项目管理模式时，业主需要独立招聘监理方和设计方，并与 PMC 承包商签订承包合同。按照合同条款，PMC 承包商被赋予负责水利工程建设的职责，尽管其不直接参与施工建设，但有权选择参与建设的各方，包括设备供应商及材料供应商。PMC 全面监督和管理水利工程的建设过程，确保工程在预定时间内顺利完成。其组织结构如图 4-3 所示，旨在通过专业化和系统化的管理，提高工程建设的效率和质量。

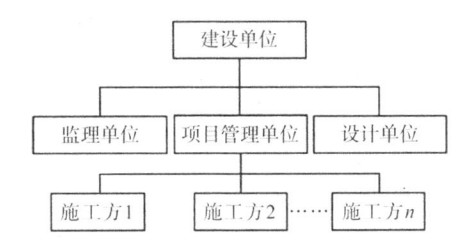

图 4-3　风险项目管理总承包 PMC 模式组织机构

（四）PMC 管理模式的构建

从已知内容可以了解 PMC 模式的工作形式和工作内容。为了更好地执行项目，PMC 管理团队被划分为四个核心部门，分别是质量管理部、合同管理部、安全协调部和综合管理部。质量管理部是确保工程建设质量和效率的关键部门，负责监督施工过程，确保各项标准得到遵循，并在工程竣工后进行验收，确保交付成果符合预期标准。合同管理部则负责维护和管理项目合同，不仅确保合同文档的完整和安全，还负责工程资金的流动管理，包括资金的分配和流向监控。此外，合同管理部还负责采购工程所需的物资，确保项目有充足的材料和工具进行。安全协调部则专注于整个工程建设的安全方面。他们不仅负责制定和执行安全规章制度，确保施工现场的安全，还负责协调处理各方之间的争议和冲突，以促进项目的顺利进行。综合管理部则扮演着"大管家"的角色，负责管理和维护项目的所有相关资料，包括文件、图纸、报告等，确保信息的完整和准确性。通过这样的部门划分，每个部门的员工都能明确自身的职责和义务，从而确保工程建设的各个环节能够无缝衔接，为项目的成功实施提供坚实的组织保障。

确保工程顺利完工的关键在于各参与方能够明确自身的职责。在项目建设初期，业主需要全面地向 PMC 承包商传达项目的要求和管理需求。随后，PMC 承包商需依据业主的指示，合理规划和分配人员，制订详细的管理和工作计划，并及时将计划提交给业主进行审查。一旦业主批准了实施计划，PMC 承包商应将此计划作为项目建设的总指导，引领所有参建单位按照既定的目标和方案共同推进工程建设。

在项目建设的中期阶段，PMC模式的核心作用在于对各参建方进行有效监督和控制，确保施工进展与既定计划保持一致。为实现这一目标，PMC承包商扮演着关键角色。首先，他们需要及时向业主提供详细的建设进度和相关信息，确保业主对项目的当前状态有清晰的认识。同时，当业主提出新的建设计划或要求时，PMC承包商应迅速作出响应，调整施工策略，确保项目始终沿着正确的方向前进。此外，为了进一步优化实施计划，PMC承包商应与监理单位之间建立高效的沟通交流体系。这种体系不仅保证了项目信息的实时共享，还促进了双方之间的深度合作。通过这种模式，任何可能出现的矛盾或问题都能得到及时解决，各方也能针对项目进展提出建设性的意见和建议，从而推动工程进度快速提升。

五、PPP管理模式

（一）PPP管理模式的概念

政府和社会资本合作（public private partnership，PPP）模式，全称为政府与社会资本合作模式，是众多公共基础设施项目，包括水利工程在内的一种常见的运作模式。这种模式旨在鼓励社会资本与政府部门携手合作，共同建设公共基础设施，并建立起稳定的合作关系，通常通过共同组建项目公司来实现。在水利工程建设过程中，社会资本负责提供项目建设所需的资金，而政府部门则全程参与水利工程的施工建造和运营管理活动。与传统的自建自管内循环管理模式相比，PPP项目采用的是建设法人两阶段管理模式。在第一阶段，工程建设单位履行建设法人的职责，负责策划、立项等多方面的前期准备工作。当条件成熟时，通过招标方式选择合适的社会资本。进入第二阶段，建设单位与社会资本共同组建项目公司，将项目法人的角色转移至项目公司。此后，以项目公司的名义统筹开展水利工程施工阶段和运营阶段的各项管理工作。[1]

（二）PPP管理模式的优势

在现代水利工程中，PPP管理模式的实施价值主要体现在项目成本控制、完工效率提升以及工程建设质量改善三个方面。

①在项目成本控制方面，PPP模式以其利益共享、风险共担的特点，有效整合了政府部门与社会资本的资源。双方共同承担项目的资金压力，包括建设资金、运营费用以及后期水利设施的翻新费用等。这种合作模式不仅拓宽了资金来源，而且使得政府部门和社会资本方能够共同参与工程造价管理工作，从而显著提高了项目成本的把控力度。

②在提升完工效率方面，水利建设公司与所引进的社会资本通过整合现有技术、管理和组织资源，实现了资源的优化配置和高效利用。双方协同开展各项管理工作，形成合力，通过提升工程总体管理能力来追赶工期进度，从而提高完工效率。

③在改善工程建设质量方面，传统模式下施工单位的主要目标是获取工程款，他们只需确保水利工程建设质量达到标准，并在约定时间内完成交付，即可获得全额工程款。然而，在PPP模式下，项目公司的盈利情况与水利工程建设质量以及实际使用寿命紧密

---

[1] 徐伟.PPP模式下水利工程项目建设管理的难点及应对措施[J].水利规划与设计，2021（8）：117–121.

相连。这意味着，工程建设质量越高、使用寿命越长，项目公司的盈利水平也就越高。

所以，为了获取更理想的效益，项目公司通常会选择从工艺技术改进、管理制度优化以及采取多元化管理手段等方面入手，力求最大限度地提高总体管理能力和施工质量管理水平。这种做法不仅间接降低了建设单位的管理难度，还在项目管理期间有效避免了过多的重难点问题，从而确保了水利工程建设的高质量完成。

（三）PPP管理模式的策略

在水利工程PPP项目的管理过程中，建设单位面临着设计优化和投资控制这两大核心管理挑战。

首先，由于建设单位涉及多个不同的主体，彼此之间的沟通不畅往往导致对水利工程设计优化的决策持保守或谨慎态度。为了达成一致意见，往往需要耗费大量时间进行内部讨论和商务谈判，这一流程不仅烦琐，而且效率低下。

其次，PPP项目的特性决定了施工设计、现场施工与施工预算编制是并行进行的，这使得在项目未完工之前难以完成完整的预算编制，并且难以实时反映工程造价的变更情况。

为了应对这些挑战，建设单位需要采取一系列措施。一方面，建立高效的内部协作机制至关重要，项目公司负责人应发挥关键作用，积极引导并推动设计优化等关键决策的商讨。同时，利用BIM、大数据等先进技术，构建项目信息平台，通过远程审批和视频会议等方式，提高决策效率和沟通效果。另一方面，在项目初期即应成立专门的造价控制小组，利用先进的估算方法和技术手段，对水利工程造价进行精确预测，并据此制订详细的资金使用计划。同时，明确各参建单位的职责和权限，确保投资控制工作能够有序、高效地进行。

第三节 水利工程建设项目的管理现代化

一、水利工程建设项目管理现代化原则

（一）确保管理规范性

实现水利工程建设项目的现代化管理，关键在于针对不同管理环节的具体情境，制定切实可行的依据，确保各项任务得以标准化和规范化执行。唯有如此，方能保证水利工程的稳定运行和持续发展，而这正是实现管理良性循环的基石。因此，在实际操作中，推进水利工程建设项目的现代化管理，必须坚守规范性原则，明确界定各岗位工作人员的职责，确保在遭遇工作问题时能够迅速汇报，并制定出针对各种突发情况的应急处理措施。这样，即便面临风险，也能迅速响应，降低其对水利工程建设项目的影响，从而不断提升现代化管理的效能和水平。

（二）确保管理适当性

在实际工作中，确保各项工作要求的有效落实至关重要，而持续对其进行优化和调整则能推动工作达到更高标准。特别是在水利工程的美化和环境改造阶段，必须确保工程呈现出美观整洁的外观。同时，在推进信息化平台开发工作时，必须有针对性地设计工作模块，避免盲目追求功能的多样性。实用性和可行性才是我们的首要考虑，旨在为工作人员提供便捷、高效的工作环境。

（三）确保管理实际性

水利工程建设项目管理现代化具有系统性、科学性和全面性的特点，有关部门要以水利工程现代化管理为核心内容，制定出相应的细则和规范。在实际工作中，严禁存在机械化情况，要结合水利工程项目的实际情况科学、灵活地进行管理，坚持可操作性和执行性的工作模式，协调各个部门对水利工程进行管控。与此同时，还要注意日常工作中反映出来的问题，及时地进行优化和调整，确保理论和实际情况相匹配。

二、水利工程建设项目管理现代化策略

（一）水利工程建设项目管理信息化

1. 搭建信息渠道

水利工程现代化信息渠道作为现代化发展的观点，是水利工程建设项目现代化管理的核心内容，在这项工作中，首要工作是调整目前所使用的信息传输状态，结合水利工程建设项目的实际情况，整合现有的管理信息资料，保证程序化信息内容和水利工程现场的数据信息保持一致，随后再对接水利工作信息管理，通过循序渐进的方式使用程序化来完成管控。如果水利工程建设项目现场存在变化数据，信息系统可以对其进行跟踪，并且在第一时间调整内部存储数据，通过实时记录的方法充分展现水利工程的建设情况。除此之外，随着现代化技术的不断发展，信息技术也在升级和创新，水利工程建设项目管理要与时俱进，结合技术发展情况，对自身所使用的各类技术进行调整，拓宽沟通渠道，使数据信息准确及时。

2. 管理方法信息化

在信息化时代，为了达成水利工程建设项目的现代化管理目标，必须充分利用各方资源，紧密结合网络信息化的发展需求。通过实施现代化的管理方法，能够有效地融合日常管理任务与网络信息技术，从而显著提升管理任务的综合质量。为此，可以将最新的技术手段如监控系统和数据传输技术等应用于水利工程建设项目管理中，并充分展示这些现代化技术在应用中的优势和功能。这些技术的应用不仅有助于提升水利工程建设项目现代化管理的综合质量，还能为水利事业的可持续发展提供有力支持。

与此同时，现代水利工程建设项目管理工具展现出了传统管理工具所不具备的严谨性、系统性和精准性。这些工具严格按照信息系统的要求来填写项目数据，一旦数据填写不符合规格或缺少必要信息，系统会即时提示并生成错误报告。这种机制使得现代水利工程建设项目管理工具能够比传统方法更全面、更细致地监控项目的实施和管理工作。此外，信息管理系统与存储系统还引入了明确的账户权限管理和可查看的日志功能，极大地增强了记录信息的可靠性。通过这些功能，能够显著减少诸如文件篡改和数据篡改等非法活动，确保数据的真实性和完整性，为后续的信息管理、分析和优化工作提供了高质量的数据保障，使得决策更加科学、准确和有效。

3. 强化信息化技术应用

（1）注重水利信息化标准工作

在建立信息系统时，应当对水利工程的信息化进行综合考量，建立一个全新的信息系统平台。但是通常情况下，这种体系结构是由多层次结构构成的。所以，水利工程建设项目信息化管理的需求分析与标准包括了硬件标准、软件标准、系统安全标准及其软件工程标准等。一个科学、规范的信息化标准应该具备一个统一的规划和一个分布式的建设体系，从而使一个信息化的管理体系得以有效地实现。

（2）树立发展智慧水利的新思想和新理念

水利工程建设项目管理体系的智能化已成为国家水利工程建设项目管理的核心目标，并将成为未来水利改革的一个重大方向。通过实施水利工程建设项目管理体系的智能化，不仅可以提高水利工程基础设施的效率，而且可以更好地利用数字技术，实现水利工程建设项目管理的信息化，提升水利工程建设项目管理的效率，提高水利工程建设项目管理的效果。同时，通过挖掘、利用、优化水利管理的信息，可以更好地服务于社会的需求，实现水利工程建设项目管理的可持续发展。通过引入先进的技术手段，可以成功地促进社会的数字化变革。

（3）加大水利大数据应用场景和经济价值的探究

为了更好地实现"新基建"的目标，必须积极挖掘、扩展水利大数据的应用领域。所以，必须认真理解"新基建"的目的，并且积极支持在市场驱动的情况下，实现水利工程基础设施的数字化。还需要鼓励各地积极参与，通过挖掘、扩展、引入新的技术、新的商业模式，实现对水利行业的有效支撑，从而实现对社会的有效贡献。通过扩展水利领域的大数据应用，提高其经济效益。

（4）加强人工智能技术在水利工程管理中的应用

①人工智能技术选择与导入。在水利工程建设项目管理的核心环节，选择恰当的人工智能技术至关重要。目前，主流的人工智能技术包括深度学习、机器学习和神经网络等。鉴于水利工程的特殊性质，如其实时性要求和高数据量的处理需求，深度学习技术成了模型构建的理想选择。在实际操作中，具体的工作流程如下。

首先，进行数据收集与预处理。全面搜集水利工程的历史数据，包括但不限于水位、流量、设备状态等关键信息。随后，对这些数据进行清洗和预处理，旨在提升数据的质量和准确性，为后续的模型构建奠定坚实基础。

其次，着手模型构建。运用深度学习技术，根据水利工程的实际需求，精心构建管理模型。在此过程中，可以选择卷积神经网络（convolutional neural network，CNN）或循环神经网络（recurrent neural network，RNN）等模型架构，并根据具体情况进行调整和优化，以确保模型的高效和精准。

再次，进行模型训练与验证。利用已收集的历史数据对模型进行训练，通过不断调整超参数和优化算法，以提升模型的性能。同时，利用验证数据集对模型进行验证，确保模型在实际应用中具备良好的泛化能力。这一环节至关重要，它将为模型的后续应用提供有力保障。

最后，进行模型部署。将训练成熟的模型实际部署到水利工程建设项目管理系统中，实现实时的监测与智能分析功能。在这个系统中，模型通过深度学习和分析流域的各类数据，能够预测河流的实时动态变化。这些预测结果对于渔业、船舶等行业的决策至关重要，在这些行业中人们可以依据这些信息进行更为精准和高效的决策。

除了之前提到的人工智能技术模型，贝叶斯网络也是目前备受关注的一种人工智能技术。它以概率推理为基础，特别适用于水利工程的主动式资产管理。在实际应用中，贝叶斯网络通过深度分析和学习水利工程的运行数据，能够精准预测设备的寿命和性能退化情况。这使得我们可以根据预测结果，制订出科学合理的维护和更换计划，从而有效降低设备故障率，延长设备的使用寿命。

②智能监控与预警系统实施。借助人工智能技术，可以对水利工程设施进行实时监控和智能分析。为实现这一目标，需在设施的关键部位安装传感器和摄像头，以持续监测其状态和水情信息。随后，利用无线传输技术，将采集到的数据迅速传输至中央服务器。在深度学习、机器学习、神经网络等人工智能技术的加持下，能够对实时数据进行智能分析，精准判断设施状态和水情信息是否存在异常。一旦发现异常情况，系统会立即发出预警信号，促使我们迅速采取应对措施。同时，人工智能技术在水利工程建设项目管理中的应用还体现在，能够将实时监测数据和智能分析结果存储在数据库中，便于我们随时进行查询和分析，为后续工作提供有力支持。

③智能调度与优化决策实施。在完成上述两个阶段的工作后，人工智能技术在水利工程建设项目管理中的应用进入常规性内容。结合上述案例来看，基于人工智能技术的智能调度系统可以根据实时水情、工情等信息进行智能分析和预测，提出合理的调度方案，如数据收集与整合、模型构建与训练、实时调度与决策、方案执行与评估等。

此外，还有诸多人工智能技术手段可以应用到水利工程中。例如，通过计算机视觉技术，对降雨进行实时监测和分析。结合人工智能技术，预测降雨的强度、持续时间等信息，为防洪、排水等提供决策依据，帮助工作人员更好地了解城市的水文特征，为城市规划和水利工程建设提供参考。计算机视觉技术还可以用于实时监测河道中的漂浮物、船只等物体的动态，确保河道的畅通和安全。在人工智能技术的基础上，还可以融合大数据、云计算等技术，让水利工程建设项目具备强大的计算和存储能力，解决复杂的优化问题，提高水利工程建设项目的运行效率和经济效益。

（二）水利工程建设项目管理标准化

1. 构建科学制度标准

新时期水利工程建设项目运行管理标准化建设是一项系统性、全面性的工作，构建科学制度标准是其中的关键环节。科学制度标准的建立可以确保水利工程建设项目运行管理的规范化和制度化，提高工程运行效率和安全性。

制度标准应符合国家法律法规和标准规范要求，同时还应该满足水利工程建设项目的特点和实际需求，体现标准化建设的系统性、全面性和可操作性。管理部门需要制定标准化工作的指导思想和目标，并明确标准化工作的主要任务和内容。

此外，还需要制定水利工程建设项目运行管理的基本标准和特殊标准。基本标准包括工程安全、水文水质、环境保护、经济效益、工程运行、调度管理、设备维护、监测监控等方面的标准。特殊标准包括应急处理、事故处理、设备检修等方面的标准。

新时期水利工程建设项目运行管理标准化建设中，构建科学制度标准是关键，需要从总体要求、制定标准化体系框架、制定具体标准、制定标准化工作的流程、强化标准化工作的监督和评价等方面入手，确保水利工程建设项目的安全、稳定、高效运行。

2.加强对各个领域的联合管理

由于水利工程建设和管理涉及方方面面的行业，所以相应的这些工作内容的难度也是比较大的，可以通过联合式管理的方法进一步加强对水利工程各个领域的管理和监管。对水利工程项目实施标准化和精细化的管理不仅需要企业相关管理人员付出更多的精力，还需要进一步增强与其他（如人力资源、通信网络等）各个部门的联系。水利工程的前期相关管理工作主要是针对施工方案、施工人员结构、组装结构，以及属于整体项目工程的基础部分，需要管理人员投入足够的重视。水利工程施工整体过程的管理工作主要是针对施工设计、正式施工及竣工检修这三个阶段。管理人员可以采取现场监管的方式实现对施工人员操作方法和工作效率的监督，进而有效降低工程返修率。在水利工程建设项目基本完成之后，管理人员要对相关的档案整理工作做出严格的要求和详细的审查，这可以作为证据用于日后可能出现的各种经济纠纷和工程纠纷。水利工程的后期管理工作主要是针对其建成以后的运营和维修。相关工作人员需要具备足够的专业技能，能够熟练运用各种先进的技术方法对水利工程建设项目的质量和出现的问题进行检修和维护。

3.规范管理，完善长效机制

（1）加强组织领导，统筹协调推进

成立水利工程建设项目标准化管理试点工作领导小组，局长担任领导小组组长和"总指挥长"，领导班子成员任副组长，各部门负责人为组员，负责整个现代化试点工作的指导、协调、推进工作，下设试点工作办公室，负责具体的标准化试点工作的实施，形成全局上下协作配合、同频共振的工作机制。

（2）强化宣传引导，营造浓厚氛围

为了深入推广标准化管理理念，可以组织召开培训班和动员会，积极营造浓厚的建设氛围。通过这些活动，确保全体干部职工对标准化管理理念有深入的理解和认同，使其真正内化于心。通过这种方式，让每一位员工都能充分认识到标准化管理的重要性，并将其融入日常工作中，共同推动水利工程建设事业向前发展。

（3）建立联动机制，确保整体推动

将创建工作视为"一把手"工程，尽早启动、持续跟进、切实执行并力求卓越。要定期审视创建工作的进展情况，深入研究并解决在此过程中出现的热点和难点问题。此外，还需完善党支部的统一领导机制，确保各部门各尽其责，同时激发全体干部职工的积极参与精神。通过这种领导体制和工作机制的完善，实现一个"横向全覆盖、纵向深入，层层有人负责、事事有人落实"的创建工作格局，从而确保创建工作的全面推进和高效完成。

（4）统筹兼顾，整体推进

积极探索推进水利工程建设项目标准化管理工作，加速水利工程向"重建强管"转变，提升水利工程建设项目标准化管理水平。通过建立管理制度标准、规范管理组织体系、理清工程管理事项、落实工程管理责任、明晰管理事项操作流程、加强工程维修养护管理，保障水利工程的安全运行，充分发挥水利工程效益。

（三）水利工程建设项目管理规范化

水利工程建设项目涉及众多的管理活动，每种活动均遵循严格的操作流程，这些流程不仅体现了项目管理的规范化，也为项目管理的顺利进行提供了极大的便利，有效提升了工作效率。项目管理流程的规范化涵盖了政府管理和市场主体管理的各个方面。

1. 工程项目政府管理流程规范化

政府管理涵盖行业监管和行政监管两大方面，旨在确保水利工程建设的高效与安全。在建设期，政府的管理流程十分丰富，具体包括市场准入、招标投标、合同签署与执行、建设监理、设计审查、质量控制、安全生产监督、工程进度管理、投资与资金调配、工程验收、信息整合与披露、移民安置与环境保护、技术研发与推广以及工程稽查等关键环节。

2. 工程项目市场主体管理流程规范化

市场主体管理流程涵盖了项目法人、承包人及监理人等多个参与方在工程实施过程中的管理流程。在建设阶段，项目法人的管理流程尤为关键，具体包括建设计划管理、招标投标管理、设计管理、合同管理、质量管理、安全管理、进度管理、投资计划与资金管理、工程财务与会计管理、工程验收管理、信息管理、工程文档管理、移民征地与环保管理以及工程协调管理等环节。与此同时，承包人和监理人等市场主体也各自建立了相应的管理流程，以确保水利工程项目能够高效、有序地推进。

按照管理需要，上述管理流程可以进行细化。以合同管理为例，合同管理流程包括分包管理工作及其业务流程、施工承包单位人员管理工作及其业务流程、图纸管理工作及其业务流程、设备管理工作及其业务流程、开工管理工作及其业务流程、工程变更管理工作及其业务流程、工程测量与检测管理工作、工程进度管理工作及其业务流程、材料管理工作及其业务流程、施工过程质量控制管理工作及其业务流程、工程质量评定管理工作及其业务流程、工程质量事故处理管理工作及其业务流程、计量与支付管理工作及其业务流程、索赔处理管理工作及其业务流程、移交证书与保修终止证书签发管理工作及其业务流程、争议解决管理工作及其业务流程、完工验收管理工作及其业务流程、竣工验收管理工作及其业务流程、工程信息管理工作及其业务流程等。

（四）水利工程建设项目管理专业化

随着我国改革开放的持续深化，水利建筑行业的建设单位及从业人员正逐步迈向专业化的发展道路。为确保水利工程建设的质量与效益，各方参与单位（如勘察、设计、监理和施工等单位）均设立了明确的市场准入条件。与此同时，针对水利工程从业人员，我国也建立了完善的执业资格考试和注册制度，涵盖了监理工程师、建造师、咨询工程师和安全工程师等多个专业领域。这些制度的设立不仅提升了从业人员的专业素养,也为水利工程项目的规范化管理提供了有力保障。

1. 水利建设参建单位的专业化

为了维护水利建筑市场的秩序,确保水利工程的品质,相关法律法规明确规定了施工、设计、监理、咨询企业等参与方的资质管理办法。这些规定旨在营造一个公平竞争的市场环境,让具备真正实力和资质的企业得以健康发展,同时淘汰那些滥竽充数、不具备相应能力的企业,从而保障整个行业的可持续发展。

(1) 水利工程设计资质分级标准

水利工程设计资质划分为甲、乙、丙、丁四级。

①甲级资质的要求包括:拥有10年以上的水利工程设计经验(对于重新恢复的设计单位,其资历自原始成立时间起算),并且在社会上享有良好的信誉。这样的单位需要独立承担过至少两项大型水利工程的设计任务,并确保这些项目已经开工或成功投产。对于已开工的项目,其设计质量必须达到优秀标准;而对于已投产的项目,其不仅需要在运行中表现出安全可靠,还需满足设计中的主要技术经济指标,且能带来显著的效益。

②乙级资质的要求包括:在社会上享有良好的信誉,并且独立承担过至少两项中型水利工程的设计任务,确保这些项目已经开工或成功投产。对于已开工的项目,其设计质量需要达到良好标准;而对于已投产的项目,其同样需要在运行中展现出安全可靠,满足设计中的主要技术经济指标,并能实现较好的效益。

③对于丙级资质,要求相关单位能够独立承担至少两项小型水利工程设计任务,并确保这些项目已经开工或成功投产。对于已开工的项目,其设计质量需保持良好;而对于已投产的项目,其不仅应运行顺畅,还需安全可靠,基本满足设计中的主要技术经济指标。

④对于丁级资质,则要求相关单位能够独立完成小型水利工程设计任务,或是本行业内的零星单项工程设计任务。要求至少有两项这样的设计任务已经成功投产,并经过实际运行的检验,证明其设计是安全可靠且质量达标的。

(2) 水利工程施工总承包企业资质分级标准

水利工程施工总承包企业资质分为特级、一级、二级、三级。

①特级资质对企业有着极高的要求。企业的注册资本必须达到3亿元以上,同时净资产也要在3.6亿元以上。这体现了企业的强大资金实力和稳健的财务状况。企业近3年的年平均工程结算收入要达到15亿元以上,这显示了企业在水利工程建设领域的强大业务规模和盈利能力。特级资质还要求企业在其他所有方面都必须达到一级资质的标准,这进一步凸显了特级资质的严格和全面。

②一级资质要求企业注册资本达到5 000万元以上,企业净资产也要在6 000万元以上。这同样体现了企业在资金实力上的要求。此外,企业近三年的最高年工程结算收入需要达到2亿元以上,这显示了企业在业务规模和经营效益上的实力。对于一级资质企业,还特别强调了其施工机械和质量检测设备的配备,要求具备与承担大型拦河闸、坝、水工混凝土、水工隧洞、渡槽、倒虹吸及桥梁、地基处理、岩土工程、水轮发电机组安装等任务相适应的设备,以确保工程质量和施工效率。

③要获得二级资质,企业注册资本必须达到2 000万元以上,同时净资产要达到

2 500万元以上。此外，企业近3年的最高年度工程结算收入必须超过1亿元，以证明其强大的经济实力和业务规模。在施工能力方面，企业需配备与承担中型水利工程，如拦河闸、坝、水工混凝土、水工隧洞、渡槽、倒虹吸及桥梁、地基处理、岩土工程等相适应的先进施工机械和质量检测设备，确保工程质量和施工效率。

④对于三级资质，企业注册资本需达到600万元以上，同时净资产也要在720万元以上。企业近3年的最高年度工程结算收入需超过2 000万元，体现其在水利工程领域的稳定业务表现。在设备方面，企业需具备与所承包工程范围相匹配的施工机械和质量检测设备，以确保施工过程顺利，工程质量可靠。

（3）水利工程监理企业资质分级标准

水利工程监理企业资质分为甲级、乙级、丙级。

①甲级资质的申请条件包括：企业需具备独立法人资格，且注册资本不得低于300万元。企业的技术负责人必须为注册监理工程师，并应具备15年以上的工程建设工作经验，或持有工程类高级职称。在人员配置上，企业需拥有注册监理工程师、注册造价工程师、一级注册建造师、一级注册建筑师、一级注册结构工程师或其他勘察设计注册工程师，合计不少于25人次。其中，相应专业的注册监理工程师的人数应满足"专业资质注册监理工程师人数配备表"中的要求，且注册造价工程师不少于2人。此外，企业还需在过去2年内独立监理过至少3个相应专业的二级工程项目。对于已经拥有甲级设计资质或一级及以上施工总承包资质的企业，申请本专业工程类别的甲级资质时，上述要求可酌情放宽。

②乙级资质的申请条件如下：首先，企业必须具备独立法人资格，并且其注册资本应不低于100万元。其次，企业的技术负责人必须持有注册监理工程师证书，并具备10年以上的工程建设工作经验。在人员配置方面，企业至少需要拥有15名注册监理工程师、注册造价工程师、一级注册建造师、一级注册建筑师、一级注册结构工程师或其他勘察设计注册工程师。其中，相应专业的注册监理工程师的人数应满足"专业资质注册监理工程师人数配备表"中的要求，而注册造价工程师的数量则至少需有1人。

③丙级资质的申请条件如下：首先，申请单位必须具有独立法人资格，并且其注册资本不得低于50万元。其次，企业的技术负责人必须持有注册监理工程师证书，并具备8年以上的工程建设工作经验。此外，申请单位在相应专业领域的注册监理工程师数量应满足"专业资质注册监理工程师人数配备表"中的要求。

2. 水利建设从业人员的专业化

为了规范水利工程建设项目管理从业人员的行为，提高其项目管理水平，确保项目管理质量，我国实行从业人员执业资格制度和注册制度，建立了从业人员准入制度。

①注册咨询工程师(投资)。根据人力资源和社会保障部、国家发改委的相关规定，注册咨询工程师必须通过相应的考试或认定程序，合法获得"中华人民共和国注册咨询工程师（投资）执业资格证书"。随后，他们还需完成注册登记手续，取得"中华人民共和国注册咨询工程师(投资)注册证"。只有持有这两个证书的人员，才被允许从事项目规划、项目建议书、项目可行性研究报告编制等水利工程建设项目管理的前期工作。

②注册监理工程师。根据人社部和住建部的相关规定，注册监理工程师必须通过考试

或认定程序，合法获得"中华人民共和国注册监理工程师执业资格证书"。随后，他们还需完成注册登记手续，取得"中华人民共和国注册监理工程师注册证"。只有持有这两个证书的人员，才被允许从事设计监理、施工监理、设备监理等水利工程项目管理实施期的工作。

③注册咨询造价工程师。根据人社部和住建部的相关规定，注册咨询造价工程师必须通过相应的考试或认定程序，合法获得"中华人民共和国注册造价工程师执业资格证书"。在完成注册登记后，他们将取得"中华人民共和国注册造价工程师注册证"。只有持有这两个证书的人员，才能参与投资估算、设计概算、施工图预算、标底、结算和决算编制等水利工程项目管理工作。

第五章　水利工程建设施工管理

随着我国水利工程建设法律、法规和行业规章的不断完善，社会经济体制改革的发展与进步，水利工程建设施工管理正在向规范化、制度化、科学化方向深入发展。目前，在我国加快经济建设的大好形势下，水利工程项目建设进入新一轮的高峰期，水利工程建设项目点多、面广、量大，建设任务艰巨。就此形势下，如何加强水利工程施工成本管理、进度管理、质量管理、安全管理、合同管理，对水利工程建设项目的合理、科学管理以及工程项目实施的质量和安全保障具有重要的意义。

第一节　水利工程施工成本管理

一、水利工程施工成本的构成

水利工程施工成本是建设单位为实现项目全部施工任务而耗费的各项生产费用的总额，包括直接成本和间接成本两部分。直接成本是在建设过程中所消耗的并可以被直接列入成本计算对象中，具体包括人工费、材料费、机械使用费和措施费。间接成本包括企业管理费和其他费用。施工成本的构成如图 5-1 所示。

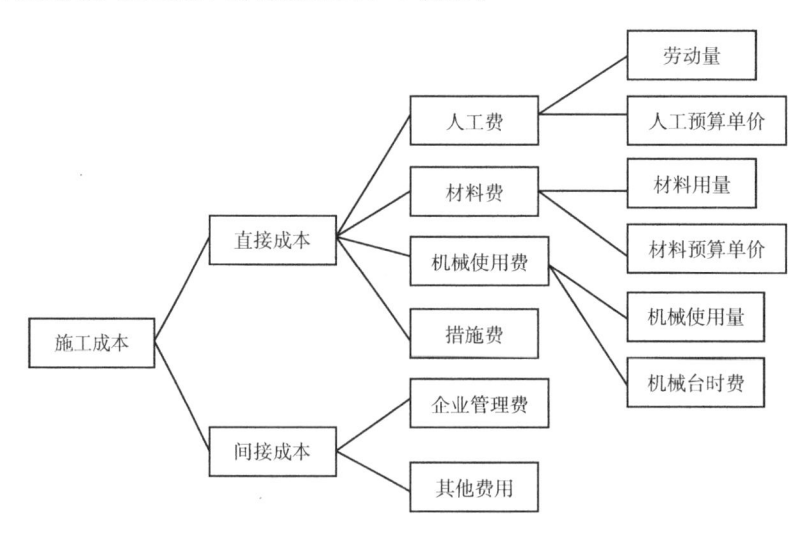

图 5-1　施工成本的构成

在施工成本中，直接成本是建设单位进行的主要管理学习目标，由图 5-1 可以看出消耗量和预算单价极大程度影响直接成本，其中消耗量取决于施工单位的实际进度，而预算单价取决于工程材料的购买方法及市场价格变化。

二、水利工程施工成本管理的原则

（一）节约性原则

为了提升项目的经济效益，关键在于实施两大策略：其一，通过精细化管理来削减成本；其二，借助项目降本增效策略来提升运营效率。为实现这两大目标，必须对以下两方面进行强化管理：首先，严格遵守国家财务规章制度，这涵盖了成本费用的开支标准以及其他费用的支出规定等，确保对每一项费用进行积极的管理与监督；其次，不断革新建筑项目管理的质量方法，注重量化管理和科学管理的应用，优化施工方法，实施预算先行策略。这些措施有助于有效掌控成本，减少潜在浪费，进而提升整体生产效益，实现效率管理的最大化。

（二）合理性原则

成本预算和控制必须保持在一个合理的范围内，既不能过高也不能过低。过高的成本预算可能会使得项目在经济上难以取得预期的经济效益，甚至可能导致项目的可行性受到质疑。相反，过低的成本预算则可能无法保障水利工程的质量和安全，进而可能引发一系列问题，包括工程安全隐患、质量不达标等。因此，在水利工程建设中，必须根据实际情况和项目的具体需求，科学合理地确定成本预算，并加强成本控制，确保项目的顺利进行和最终的成功实现。

（三）公正性原则

成本预算和控制必须保持公正性，不偏袒任何一方利益。在水利工程建设中，施工承包方有责任和义务严格按照合同中约定的价款进行计价，以确保项目资金的合理使用。同时，必须防止任何形式的恶意增加价格行为，这有助于维护工程建设的正常秩序和各方利益的均衡。通过公正的成本预算和控制，以及严格的合同价款执行，可以保障水利工程的顺利进行，同时确保参与各方的合法权益得到保障。

（四）全面把控原则

实施工程项目成本的全面把控，需要综合运用全员管理、分类实施和问责权利等手段，以确保达到预期的成本控制目标。在项目生产成本的推进过程中，必须激发所有参与者的成本控制意识，以精确的计划和预算为基础，将成本控制理念贯穿于项目的整个生命周期。要紧密结合量与价，保证资源需求不超预算，坚持月度成本核算和季度成本分析，及时发现并纠正偏差。然而，当前众多工程项目在成本控制上仍显得浮于表面，缺乏有效的成本控制体系，难以对项目的生产活动提供有力指导，更难以实现经济效益的最大化。

三、水利工程施工成本管理的问题

（一）成本预算不准确

水利工程项目的复杂性使其在施工过程中面临诸多难以预测的变化，这些变化可能源自天气、地质条件、施工设备故障等诸多因素，均可能对项目成本产生深远影响。所以，在制定成本预算时，水利工程项目不可避免地会面临不确定性和不准确性。一方面，考虑到水利工程项目的庞大规模和长期建设周期，其中涉及的技术和市场风险较高，这使得预算很难涵盖所有潜在的风险因素；另一方面，由于施工环境和条件的复杂多变，实际施工情况往往难以完全按照预算计划进行，可能需要进行计划调整或额外费用的支出。以地质条件为例，若在施工过程中发现地质状况与预期不符，可能需要进行额外的地质勘探和处理工作，这将导致成本超出预算范围。此外，水利工程项目的设计和实施过程也可能存在不一致性，进一步加大了预算的不准确性。

（二）财务管理体制不健全

水利工程施工成本控制的效果与所采用的财务管理体制之间关系密切。为确保财务管理与成本控制工作的顺畅进行，对现有财务管理体制进行改革至关重要。鉴于水利工程主要依赖政府投资，财务管理人员在工作中必须对各细节区域进行明确划分。若忽视这一环节，将导致后续工作缺乏完善的财务管理体系支持，进而造成水利工程建设与运营维护成本显著上升，不利于施工的持续进行。

（三）材料和设备采购管理不当

水利工程项目中，材料和设备采购的不当管理常常成为施工成本上升的关键因素。这些问题主要体现在不合理的采购计划、不规范的采购过程以及材料与设备的损耗和浪费等方面。首先，若采购计划未能充分考量施工需求和供应能力，可能引发采购量不足或过剩，从而影响成本的有效控制。同时，若采购计划未考虑到项目进度和施工周期，可能阻碍施工进度，进而增加施工成本。其次，采购过程的不规范同样会导致成本上升。若未充分考虑供应商的信誉和价格合理性，可能导致采购成本偏高。此外，若缺乏有效的质量控制机制，材料和设备的质量可能无法达到标准，进而对施工质量和进度产生负面影响。最后，材料和设备在运输、储存和使用过程中的损耗和浪费，如缺乏有效管理，也会增加成本负担。

（四）成本管理人员业务素质有待提高

目前，在水利工程建设项目的施工成本监控管理流程中，面临的主要问题是相关人员的业务素质和认知水平有待提高。许多参与成本控制的工作人员对于成本控制的目的、内容及其在整个项目中的作用缺乏深入的理解和认识。此外，管理人员在运用现代化高科技设备方面存在能力短板，进一步导致了资源浪费现象在施工过程中的普遍发生。值得注意的是，许多管理者错误地认为成本管控仅仅是单位或财会人员的职责，这种观念上的误区使得施工成本监控管理流程中存在诸多漏洞和不足。这种片面的理解不仅限制了成本控制工作的全面性和有效性，还严重影响了整个水利工程建设项目的成本控制效果。

四、水利工程施工成本管理的方法

如今，水利工程建设市场面临萎缩，竞争激烈，施工企业为了保持竞争力，必须对影响施工成本的各项因素进行全面管理。这意味着要有效消除施工过程中的浪费现象，从源头上减少不必要的开支，同时提高资源利用效率，实现"开源节流"的目的。

（一）量本利分析法

量本利分析全称为产量成本利润分析，在水利工程施工项目中可以分析合同价格、工程量、单位成本、总成本间的相互关系，为工程决策提供参考[①]。施工成本计算模型见式（5-1）～式（5-3）。

$$C = C_1 + C_2 \times Q \tag{5-1}$$

$$Y = P \times Q \tag{5-2}$$

$$TP = Y - C \tag{5-3}$$

式中，C——总成本；

Y——总收入；

TP——利润；

Q——工程量；

P——单位工程结算价；

C_1、C_2——项目固定成本和单位工程变动成本，C_1 和 C_2 随施工时间处于动态变化中，确定难度大，借鉴历史工程成本数据，并用最小二乘法计算。

施工企业可以通过特定的公式计算出项目的保本工程量和保本合同价。这两个数值在决策过程中起到了关键的作用。如果施工企业计划承接的水利项目的实际工程量小于计算出的保本工程量，或者签订的合同价低于保本合同价，那么企业应当谨慎考虑是否承接这个项目。因为这样的情况下，企业可能会面临较大的亏损风险，不利于企业的长期发展。

（二）价值工程法

价值工程是一门技术和经济相结合的管理科学，以功能分析为核心，力求以最低的施工成本使产品达到最优价值，价值工程原理如图 5-2 所示。

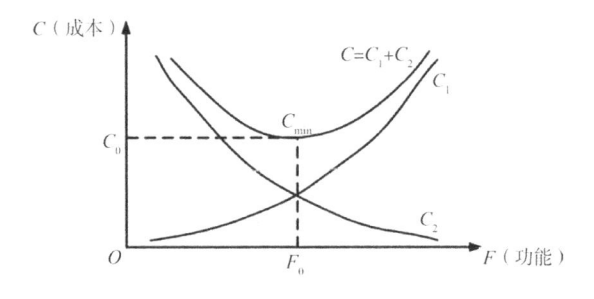

图 5-2 价值工程原理

---

① 尤杰. 水利工程项目施工阶段成本管理与控制研究 [D]. 天津：天津大学，2015.

价值工程在水利项目中应用的数学模型为[①]：

$$V = \frac{F}{C} \quad (5-4)$$

式中，F——功能系数；

V——价值系数，其值越大，施工成本控制效果越好。

在水利工程施工前，需要将施工方案进行详尽的逐项分解，这一步骤旨在确保每一个细节都经过细致的考虑。随后，将各专业的技术人员集结起来，利用他们的专业知识和技能，发挥集体智慧和力量。通过团队合作，共同制订一份实现施工方案功能的最低成本计划，旨在确保工程质量和效益的同时，实现成本的最优化。

（三）线性规划法

水利工程具有十分庞大的土方规模，土石方施工情况直接关系到水利工程施工的整体经济效益。为了更好地降低水利工程施工的成本，实现土石方运输成本的最小化，可以采用线性规划法对水利工程的土石方进行精心的调配设计。

1. 土石方调配区划分

调配区的大小必须满足土石方施工机械的技术要求，并且与施工段的大小相协调。当土方运距较大或场区内的土方分布不均衡时，可以根据附近的地形条件，考虑就近借土或就近弃土的策略。在这种情况下，一个借土区或一个弃土区都可以作为一个独立的调配区，以便更有效地进行土石方的调配和管理。

2. 土石方调配模型

根据水利工程的实际情况，假设划分 A 个开挖区，每处挖方量为 A_i（$i=1, 2, 3, \cdots, n$）；划分 B 个填方区，每处填方量为 B_j（$j=1, 2, 3, \cdots, n$）；划分 C 个借土区，每处允许借方量为 C_k（$k=1, 2, 3, \cdots, n$）；划分 D 个弃土区，每处允许借方量为 D_l（$l=1, 2, 3, \cdots, n$）。从开挖区 A_i 到弃土区 D_l 的运输单价为 C_{il}，工程量为 X_{il}；从借土区 C_k 到填土区 B_j 的运输单价为 C_{kj}，工程量为 X_{kj}。为了能够最大限度地降低土石方的调配费用，实现水利工程施工成本的降低，可按下述数学模型计算。

$$Z_{\min} = \sum_{i=1}^{n}\sum_{l=1}^{n} C_{il}X_{il} + \sum_{k=1}^{n}\sum_{j=1}^{n} C_{kj}X_{kj} \quad (5-5)$$

式中，$Z_{\min}$——土石方调配费用最小值。

五、水利工程施工成本管理的策略

（一）制订可行的施工方案

相较于一般建设工程，水利工程具有规模宏大、周期漫长的特点，其重要性直接关系到国民经济和民众的日常生活。因此，其施工方案的设计显得尤为专业和关键。施工方案的选择，直接决定了施工成本的高低。为了有效控制施工成本，必须确保所选的施工方案

[①] 程斌乐. 探讨水利工程项目的施工成本控制与管理 [J]. 四川建材，2022，48（6）：199-200.

既可行又合理且科学。这意味着，需要根据工程项目的独特特点，科学合理地安排各单位工程和各分部分项工程的施工顺序。在施工过程中，必须紧抓关键节点和关键线路，优化各类资源、各工种以及各要素的配置，从而不断优化施工方案，实现高效利用人力、材料和机械设备，确保每一分投入都能发挥出其最大的价值。只有这样，才能从根本上对施工成本进行科学有效的管控。所以，所选择的施工方案不仅要确保工程施工的可控性，更要能够推动工程的顺利完工，降低施工成本，进而提升企业的利润空间。

在施工方案的选择中，相关工程技术人员根据图纸及现场实际情况讨论选择更适合于本项目的施工方案。确定施工工艺流程、工序搭建、关键控制节点，提高人材机的利用率。例如，在河道治理工程施工中，混凝土护坡浇筑方式有连续浇筑和跳仓浇筑法，需要根据现场实际情况进行选择。在灌区改造施工中，由于受渠道灌溉行水影响，需要利用灌溉间歇期施工，施工方案的选择一般有两种，第一种是集中利用一个较长的停水期，组织一支有实力的施工队伍，分段集中施工，短时间内完成施工任务，提前撤场，提高人材机的周转率。但是这种方式一次需要组织的机械设备多、劳动力投入多、现场管理难度大。第二种是组织一个能在约定工期内完成所有施工任务的小型施工队伍，充分利用每个停水期，这往往需要几个月甚至半年才能完成施工任务。这种方式施工占线长、人材机利用率低，但是一次投入量小，适用于自有机械设备、劳动力充足的情况。

（二）加强成本预算管理

在水利工程项目建设前，应按照项目的实际情况，对工程的投资进行充分的调查和研究，制定科学合理的成本预算，并在项目实施过程中不断调整和修正。此外，应建立健全成本管理制度，加强成本核算和监督，及时掌握成本情况，发现问题及时处理。首先，在水利工程项目建设前，应按照项目的实际情况，充分调查和研究工程投资究，包括项目的技术要求、工程量清单、材料和设备的价格等，确保成本预算的准确性和合理性。其次，要按照调查和研究结果，制定科学合理的成本预算，在制定预算时应考虑各种因素的影响，包括人工、材料、设备、运输、管理等方面的费用，并对预算进行合理分配，确保不会因为某些费用过高而导致其他方面的预算不足。同时，在项目实施过程中，成本预算应不断调整和修正。值得注意的一点是，随着项目的推进，可能会出现一些不可预测的变化，如市场价格的波动、工程量的变化等，应及时对成本预算进行调整和修正，以确保成本的准确性和合理性。最后应建立健全成本管理制度，包括成本核算和监督等方面。成本核算应按照实际的工程量、费用等进行，及时掌握成本情况。

（三）精细化的成本控制

精细化的成本控制是提高水利工程施工成本管理效果的关键。通过建立详细的成本核算体系，对施工过程中的各项费用进行准确记录和分析，可以及时发现和解决成本问题。同时，采取有效的成本控制措施，如资源优化利用、合理采购等，可以降低成本并提高效益。

（四）引入绩效评估机制

通过构建全面的绩效评估指标体系，能够对施工过程中的成本控制进行精准评估和持续监测。这样的机制有助于及时发现并识别成本问题，从而迅速采取相应措施进行调整和优化。此外，绩效评估机制还能激发施工人员的成本控制意识，鼓励他们积极参与成本控制工作，进而提升整体管理效率。

（五）完善材料管理制度

①施工项目管理部应制定材料采购制度，严格按照材料采购程序采购，从而降低材料采购成本。在成品材料采购时，应深入市场进行调研和询价，全面了解各家供货商产品的质量、供货方式和供货时间，货比三家后确定最优供货商。大宗材料（如钢材、水泥、商品混凝土等材料和半成品）的采购，以企业进行统一招标采购的方式，企业采购部门采购后再根据各项目部需要进行安排供货，这样可以拿到价格较低的产品，降低材料成本。

②施工项目管理部应建立材料核销制度，定期对主材进行核销管理，以掌握材料是否处于使用状态，同时将消耗量和定额量进行对比。如发生偏差，则应分析偏差产生的原因；如发生实际消耗量大于定额用量，则应采取措施进行纠偏控制。

（六）加强供应链管理

强化供应链管理对于提升水利工程施工成本管理的效果至关重要。通过稳固供应链合作关系，与供应商建立互信互利的长期合作，可以获得更为优惠的采购价格与优质服务，进而有效降低材料和设备的采购成本。此外，加强供应链管理还能显著提升供应链的可靠性与灵活性，减少因供应链问题而引发的额外成本支出，为水利工程施工的顺利推进提供有力保障。

（七）提升施工人员素质

水利工程项目的成本控制质量与施工管理人员的专业素养密不可分。因此，在实施成本控制活动时，应重视对施工管理人员的专业技能培训。定期组织培训，并采取绩效考核等措施，以提升管理人员的素质。为了确保施工成本控制管理人员能够独立完成各项任务，应当明确其职责，同时加强其自身的专业技能，以提高其管理能力。

具体来说，一方面通过定期开办技术培训班，并邀请专业院校和社会优秀企业技术人员的方式，提升培训质量，促进人员技术水平和业务能力的提升；另一方面，鉴于成本管理与其他常规行政工作和管理工作的不同，在技术培养中应重点强化成本管理人员的技术培训，包括成本管理基本任务、范围标准、分析考核、管理方法等都应纳入培训教育范围，以此提升人员综合素质和成本管理水平。同时，相关企业也可以通过定期开展成本管理人才招聘的方式，提升建设队伍管理人才的整体水平，通过人才的迭代更新，实现施工成本控制的最佳效果。

（八）健全财务管理制度

从当前情况来看，许多财务管理人员在管理内容和成本控制方面存在不足，导致成本控制效果不理想，这可能对水利工程的经济效益产生负面影响。为了制定科学的成本控制方案，需要综合、有效地调整财务管理的成本和经济效益。在这一过程中，需要从增加收入和减少支出两个方面入手，调整和优化相应的工作内容和方式。在持续的处理工作中，需要不断完善成本控制制度，明确资金来源，优化资源使用，解决和处理各种问题。通过完善水利工程成本管理，提高水利工程的整体效益。施工企业需要明确资金的使用情况，并在各个环节通过科学的预算方案建立合理的成本控制模式。然后，通过健全的成本控制制度，对现有的成本控制要求进行分析。在合理预估各工作环节成本的过程中，需要建立全面的方案处理要求，科学设置水利工程经济管理过程中的预算内容，确保预算工作清晰、科学，避免工作过程中出现资金过度消耗等情况。

通过实施健全的财务控制制度，可以有效地进行成本控制工作，避免资金的不必要损耗，并显著提高经济管理的效率。在加强内部控制的过程中，借助完善的财务制度进行管控，能够增强对水利工程的控制力。通过明确合理的内控范围，并提升成本管控能力，可以进一步增加控制工作的合理性和有效性。在清晰明确的内控制度下，需要严格审查和管理各个环节的资金变动情况，将所有相关内容都纳入统一的控制管理要求中。这样一来，可以全面提升现有的控制管理效果，为相关工作的迅速开展和顺利实施提供坚实的保障。处理过程中，需要管理并强化工程内部控制情况，分析各阶段的控制管理要求与要点，提高各阶段的财务控制效果，进而为相关工作的持续开展提供较为清晰有力的保障。在科学的成本控制流程下，需要将各项经济类管理事务纳入可控范围内，严格查看各阶段资金的进账与使用变动情况，提高自身对相关资金的掌握与处理效果，建立起专门的查账与收账登记册，通过健全多角度处理方案避免出现资金反复变动的可能性。在科学的处理过程中，需要通过对应的勘察小组对资金的变动情况进行调查与跟踪，提高不同部门间的分工协作效果，对各部门的工作进行清晰且有效划分，并落实各阶段资金运用情况，避免出现资金使用混乱的可能性。通过相对健全的管理制度整合员工的意见，并分析各阶段的工作开展以及后续发展要求，按照不同的部门特性搭建与之对应的奖惩机制，以提高内部员工的工作积极性与工作效率。

第二节 水利工程施工进度管理

一、水利工程施工进度管理的特点

（一）风险性

水利工程建设作为国家基础设施的关键组成部分，其重要性随着经济的持续增长而日益凸显，对整个国家产业链的发展产生深远影响。从宏观视角来看，水利工程与国家的经济发展和民生福祉紧密相连。通常，这类工程由政府部门主导投资，涉及的资金规模庞大，建设规模也相当可观，因此其建设周期相对较长。按照过往的建设经验，较小规模的水利工程项目通常需要一年到几年的时间完成，而规模稍大的水利工程则可能需要 10 年甚至更长的时间来完成。

水利工程受到多方因素的影响。首先，受到国家政策的影响，一切的安排部署都基于国家的政策；其次，施工场地的自然环境具有不可控制的因素；最后，自然灾害的影响，如地震、泥石流等，这些也在所难免。至于其他影响小的因素，如材料的供应等，就更是不胜枚举。这些主客观因素的存在，都会或多或少地对工程的进度产生影响，一旦有所延误，这些影响工程进度的因素就会产生叠加效应，导致水利工程具有不可控的性质，从而使水利工程的进度管理存在一定的风险性。

（二）全局性

所谓全局性，就是在水利工程建设管理过程中，要从全局的角度出发，对项目建设的全过程、全方位进行统筹规划和安排，做到心中有数。工程进度管理是从进度计划开始的，贯穿于项目建设的全过程，而不是简单地就进度。从工程开工到竣工投产运行都要有科学合理的管理体系来保证。此外，由于水利工程项目建设涉及资源的调度、使用、占用、报废等方面问题，它还与经济关系密切，所以还需要考虑项目建设可能对经济发展产生的影响。从全局出发进行工程进度管理，有利于正确处理项目建设过程中涉及的各种关系问题。

（三）多层性

相较于其他建筑工程，水利工程施工具有其独特性和复杂性。首先，水利工程施工的难度较高，施工过程相对更为烦琐，这些特点导致水利工程施工进度管理呈现出多层性的特点。其次，水利工程的工作量庞大，工作种类的划分也相当复杂。因此，在进行管理时，必须充分考虑工程的施工任务量和施工时间。为了更好地管理施工过程，可以将一个大型水利工程项目拆分为多个小项目，按照工序时间逐一完成。这种分解方法有助于更精确地掌握施工进度，提高管理效率，确保工程能够按照预定计划顺利进行。

水利工程的进度展现出多层次的特点，对于实际的大型水利工程项目，施工单位会运用多样化的管理策略。一种常见的方法是将工程进度进行细化分解，如将水利工程细分为建设工期和施工工期。建设工期指的是建筑工程的整体时间框架，即从项目动工伊始，直至所有工程竣工并交付使用所经历的完整时间周期。而施工工期特指施工单位从正式开工之日起，直至按照设计规定完成全部工程内容，并通过验收，满足竣工验收标准所需的实际施工天数。

这两者的区别是，前者是指工程总单位依凭数据，委派专门的人员对水利工程进行评估，按照严格的施工标准，制订施工进度计划，这个计划是纵观全局而言的。后者主要是指在施工进度计划的基础上，把工程下派，按照施工队伍性质的不同分配任务。水利工程工作复杂、艰巨，参与施工的队伍通常都来自不同的施工单位，所有的施工队伍按照施工项目指示进行施工，在这些施工队伍中间，管理者认真地进行调配，施工队和施工队之间还要彼此进行有效的配合。管理者对这些施工队伍进行统筹安排，对施工工期进行预定。只有这样才能通观全局，从部分到整体实现整体施工的按期完成，这也体现出了水利工程的多层性特点。

（四）系统性

水利工程建设项目通常规模庞大、历时长久、技术复杂，且涉及多个部门和广泛的作业时间。为确保整个工程能够按照预定的进度目标顺利进行，必须对工程施工过程进行系统性、全面性的管理。为此，建立有效的进度控制系统至关重要。这一系统应遵循"统一领导、分级管理"的原则，充分发挥项目法人的核心作用，明确并落实其职责，确保机构设置完善。项目法人应主动协调各参建单位在施工过程中的关系，如处理征地拆迁、材料供应等实际问题。同时，各参建单位也需负责各自内部的管理事务，如人员调配、设备维护等。施工单位则需按照整体进度控制系统，构建自身的进度管理体系，从而确保施工进度目标的实现。

（五）复杂性

水利工程进度的影响因素复杂多样，包括主观和客观两大方面。具体来说，这些因素可以划分为人为因素和非人为因素。对于人为因素，通过实施严格的管理制度，可以尽可能地规避其对工程进度造成的负面影响。当工程中出现人为原因导致的工期延误时，施工总负责单位可以采取多种方式进行惩处，如对包工单位进行罚款，以此来督促施工单位加快施工进度，确保项目按期完成。然而，除了人为因素外，还有一些非人为因素，如自然灾害等不可抗力，这些因素一旦出现，往往会对工程进度造成不可避免的影响。对于因不可抗力造成的工期延误，简单地采取处罚方式显然是不合理的。施工总单位应该以诚信为本，与各方协商合理的工期延期，同时坚持以人为本的原则，在延长施工时间时不能无限制地拖延，也不能盲目追求施工进度而忽视安全隐患。否则，可能会出现欲速则不达的情况，甚至可能引发更大的安全问题。

水利工程的安全性至关重要，因为它直接关系到国家的经济发展和人民生命财产的安全。在水利工程建设过程中，尽管施工进度是我们需要考虑的重要因素，但施工质量更是重中之重。为了确保施工质量的可靠性，在实际管理工作中必须坚持因地制宜的原则，根据具体的施工环境和条件制订相应的施工计划。同时，还需要按照施工过程中的实际情况，灵活调整施工方案，确保施工质量和安全。

（六）动态性

水利工程施工进度管理的动态性是指在项目实施过程中，随着客观情况的变化，项目进度管理可以适时地进行调整、变更，以保证工程的顺利完成。在项目实施过程中，随着项目规模的不断扩大和工期的不断延长，工程所在地区自然环境、社会环境、人文环境等都在不断发生变化，对工程建设有直接影响的天气和地质条件等自然因素也在不断变化。这些因素都将直接影响工程实施过程中人力、物力的投入和现场作业环境，从而使工程建设受到影响。由于施工工序的不同，对相同因素的处理方法和所需时间也有所不同，所以在同一个工程中，各施工工序对影响工程进度的因素作用是不同的。

二、水利工程施工进度管理的手段

（一）进度计划编制与管理

水利工程建设中，进度计划占据着举足轻重的地位，它详细规划了在建设周期内如何安排和完成各项任务的时间表。在编制进度计划时，必须全面考虑多种因素，包括工程规模、工期设定、资源配置以及质量要求等，从而确保工程建设能够高效、有序地推进，顺利实现既定目标。

1. 进度计划编制

编制进度计划的核心在于明确工程建设的不同阶段和关键节点，设置恰当的进度控制点，为后续的施工监控和管理提供坚实的依据。在确定进度计划时，必须紧密结合工程建设的实际情况，运用科学的方法和手段，力求在施工过程中降低风险和不确定性，确保工程能够顺利进行。

2. 进度计划管理

进度计划管理是确保工程建设顺利推进的核心环节，它涉及对既定进度计划的持续跟踪与严密管理。在此过程中，需要及时识别问题，并迅速采取有效措施进行干预，从而保障整个工程建设的平稳运行。具体来说，进度计划管理主要包括以下几个方面。

（1）进度数据更新

为了确保信息的准确性和可靠性，要采取多种方式及时更新进度数据，包括现场勘测、详细记录施工过程和及时更新施工图纸等。

（2）进度变更处理

当水利工程建设中出现突发事件或计划变更时，要迅速反应，及时调整并更新进度计划，以确保工程建设的目标能够顺利实现。

（3）进度监控

通过对施工现场的实时监控，能够迅速发现并应对各种可能出现的问题，从而确保水利工程建设能够平稳、有序地推进。

（4）进度报告

定期向相关部门和领导汇报工程建设进度，及时反映工程建设情况，为进一步决策提供参考依据[①]。

（二）进度监控与分析

1. 进度监控

水利工程建设过程中的进度监控，实质上是对实际进度数据的持续监测与跟踪。通过这一环节，能够及时发现进度中出现的偏差与潜在问题，从而迅速采取针对性的措施进行解决。在进行进度监控时，必须全面考虑各种影响因素，如人力资源的分配、物资供应的保障以及天气条件的变化等。这些因素都可能对工程建设进度产生直接或间接的影响，因此，必须充分了解和预测这些因素，以便更精确地掌握和预测工程建设的实际进度。

2. 进度分析

进度分析是建立在进度监控基础之上的重要环节，它通过对实际进度数据与计划进度数据进行细致的比较和深入分析，从而判断水利工程建设中是否存在潜在问题，并据此确定相应的改进措施。进度分析主要包括以下几个方面。

（1）进度偏差

将实际进度数据与计划进度数据进行对比分析，可以判断水利工程建设是否存在进度上的偏差。一旦发现偏差，需要及时确定相应的改进措施，以便对建设过程进行调整，确保工程能够按计划顺利推进。

（2）关键路径

通过对水利工程建设中的关键路径进行深入分析，能够及时发现潜在的问题和障碍，并迅速采取相应的应对措施。这种有针对性的监控和管理方式，可以确保工程建设能够按

---

① 巨伟伟. 水利水电工程进度控制及其优化研究[J]. 冶金管理, 2022（21）：87-89.

照既定的计划顺利进行，从而避免因进度延误或其他问题而带来的损失和风险。

（3）资源利用率

深入分析人力、物资和财务等资源的利用率，有助于人们精准地找到资源配置上的优化点，从而提升这些资源的利用效率。

（三）进度变更管理

在水利工程施工过程中，进度计划的调整或变更往往由多种因素引起，包括但不限于天气变化、自然灾害以及设计变更等。所以，进度变更管理成了进度控制中不可或缺的重要环节。具体而言，进度变更管理主要涵盖以下几个方面。

1. 进度变更审核

在接收到进度变更申请后，要立即对影响工程建设进度的因素进行深入评估和分析。这一步骤旨在全面理解变更的原因、影响范围以及潜在后果，从而确定是否需要进行进度变更。

2. 进度变更审批

经过严格的审核程序后，制订进度变更方案，并将其提交至相关部门或领导进行审批。审批过程中，要详细阐述变更的原因、范围以及预计的变更时间等关键信息，以确保审批者能够全面了解变更的详细情况和潜在影响。

3. 进度变更实施

审批通过后，要按照既定的进度变更方案实施调整。为确保所有相关人员对新的进度计划有清晰的了解，要及时更新进度计划，并通过适当的方式通知所有相关人员。

4. 进度变更控制

对进度变更后的工程建设进行跟踪和控制，确保工程建设顺利进行，并及时发现和解决新出现的问题。

三、水利工程施工进度管理的策略

（一）制订详细的施工计划

为了有效管理水利工程施工进度，要制订详尽的施工计划，该计划要明确工程目标、工期规划以及资源分配等关键要素。通过制订这样的计划，能够提前预测并识别潜在的问题，从而合理安排和调整施工进度。同时，还要不断优化计划，以提高施工进度控制的准确性和可行性。

（二）实施进度监控

进度监控在水利工程施工进度控制中扮演着至关重要的角色。通过实时采集和分析施工现场的数据，能够迅速掌握施工进展的实际情况，及时发现可能导致延误的因素，并采取相应的调整措施。此外，借助先进的现代技术手段，如无人机和传感器等，可以实现对施工进度的实时监控，这不仅可以提高监控的精确性，还可以极大地提升监控的效率。

（三）引入里程碑管理

为了更有效地管理和控制水利工程施工进度，可以将整个施工过程划分为若干阶段，并为每个阶段设定关键节点和里程碑。这些关键节点和里程碑都具有明确的目标和时间要求，帮助人们更好地追踪和掌握施工进度的进展情况。通过这种方式，能够及时发现并解决问题，从而实现对施工进度的有效控制和调整。

（四）利用先进技术手段

BIM 是一种全生命周期建模的技术，可以在设计、施工和运营阶段中实现信息集成和协同。通过 BIM 技术，可以对水利工程进行多维度建模和可视化展示，提高设计精度和准确度，减少施工风险和误差。同时，BIM 技术还可以实现信息共享和数据交流，提高工作效率和协作能力。

ERP（enterprise resource planning）是一种企业资源规划系统，通过信息管理和流程优化，实现企业资源的有效配置和管理。在水利工程建设中，ERP 系统可以用于物资管理、财务管理、人力资源管理等方面，帮助企业更好地掌握项目进展情况和资源利用情况，加强协调配合，提高工作效率[1]。

（五）建立有效的沟通机制

施工管理人员、施工人员和监理人员之间需要进行及时、准确的信息交流，确保施工进度的顺利推进。同时，还需要建立施工现场与项目管理层之间的沟通渠道，及时反馈施工进展情况和问题，以便采取措施解决问题，确保施工进度的控制和管理。

第三节 水利工程施工质量管理

一、水利工程施工质量管理的重要性

（一）保证水利工程及社会安全

建设水利工程的目的，是满足社会生活、生产需求，促进国民经济发展，除害兴利，保护社会生命财产安全。从当前实际的水利工程建设情况来看，如今的水利工程不仅规模越来越庞大、结构越来越复杂，同时施工技术难度也越来越高，稍有不慎就可能遗留质量隐患，无法真正达到施工质量标准[2]。这样一来，在后期的运行过程当中，水利工程便会不堪重负，发生安全事故，并且水利工程安全事故的危害面是非常大的，可能造成社会生命财产安全受损，引起恶劣的社会影响。通过质量管理，则可以有效避免质量隐患的遗留问题，防止由质量缺陷导致的安全事故发生，从而有力保证水利工程及社会安全。

---

[1] 闫璐．水利水电建筑工程的进度控制管理及优化 [J]．城市建设理论研究（电子版），2019（35）：56.
[2] 胡瑜．提升水利工程施工技术和质量管理的策略探讨 [J]．四川水泥，2022（2）：194-195.

（二）保证水利工程的价值发挥

随着我国社会经济的不断发展，农业产业进入了新的发展阶段。在建设农业基础设施方面，国家政策支持与资金投入力度较大，在一定程度上推动了我国水利工程项目的快速发展。为保证水利工程建设的效率和质量，需要在工程建设中加强质量监控与管理。需要相关管理人员明确的是，在水利工程建设期间，任何一项环节和细节都有可能影响整体工程建设的质量。所以，为了避免水利工程质量不达标所带来的经济损失，需要将水利工程建设质量看作工程建设的生命线，结合质量管理策略，充分发挥出水利工程建设的功能与作用。

（三）促进国民经济和社会发展

水利工程在国民经济和社会发展中占据重要地位，它关乎着社会生活的各个方面以及生产的稳定运行。一个稳定且高效的水利工程对社会的正常运转和经济的持续发展至关重要。然而，如果在水利工程建设过程中出现了质量缺陷或问题，即便没有导致严重的安全事故，也会对其稳定性和高效运行产生不良影响，进而影响社会生活的正常秩序和国民经济的发展。为了最大化地避免这类质量问题的出现，施工质量管理的实施变得尤为关键。通过严格把控施工质量，可以确保水利工程能够长期保持良好的运行状态，从而更好地满足社会生活和生产的需求，为国民经济和社会的持续健康发展提供有力支撑。

（四）提高水利工程建设的综合效益

随着水利工程规模的不断扩大、结构复杂性的增加以及施工技术难度的提升，水利工程的运行环境也愈发特殊，其工作负荷日益加大。在这样的背景下，一旦水利工程存在施工质量问题，其老化、磨损和腐蚀的风险将显著增加，这使得维护工作变得异常困难，同时人力、时间和经济成本也将大幅上升，进而导致工程的使用寿命明显缩短。然而，通过实施施工质量管理，能够有效地消除施工中的质量缺陷和问题，从而提高水利工程的整体质量水平。这不仅有助于延缓水利工程的老化、磨损和腐蚀进程，还能显著降低维护成本，延长工程的使用寿命。最终，这将提高水利工程建设的综合效益，为社会和经济的可持续发展做出积极贡献。

二、水利工程施工质量管理的特点

（一）控制因素多

水利工程施工质量控制涵盖了多个方面的因素，各个因素之间相互作用、相互制约，给质量控制带来了更大的挑战。其中包括施工人员的素质、使用的材料质量、机械设备的性能和状态、所采用的施工方法和工艺，以及环境因素等。这些因素在水利工程施工过程中起着至关重要的作用，它们的优劣直接影响到施工质量的好坏。

（二）控制难度大

水利工程施工过程中，各个环节之间缺乏明确的界限，而不同环节之间的相互作用会对工程质量产生影响。此外，工程进度、成本等因素也会对施工质量产生影响，使得水利工程施工质量控制难度较大。

（三）控制范围广

水利工程施工质量控制涉及多个层面和环节，不仅贯穿于施工过程的始终，从施工准备到竣工交付，每一个环节都需严格控制质量。此外，质量控制还需延伸至工程竣工后的维护和保养阶段，确保水利工程在长期使用中能够保持稳定和高效运转。同时，水利工程质量控制还需要考虑与其他相关工程的协调配合。一个水利工程往往不是孤立存在的，它可能与周边的其他工程或设施存在相互关联和影响。因此，在质量控制过程中，需要综合考虑如何与这些相关工程协调配合，以实现整个项目或区域的综合效益最大化。

（四）控制标准高

水利工程作为关键的基础设施之一，其质量对于国家和人民的生命财产安全具有至关重要的影响。正因如此，国家对于水利工程施工质量的控制提出了极高的要求，施工单位必须遵循高标准、严要求的原则进行施工，以确保工程质量达到最佳状态，从而保障国家和人民的根本利益。

（五）控制周期长

水利工程施工质量控制贯穿整个项目的生命周期，从项目立项、设计、施工到竣工验收和维护保养，都需要进行严格的质量控制。特别是在施工过程中，需要不断进行质量检查和验收，以确保工程质量符合预期目标。

三、水利工程施工质量管理的内容

水利工程施工质量管理，指的是在水利工程自始至终的施工过程中，为确保工程质量而实施的一系列管理举措。其核心目的在于使工程满足设计预期，不断提升工程质量水平。为了提升施工效率，应紧密结合施工计划与实际施工情境，使二者相辅相成，从而更好地达成施工质量管理的预期目标。由此可见，水利工程施工质量管理在整个工程建设中占据着举足轻重的地位，是确保工程安全、高效推进的关键环节。水利工程施工质量管理包括三个方面的内容：对工程质量的事前控制；对工程施工过程中的监督和控制；工程竣工后对工程进行全面的验收。

只有管理好这三个方面的内容，才可以确保水利工程的施工质量符合相关标准，从而使整个工程项目达到预期效果，使其发挥应有的作用。

（一）事前控制

事前控制主要包括以下几个方面。

1. 对工程设计方案的审核

为了提升水利工程的施工质量，对工程设计方案的审核成为一项至关重要的任务。作为确保工程质量的关键手段，设计单位在进行施工设计审查时，应当紧密结合实际的施工情况与工程设计要求。基于科学合理的原则，设计单位应对施工设计进行严格的审核，确保设计内容符合工程质量标准，为水利工程施工质量的提升奠定坚实基础。

2. 对施工队伍的选择

选择施工队伍是水利工程施工中的一项重要任务，它直接关系到整个工程的质量和效果。为了确保水利工程的质量，在选择施工队伍时必须严格根据国家的相关规定和标准进行。这意味着需要对施工队伍的资质、经验、技术水平、管理能力等多个方面进行全面的评估和审查，确保所选的施工队伍具备足够的实力和能力来承担水利工程的任务，从而满足工程质量和安全的要求。

3.对施工材料和设备进行严格选择

在水利工程施工过程中，施工工艺和方法的选择直接决定了工程质量的好坏。所以，确定施工工艺和方法时，必须严格遵守国家的相关规定和标准，确保所采纳的工艺方法能够充分满足水利工程的实际需求。此外，为了进一步提升工程质量，还需结合实际情况，制定出一套科学合理、切实可行的工艺流程和方法。这样，不仅能够确保水利工程施工的顺利进行，还能够为提升工程质量提供有力保障。

（二）过程控制

过程控制是指在工程施工过程中，针对整个施工过程，从工程的材料、工艺、机械设备、人员等各个方面，采用有效的措施和手段对整个施工过程进行严格的监督和控制，以保证工程质量符合设计要求[①]。

在水利工程施工过程中，对施工材料和设备的质量控制是至关重要的。必须严格把关，确保所使用的每一份材料都符合合格标准，不容许任何疏漏。同时，对于所有投入使用的设备，也必须进行全面的检查和测试，以确保其性能和安全性。在施工过程中，机械设备的安全操作规范同样不容忽视，必须严格遵守。此外，为了保障施工过程的顺利进行，还需加强对各种机械设备、测量仪器等设备的日常保养工作。只有这样，才能确保整个水利工程施工过程的安全与顺利，从而实现高质量的工程成果。

在水利工程施工过程中，质量控制必须始终贯穿其中，严格按照预定的质量标准执行。水利工程建设中，诸多因素可能影响工程质量，包括人为操作、自然环境条件等。因此，必须采取一系列措施对这些因素进行有效控制。例如，在混凝土浇筑过程中，必须严格监控其强度，确保符合设计要求；在管道安装阶段，应对管道的标高、位置、接口等关键参数进行精确检查和控制；而在混凝土养护阶段，同样需要密切关注养护时间、温度等关键因素，以确保混凝土能够达到预期的性能和强度。

（三）竣工验收

水利工程竣工后，全面的验收工作必不可少。在此过程中，施工单位应严格按照相关标准和规定，对工程质量进行全面细致的检查，确保其达到既定的标准和要求。验收不仅是对工程质量的检验，更是对设计要求以及预期效果的评估。根据验收结果，可以判断工程是否需要整改或重新施工。作为水利工程建设活动中的关键主体，建设单位对工程质量的影响至关重要。因此，在施工前，建设单位应对参与工程的人员进行严格的资质审查。一旦发现建设过程中的非法行为，应立即向相关部门报告并妥善处理。同时，对于验收过程中发现的问题，应迅速采取有效措施，确保问题得到及时解决，从而保障水利工程的整体质量和安全。

---

① 李红平.水利工程施工管理的质量控制措施探究[J].城市建设理论研究（电子版），2014（8）：1-4.

四、水利工程施工质量管理的问题

（一）缺少质量管理人才

当前，水利工程的建设规模有大有小，相比于经济较为发达的城市地区，城乡地区的经济发展较为落后，水利工程的建设易受诸多因素的限制，不仅建设规模较小，且在工程施工阶段缺少专业化的施工质量管理人才，进而容易导致工程的施工中存在诸多的质量隐患，不利于为水利工程施工的整体质量提供保障。水利工程的施工管理较为专业，需要掌握专业管理知识以及具备一定管理经验的人员进行管理，但是诸多建设企业因忽视了对建筑工程的质量管理问题，进而在人员招聘方面也忽视了人员专业素养的考核，容易导致招聘的管理人员并非专业的质量管理人员。同时，针对在职的施工管理人员，企业也缺少专业化的培训，致使管理人员的意识普遍较为落后，无法满足新时期对水利工程施工质量管理的新要求，这会降低施工管理的质量，影响质量管理的效果。

（二）质量管理人员水平较低

水利工程建设单位管理层和专业技术人员的职业伦理道德水准、业务技能水平，直接对水利工程项目的施工质量起到决定性作用。质量管理专业技术人员应具有良好的工程伦理道德、丰富的一线工程建设项目施工经验，能够熟悉工程建设流程、施工规范、施工技术流程工艺，能够在建设过程中及时发现设计缺陷以及施工质量风险，并且能够及时处理问题。对于质量管理人员，只有严格按照设计规范、施工规范和工艺，指导监督工程项目建设，才能形成合格的工程产品。

水利工程建设单位的管理团队普遍呈现出年轻化、经验不足的特点，特别是在大型项目的管理经验上显得尤为缺乏。建设单位在选拔工程项目管理人员时，审核标准不够严格，未能完全按照工程项目建设的实际需求来选拔合适的人才。此外，在岗位管理人员全部到位后，缺乏系统的培训机制，导致他们在设计图纸会审、施工招标、实施方案制定以及人员培训考核等方面的能力有待大幅提升和改进。

管理人员素质主要取决于两个阶段：一是在组织机构成立之初，制订详细的要求和计划，招收素质高、经验丰富的业务人员；二是在工程建设过程中，需要不断地培训业务人员，同时在实战中锤炼业务人员。工程建设项目在建设过程中，不能出现任何错误和闪失，否则就会影响工程项目质量，甚至严重的会影响百姓的生命财产安全，后果不堪设想，因此水利工程项目施工建设中管理人员的素质尤其重要。

（三）质量管理理念不够先进

随着我国经济的发展，水利工程的数量不断增加，相关部门对水利工程的质量也提出了更加严格的要求。在这种形势下，传统的质量管理方式已经无法达到理想的效果，为水利工程埋下了一定的安全隐患。因此，必须从管理理念入手，转变传统的被动管理理念，以持续性发展的眼光分析工程的质量标准，并严格按照质量标准对施工的各个环节进行控制。但从目前的情况来看，多数管理人员并没有意识到管理理念方面存在的问题，也是影响水利工程质量的重要因素之一。

（四）质量管理体制存在漏洞

目前，我国水利工程的相关部门在质量管理体制方面还存在一定的漏洞，忽视了对现有质量管理体制的更新与完善。部分质量管理体制虽然已经较为完善，但也存在执行力度不当的问题，这也为水利工程埋下了一定的安全风险，可能出现无法按期完成、工程部分质量不达标等[1]问题。而有效的质量管理必然建立在健全的质量管理体制之上，因此，为了确保我国水利事业的长期发展，必须从体制入手，深入分析目前质量管理体制存在的缺陷，并制定相应的完善措施。

（五）施工质量监管力度不够

水利工程质量监管工作的落实不到位会直接影响水利工程的正常使用。如果无法保证工程质量，就会给人民群众的生命财产安全带来威胁。目前，我国的水利工程建设存在一些问题，但主要原因是建设单位不够重视对工程建设施工质量控制工作的监管。在水利工程建设施工的过程中，施工单位往往只注重自身的利益和经济效益，忽视了工程项目建设的质量和安全。由于监管力度不够，很多不良现象被隐藏起来，难以及时发现并制止不良现象的发生。

（六）施工材料质量管理落后

保障水利工程具备足够高的综合质量，促进材料质量的提升是至关重要的工作，同时也是推动水利工程基础建设的前提。然而，从水利工程的物资管理情况来看，仍存在诸多问题。这些问题如不得到科学合理的处理，将会引发诸多负面影响。

首先，部分水利工程项目的物资采购者利用职权和岗位便利，从物资采购资金中谋取私利，以高价采购劣质原材料，严重威胁工程项目的安全性；其次，检查单位对原材料的检查不够严格，往往只是敷衍了事，导致部分不合规的产品和原材料被应用到制造阶段。这些问题不仅影响了工程的质量，也给整个水利工程埋下了安全隐患。所以，必须采取切实有效的措施，加强物资管理和质量监管，以确保水利工程的综合质量和安全性。

（七）施工质量监督体系不健全

水利工程施工质量监督管理是根据法律法规对水利工程施工质量进行检查和管理工作，主要目的是加强对建设水利工程施工质量安全的监督管理，保障人民群众的生命和财产安全。在实际的水利工程施工质量监督中，大部分工作依然是质量监督机构的单打独斗，整体的质量监督体系依然不健全，缺乏必要的质量监督体系建设。这种体系化的质量监督模式应建立在以监督机构为主体，工程责任主体（设计、施工、监管部门等）配合，地方政府部门辅助的监督工作模式。但是，在实际工作中，一方面大部分水利工程责任主体不配合，甚至是抗拒质量监督机构管理，难以实现有效的责任主体自我监督；另一方面部分地方政府部门难以出动工作人员配合工程监管工作，造成了监督工作难以全面开展。同时在对部分地方水利工程施工质量监管工作的实地调研中发现，部分质量监督机构没有建立相关的技术支持与管理制度。例如：部分管理站没有及时更新电子化管理台账，增加了质量管理工作难度；部分机构没有及时落实工程责任主体质量问题奖惩制度，进而造成责任主体质量管理责任心的降低。

---

[1] 赵德运.信息化时代水利工程施工管理的质量控制策略[J].智能建筑与智慧城市，2022（6）：172-174.

五、水利工程施工质量管理的策略

（一）加强质量监管

因质量管理工作内容较为繁杂，所以建设企业需要组建专业的质监及质检团队，强化质量监管。

一方面，强化对施工设计图纸的质量监管。反复审核设计施工图纸，检查图纸设计细节，同时还需要对设计中选用的各建筑材料进行审核，如钢筋型号、水泥规格以及防水材料的类型等，尽可能避免施工期间出现设计变更问题[1]。

另一方面，构建和完善质量监管机制，确保质量监管制度的认真执行和落实。这包括合理安排各施工工艺和施工流程，确保施工过程的规范性和高效性。同时，必须强化人员的质量监管意识，使他们充分认识到质量控制在整个施工过程中的重要性。特别是对于交叉作业环节，要给予更多的关注和重视，确保各工序之间的衔接紧密、质量可控。在施工过程中，任何质量问题都必须得到及时解决，否则不得进行下一工序。监管人员一旦发现质量问题，应迅速上报，并及时制订处理方案，避免问题扩大或引发更大的安全隐患。不能对质量问题置之不理，更不能让这些问题成为后期工程施工的隐患。

如今，随着科学技术的不断发展，质量检测可以借助先进检测及监测技术，重在强化质量控制，企业应该在技术以及资金方面多给予支持。

（二）确保施工材料质量

对施工材料质量的严格把控，无疑是水利工程建设施工质量管理的核心环节。鉴于水利工程是由各种材料组合而成的整体，材料的质量与水利工程的建设施工质量有着等同的重要性。可以说，材料质量是水利工程质量的基石，对材料质量的把控直接关系到整个工程的安全性和耐久性。

在水利工程施工质量管理的实际操作中，首要关注的是材料选购环节。这要求我们严格遵循相关标准、规范及设计要求，进行深入的市场调研，选择那些信誉良好且能够稳定供应各类材料的供应商。在此基础上，才能考虑材料的成本谈判和控制，但绝不能为了降低成本而忽视质量。所有进入施工现场的材料，都必须经过严格的质量检查。这不仅包括检查材料的证书和说明书，更重要的是进行现场试验，确保材料在规格、性能等方面完全符合施工要求。此外，还应注重材料的环保性，确保其符合相关环保标准和要求，从而确保水利工程建设施工中的生态环保质量。任何环节都不能有疏漏，从选购到进场，再到存放和保管，每一个步骤都需要精心策划和执行。特别是进场后的材料存放，必须采取妥善措施，避免存放不当导致材料性质、性能发生变化。这不仅会影响施工质量，还可能带来环境方面的污染和破坏。

（三）维护机械设备

为提升机械设备的性能与可靠性，必须加强对设备的维护和保养工作。制订并执行定期的检查和维修计划，确保每台设备都得到及时、专业的护理。针对关键设备，考虑采用租赁或更新的方式，以确保其精度和可靠性始终满足工程需求。

---

[1] 江礼富. 农村水利工程施工管理中的安全和质量控制策略[J]. 魅力中国，2021（29）：133-135.

1. 合理选型与科学配置购置

为了确保工程的顺利进行，需要根据实际需求，精心挑选符合规格和质量要求的机械设备。在购置过程中，性能与可靠性是首要考虑的因素，确保所选购的设备能够满足施工的具体要求，避免购买到无法满足施工需求的设备，从而保证工程的顺利推进。

2. 加强维护与保养

为确保机械设备的稳定运行和延长其使用寿命，应制订详细的维护和保养计划。根据计划，定期对设备进行全面检查、保养和维修工作。一旦设备出现故障，要迅速响应，及时进行维修或更换，以确保工程质量不受影响。

3. 规范操作与管理

为了确保设备操作人员的专业水平和安全意识，要对他们进行严格的培训和考核。只有通过培训并达到考核标准的人员才允许操作设备。此外，要建立健全的设备管理制度，严格监管设备的操作、保养和维修，确保设备得到正确使用和维护，从而保障施工的安全和质量。

（四）完善施工工艺管理

1. 明确施工要求和标准

在水利工程施工过程中，明确施工要求和标准是确保工程施工质量的基础。

首先，在施工开始前，施工方与工程设计单位应建立深入的沟通机制，确保施工方对工程的要求和标准有清晰、明确的理解。在施工工程中，设计单位提供的施工图纸和技术要求将作为施工方确定工程质量目标和验收标准的依据。以渠道工程为例，施工方需明确渠道的几何尺寸、平整度和抗渗性等关键参数，并据此设定相应的验收标准。

其次，为了在施工过程中确保质量达标，施工方应与监理单位共同商讨并确立工艺控制要点及相应的控制措施。这样不仅能够规范施工行为，还可以提高工程质量，确保每一项工作都符合设计要求和技术标准。

2. 建立施工作业指导手册

为了提升施工工艺管理的规范性和可操作性，施工方应当制定一套施工作业指导手册。该手册应按照工程特性和施工工艺要求，详细规划并列出每个工程阶段和工作环节的具体施工步骤、关键要点和精细细节。以渠道工程为例，手册可以涵盖土方开挖的操作流程、土方质量控制的重点环节，以及吹填砂石的施工工艺等关键内容。此外，施工作业指导手册还应结合图纸、照片和实例，为施工人员提供直观、易懂的参考资料，帮助他们更好地理解和掌握施工要求及标准。发放这些手册，可以显著提升工程施工质量的规范性和一致性，确保每个施工环节都能达到预期的工程质量和安全标准。

3. 加强施工现场监督与培训

施工现场监督和培训是保证施工工艺的有效执行和工程质量的关键环节。

首先，施工方应加强施工现场监督，以确保施工工艺按照要求进行。具体而言，可以派遣监理人员和技术人员驻扎在施工现场，对施工过程进行全程监控。监理人员可以每天进行巡视，实时检查施工质量和工艺操作，并及时提出改进意见；技术人员可以提供技术指导和建议，以便解决施工过程中的技术问题。

其次，施工方还应加强施工现场人员的培训，以提高他们的操作技能和工艺水平。可以通过内部培训和外部培训的方式，向施工人员传授施工要求和标准，并培养其工艺操作能力和质量意识。通过加强施工现场监督与培训，可以确保施工工艺的有效执行和工程质量的稳定性。

（五）完善施工质量控制体系

构建健全的施工质量控制体系是确保水利工程质量的核心环节，这一体系能够实现对施工质量的全方位监控与管理，从而确保水利工程的品质与使用寿命。由此可见，为了保障水利工程的整体质量，构建完善的施工质量控制体系显得尤为关键。

首先，必须根据工程设计和规范要求，清晰地识别质量控制的重难点，并据此制订一套全面的质量控制标准和检测方法。这套标准和方法应详尽地涵盖施工材料的质量要求、施工工艺的规范以及施工质量的检查和验收标准等各个方面的内容。

其次，为了保障施工过程中的质量，要建立一套完善的施工现场质量监督与检查机制。这一机制要求对施工过程中的关键环节进行严格监督与控制，通过定期的质量检查、抽查和验收，确保所有施工活动都符合既定的质量标准。一旦发现质量问题，应立即进行纠正，确保施工质量符合要求。

最后，为了增强质量管理的透明度和效率，要建立一个质量信息平台。通过这个平台，可以及时公开和更新工程质量信息，使所有参与方都能对施工质量进行实时跟踪和监督。这不仅能够及时发现并处理问题，还能确保水利工程的质量始终符合预期要求，为项目的顺利推进提供有力保障。

（六）全面加强施工质量管理

在水利工程施工质量管理的全过程中，必须牢固树立施工质量意识，并切实执行每一项施工技术。这不仅要求明确质量责任，还要在施工前进行详尽的技术交底。确保施工人员全面理解设计意图和具体施工技术，是提升工程建设质量、确保工程建设效率的关键基石。因此，相关单位必须采取措施，进一步提升施工人员的质量意识，包括结合工程施工的具体要求，开展有针对性的技术培训。在落实技术层面的各项内容时，还需确保施工人员对施工规范有深入的了解。特别是在中小型水利工程建设中，由于这类工程往往具有明确的施工重点和难点，这两部分内容的理解和掌握对施工人员来说至关重要。只有当他们充分掌握这些关键信息，才能在实际施工过程中全面达到既定的设计要求，从而确保工程的整体质量。

以某农田水利工程边坡土方施工为例，其在施工前结合施工区域土质类型，向一线施工人员明确了不同区域边坡高宽比，坚硬黏性土区域边坡坡度控制在1∶0.75~1∶1，填充砂土边坡坡度则控制在1∶1~1∶1.5间。此外，在土方施工方面技术人员明确了机械开挖的施工注意事项，禁止施工人员在高度超过3 m的不稳定土体下进行掏挖作业，此外还明确了基础土方挖掘过程中需要设置支撑的高度范围，该区域主要为碎石类土和亚黏土，技术人员根据施工设计，要求施工人员在超1.00 m高的碎石类土基层施工时必须增加支撑保障施工安全，而亚黏土基层施工超1.25 m时必须增加支撑[①]。全面强化施工质

---

① 张小川.小型水利工程建设质量管理现状及解决措施分析[J].水利技术监督，2018（6）：13-14, 62.

量管理，做好技术交底能够进一步提升工程整体建设质量。

（七）改进政府监管方式方法

1. 提高制度管理水平

在实际的监督工作中发现，制度的完善是保证质量监督工作效率与质量的重要保障。因此，在监督创新中，监督机构应在水利部相关规范框架内，根据水利工程建设的发展新趋势与质量技术发展实际情况，在完善监督结构基础上做好监督制度建设。在这一过程中监督机构与制度建设主要包括了以下内容：一是做好监督机构定位与人员编制制度建设工作；二是在水利工程相关法律法规与文件框架内，严格开展质量监督工作；三是根据地方水利工程质量监督实际情况，完善质量监督配套制度；四是在制度支持下，督促辖区内与工程相关建设单位建立专项管理方案与管理责任制度，确保工程参建单位质量管理工作规范，为质量监督落实与工程质量保障打下基础。

2. 优化现有质量监督方法与技术

随着我国水利工程建设数量与投资规模的不断提升。以及工程质量要求的提高，监督机构应在理论研究与技术发展支持下，继续优化质量监督方式与技术，在这一过程中，监督方法与技术的主要创新要点包括以下几点。

一是在监督中推行全过程质量监督工作模式。随着水利工程规模的提升，监督机构在工作运行中，应着重落实全过程监督模式，即从工程项目决策阶段就开始重视质量监督工作，特别是做好立项审批中的质量监督分析，减轻决策盲目性对工程质量影响。而在工程施工与验收阶段，监督机构应重视质量行为与实体质量监督并重的工作模式，促进质量监督的全方位开展。

二是提高随机突击抽查频率与效果。在新的质量监督工作模式中，监督机构应重视增加随机突击抽查方式频率，进而进一步提高参建单位质量意识，规范其质量行为与工程实体质量。同时在抽查过程中，监督工作者还应重视抽查工作的实效性，每次检查都应以百分百精细的态度进行质量检查，确实发挥抽查工作效果。

三是确保监督工作中的技术数据支撑。在新型的水利工程质量监督过程中，管理人员在"一看、二问、三查"监督措施的基础上，应注重采用更加新型专业的检测设备，或引入更加专业的第三方检测机构，将新型质量检测技术引入质量监督工作中。同时监督工作的各项计划与报告都应以技术数据为支撑，进而进一步提升质量监督结果的权威性。

3. 改进水利工程质量监督方式

现行的监理方法主要是随机抽查、分站实地巡查和巡回巡查，检查内容分为两个部分：质量检查和项目自身的检查。在具体的工程质量监管实践中，很少有对工程质量进行检查，一般只根据别人的工作经验和专业知识来进行评价。

应从三个层面进行改进：一是由单一的机构监管向多部门的联合监管过渡。结合多年的质量监管工作实践，发现联合监管取得了良好的成效，可以及时了解各流域的质量情况，并互相交流、借鉴，以达到互相借鉴、取长补短、共同进步的目的。二是在水利工程建设中，"谁来领导、谁监管"成为国家水利发展的一个重要趋势，因为工程质量涉及安全、环保等公共利益，其验收是政府的一项工作，单凭水行政主管部门难以查出其质量问题，所以，质量监督采取"谁验收,谁监督"的原则,由施工项目验收机构进行质量监督工作,与现行监管制度相适应,能有效保证监管工作的质量,确保施工监管工作能更好地保障群众的人身、财产安全。三是将质量标准明示为达标和不达标,并将优良水平剔除,使之与国家建设项目的规范相符,这是一种国际通行做法并便于监管。

第四节 水利工程施工安全管理

一、水利工程施工安全管理的重要性

水利工程施工安全管理不仅仅指的是单纯的人身安全和工程质量,它还深刻影响着社会稳定、经济发展、环境保护以及生态平衡等诸多方面。只有在确保水利工程建设安全的基础上,才能顺利实现工程目标,为社会的可持续发展奠定坚实基础。

(一)保障人身安全

水利工程施工是一个涉及多方人员参与的复杂过程,包括设计师、工程师、施工人员等。在这个过程中,保障施工人员的人身安全无疑是首要任务。安全事故的发生往往伴随着人员伤亡和意外事件,这不仅会严重影响工程的正常进展,更是对施工人员生命安全的严重威胁。

(二)保障工程质量

水利工程施工的安全问题直接关系到工程的整体质量。一旦出现安全问题,可能会导致工程结构的不稳定、设施破坏等严重后果,不仅会损害水利工程的可靠性,还会缩短其使用寿命。因此,确保水利工程建设的安全性至关重要。通过严格的安全管理,可以有效预防水利工程质量问题的发生,从而确保水利工程的长期稳定运行,为可持续发展提供坚实保障。

(三)促进社会稳定与经济发展

水利工程在灌溉、排水、供水等领域对于社会经济的繁荣发展具有举足轻重的作用。然而,若在工程建设过程中疏于安全管理,潜在的安全隐患可能引发灾害性事故,导致生产活动停滞不前,进而对当地社会稳定和经济发展造成不利影响。所以,水利工程施工安全管理的重要性远超出工程本身的范畴,它直接关系到当地社会经济的持续健康发展以及人民群众生活质量的提升。

(四)保护环境和生态平衡

水利工程施工对环境和生态系统有着重要的影响。如果施工过程中安全问题没有得到妥善处理,可能导致水源污染、生态破坏等环境问题,对生态平衡和可持续发展造成严重影响。因此,水利工程施工安全管理的重要性也体现在环境保护和生态平衡方面。

二、水利工程施工安全管理的原则

为确保水利工程施工的安全性,管理层需深入理解影响水利工程施工安全的关键因素,并始终坚持遵循安全管理的核心原则,优先实施预防性安全措施。安全管理的核心目标在于识别和消除施工过程中可能出现的安全风险,以降低事故发生率。同时,施工管理人员和土木工程师应接受严格的专业培训,确保施工所用材料和设备的质量符合要求,防止由劣质材料或设备故障导致的安全事故。此外,为了保障水利工程施工过程的安全性,管理团队需贯彻从安全准备阶段至施工完成阶段的全面安全管理原则,并始终保持高度的安全意识,形成长期的安全文化,并制订有效的应急预案。这样,一旦出现任何问题,都可以迅速响应并处理。

(一)预防为主原则

在水利工程施工安全管理原则中,预防原则占据着举足轻重的地位,它是避免安全事故发生的核心要素。为了有效贯彻这一原则,通常从以下四个方面进行深思熟虑。

①致力于从根本上消除常见的违规行为,因为这些行为往往为安全事故的发生埋下隐患。通过建立健全的规章制度和操作规范,以及严格的执行和监督,确保每个参与者都遵守安全标准,从源头上遏制事故风险。

②为相关员工和管理人员制定培训内容,提升他们的安全意识和技能水平。通过定期的安全培训、技能提升和应急演练,确保每个人都具备应对安全挑战的能力,这样他们就能够在关键时刻做出正确的判断和行动。

③制定安全概念,使建筑安全成为每个参与者的共同价值观和行动准则。通过广泛宣传和教育,让安全意识深入人心,形成全员参与、共同维护的良好氛围。

④通过定期的安全检查和风险评估,及时发现潜在的安全隐患,并采取有效的措施进行整改,确保施工过程的安全可控。

(二)安全优先原则

过去,部分工程承包商往往过于追求施工进度,却忽视了施工安全的重要性,结果导致了意外事故频发。工程的承包商应当认识到,在规划建设进度和追求经济效益的同时,必须始终把安全因素置于首要位置。这意味着在施工过程中,必须严格遵守安全规范,采取必要的安全措施,确保工人的生命安全,实现文明施工。

(三)强制性原则

安全管理原则以及保护和雇佣措施必须得到严格执行,任何非法行为都必须受到强制性原则的制约,并追究施工单位的责任。这意味着施工单位必须遵守所有安全管理规定,确保施工现场的安全,同时采取必要的措施,保障工人的权益和安全。

(四)全员管理原则

为了确保安全生产,必须深刻理解其重要性,并明确每个人的安全责任。从项目启动到完成,对安全的承诺和重视应始终保持不变,每个人都应积极承担起组织员工、加强安全系统建设的责任。

（五）安全生产管理的长效性原则

水利领域建设工程的所有参与者都应培养持续而有效的安全管理意识，以推动安全管理工作的顺利进行。为了实现这一目标，必须重视并加强安全培训，确保所有员工都具备处理安全事故的能力，并了解事故发生的原因，从而具备预防事故再次发生的能力。此外，还必须不断完善和优化应急救援计划，确保在发生事故时，每个人都能够迅速、有效地应对。

三、水利工程施工安全管理的问题

（一）安全生产责任制不健全

在水利工程施工领域，生产责任制虽然被视为确保施工安全的关键制度，但其在实际执行中仍显得不够完善。具体来说，一些企业在制定安全生产责任时未能明确分工，导致各级管理人员和施工人员对自身在安全生产中应承担的职责模糊不清。这种情况阻碍了安全管理工作的全面性和系统性开展，影响了施工过程的安全性和稳定性。

（二）安全生产经费投入不足

施工现场要想更好地实现安全管理，必须要加大对人力、物力以及财力的投入。例如：要建立专门的安全生产监督管理部门，对施工现场的安全管理进行监督和检查；为施工人员购买安全帽、安全绳等防护用品；为施工人员提供安全生产培训；根据工程施工进度完善施工现场的安全防护设备。这些都需要安全生产经费的有序投入，但在实际施工过程中，由于资金投入不足，目前仍有极个别的施工项目未足额配备安全帽等个人防护用品，这种现象在小型农业水利工程项目中尤为常见。大型水利工程部分施工现场安全防护措施也会出现不能及时设置的问题，如高空作业过程中，安全网、防坠网等设施未能及时设置等。

（三）施工单位安全管理能力不强

安全管理是水利工程施工中的关键环节，它需要施工单位具备一定的安全管理能力。但实际上，某些施工单位可能存在安全管理能力不足的问题，进而导致安全隐患的产生。首先，一些施工单位可能缺乏足够的安全管理经验和知识，无法有效地识别和评估施工中的潜在风险。这可能导致他们在制订安全计划和措施时存在盲区，无法全面考虑各种可能的安全问题。其次，安全管理需要协调各个环节和专业，如果施工单位在协调沟通方面能力不强，可能会导致信息传递不畅、责任不明确，增加安全事故发生的概率。最后，一些施工单位可能对安全投入不足，缺乏必要的人力、物力和财力支持安全管理工作，可能导致安全培训、设备维护等方面的疏漏，增加了施工现场发生事故的风险。还有一些施工单位可能缺乏有效的安全监督和检查机制，无法及时发现和纠正施工中的安全问题，从而使隐患得以积累。

四、水利工程施工安全管理的策略

（一）优化施工环境

施工环境和自然因素对水利工程施工的安全性有重要影响，因此需要优化施工环境，预防自然因素带来的安全问题。首先，在施工前进行充分的环境评估和风险评估，了解施工区域的地质、气象、水文等情况，制订相应的施工方案。其次，加强现场的排水和防渗措施，确保施工现场的排水畅通，防止因积水引发的安全问题。对需要防渗的区域进行加固和处理，减少渗漏风险。最后，针对自然灾害风险，制定相应的防灾预案和应急措施，及时采取预防措施，确保施工人员的人身安全和设备的安全。例如，在渠道建设中，根据施工区域的地质情况，合理设计和布置排水设施，确保施工现场的排水畅通。针对可能发生的山洪和泥石流等自然灾害，制定相应的防灾预案，包括撤离路线和应急救援措施，以预防安全事故的发生。

（二）建立健全安全管理体系

在水利工程施工过程中，要想强化安全管理，防止安全事故的发生，就必须建立健全安全管理体系，并确保这些体系能够得到有效的执行。在制定安全管理制度时，可以参考一些比较成熟的工作制度，但是不能照搬照抄，要结合施工的具体情况，对有关制度进行一定的优化，这样才能确保这些制度与项目建设的实际情况相一致，具有很强的实用性。在确定了安全管理制度之后，要在项目施工现场显著的地方公布出来，并要求所有的施工人员都要将这些安全管理制度牢记在心，并将其付诸实践。

（三）制定施工现场的安全管理方案

水利工程施工现场比较复杂，在进行施工现场安全管理工作时，要依据水利工程施工的实际情况，建立一系列科学的施工安全目标，以便更好地进行安全管理工作。要确保水利工程施工中的每一个环节都有专人负责，就必须在具体的施工过程中，合理划分每一项施工工作，并可以按时地完成每一项施工任务，让整个水利工程可以顺利地进行，特别是在施工安全上，要建立起与之相适应的工作体系，监督每一项施工作业，确保每一项工作都可以达到安全施工的要求，不存在任何违规操作的情况。同时，运用科学的管理手段，确保水利工程建设的顺利进行。

（四）加强施工人员的管理和培训

1. 明确管理团队的角色和责任

管理团队必须确保施工现场的安全制度和措施得到贯彻执行，包括确保所有施工人员了解并遵守相关安全规定，如佩戴个人防护装备、遵守安全操作规程等。管理团队应提供培训和指导，以确保所有工作人员明白安全作业的重要性。管理团队需要监督施工现场的安全状况，要定期巡视现场，识别潜在的危险和安全问题，并采取措施予以纠正。水利工程通常涉及多个工种，如土建、电气、机械等，管理团队需要协调不同工种之间的交叉作业，确保各工种之间的协作有序，避免因工种不协调而导致事故发生。

2. 强化安全教育培训

为了确保施工人员的安全，基础的安全培训是必不可少的。施工人员需要接受关于个人防护装备的正确佩戴和使用、安全操作规程的遵守以及紧急情况的应对措施等方面的培训。这些培训不仅要在项目开始前进行，还应定期进行更新和强化，以确保工作人员始终掌握最新的安全技能和知识。对于工程管理人员来说，他们需要接受更高级别的安全培训。

培训内容应涵盖风险评估、安全管理计划的制订、危险源识别和事故调查等方面的内容。此外,工程管理人员还需要加强应急响应能力的提升,以便在发生紧急情况时能够迅速、有效地应对。

3. 实施安全监测和检查

安全管理人员肩负着重大的责任,他们需要定期对施工现场进行巡查,对施工设备和工具进行详尽的安全检验。这不仅包括确保施工设备和工具的正常运行和维护,还要关注设备的临时用电安全、机械稳定性以及紧固件的状态等重要方面。在检查过程中,一旦发现任何问题,安全管理人员都应立即采取措施进行解决,绝不能抱有侥幸心理。此外,实施安全监测和检查的过程中,必须建立详细的记录和报告制度。这些记录不仅用于追踪安全问题的变化和趋势,还能够评估所采取的纠正措施的有效性。

(五)建立健全安全生产责任制

确保水利工程施工安全的关键在于建立健全的安全生产责任制。为了不断完善这一制度,企业应首要明确各级管理人员和施工人员的安全职责,使他们清晰了解自己在安全生产中所扮演的角色和应承担的责任。各级人员都应深刻认识到,履行安全职责是保障工程顺利进行和人员安全的重要一环。具体来说,项目经理应负责全面规划安全生产工作,确保各项安全措施得到有效执行;安全工程师则需负责组织安全制度的制定和监督,确保各项安全规定得到切实执行;而一线工人则必须严格遵守安全规定,正确执行安全操作,多方合力,共同营造一个安全、有序的施工环境。

为了确保各级管理人员和施工人员充分理解并落实安全生产责任,企业还应建立一个有效的考核机制。考核机制应以定期检查和评估的形式进行,由安全管理人员负责实施,并且考核结果应当与奖惩制度相关联,以增强员工对安全生产的重视,积极参与安全管理。其中,对于在安全生产方面表现出色的管理人员和施工人员,企业应当给予适当的奖励,如奖金、晋升机会等;而对于在安全生产方面存在问题的管理人员和施工人员,应当进行相应的处罚,如警告、罚款等,以此促进整个项目对安全生产的重视。

(六)落实施工全过程的安全监理

因水利工程施工涉及专业种类多,工程量大,工期紧,所以合理组织人工、机械、材料进行施工,穿插施工,使得各工序紧密衔接,所以监理工作要科学合理地落到各个环节。例如,工艺管道采用无缝碳钢管,管道焊接方法采用氩电联焊,在施工中确保焊接质量是项目安全运行的前提。工程施工中需要用到脚手架,所以这部分环节也是安全监理工作的重中之重。因此,应该将安全监理落实到施工全过程,为水利工程施工安全提供坚实保障。

1. 前期准备阶段

为确保水利工程施工安全,需进行全面的风险评估,深入剖析每个环节可能存在的安全隐患和风险。随后,制订一份详尽的施工安全管理计划,明确各个施工环节的安全控制措施,确保每一个细节都得到妥善处理。此外,还需确保施工人员接受必要的安全培训,使他们充分了解安全操作规程和应急处理方法,从而在施工过程中时刻保持警觉,有效预防和应对各种安全风险。

2. 施工阶段

在施工现场，设置醒目的安全警示标识是至关重要的，它们能够有效地提醒每一位工作人员时刻保持警惕，确保自身安全。特别是对于高空作业、电气作业等高风险作业，必须实施严格的监督和指导，确保所有操作都符合安全标准。

此外，定期的施工现场检查也是必不可少的。通过检查，能够及时发现并纠正潜在的安全问题，确保施工设备始终处于良好的运行状态。

3. 竣工验收阶段

为了保障水利工程施工的安全性，需要进行全面的综合评估，确保所有施工活动均符合相关法规和标准要求。在验收之前，要严格执行安全检查程序，确保所有潜在的安全问题都得到了彻底解决，从而为工程的顺利进行提供坚实的保障。在工程竣工之际，需要提供详尽的竣工报告，其中详细记录施工过程中的安全情况以及各项控制措施的实施情况，以便相关方面能够全面了解工程的安全状况。

4. 事故应急处理

为确保在水利工程施工过程中能够迅速、有效地应对各种可能的事故，需要制定完善的应急预案。预案涵盖了多种事故类型，并为每种事故类型提供详细的应对方案。同时，还要建立应急通信和报警机制，确保在发生事故时，相关人员能够迅速获得信息并启动应急响应程序。此外，还要定期对施工人员进行事故应急演练，以提高他们在突发情况下的应对能力。

通过落实水利工程施工全过程的安全监理，可以确保安全施工的全面性和连续性。这样的措施不仅可以防止事故的发生，还可以及时发现和解决潜在的安全隐患，保障水利工程的施工安全。同时，实施全过程安全监理也有助于提高水利工程施工效率和工程质量，为水利工程施工的成功完成提供有力支持。

（七）加强施工现场危险源管理

危险源是指那些具备潜在能量和物质的实体，这些实体在特定条件下可能释放其危险性，进而造成环境破坏、财产损失、健康损害或人员伤亡。这些特定条件可以是物理刺激、化学反应或其他因素。危险源可以存在于特定的位置、空间、场所、区域、部位、设备或岗位上，且一旦触发，可能导致安全事故的发生。

1. 开展危险源辨识

施工单位应设立由分管生产、安全的负责人担任组长，总工程师和工会负责人担任副组长的危险源辨识评价小组。该小组需定期对企业所有作业生产活动过程中的环境因素和危险源进行识别与评价，编制"环境因素清单"和"危险源清单"，并确保清单的定期更新。此外，施工单位现场管理机构需结合工程实际情况，进行生产过程中的环境因素和危险源的识别与评价，形成本项目部的特定"清单"。对于存在的重要环境因素和重大危险源，以及风险重大的一般危险源，施工单位应制订专项管理方案或运行控制管理制度，明确管理目标和责任人，确保这些危险源处于可控状态。

2. 强化监管、明确职责

施工单位在启动涉及重大危险的施工工序之前，必须确保安全技术交底、交接班和安全值班工作得到妥善执行。在施工过程中，监理单位应指派监理人员实施现场旁站监督，以确保施工人员严格遵守安全操作规程和专项施工方案。随着工程进度的推进和实际情况的变化，各参建单位应实时更新防控措施和危险源信息。施工单位需对危险源实施分级管理，为每个等级的危险源指定负责人，并落实相应的管控责任。此外，施工单位应定期排查施工现场的安全隐患，并及时将需要登记建档、公示告知的重大风险等级的一般危险源和重大危险源上报水利主管部门备案，以确保信息的透明和监管的到位。

3. 增强应急处置能力、落实应急救援措施

考虑到施工现场的具体状况，应成立针对性的应急救援小组，如防汛和防火等专项小组。若条件允许，建议与地方专业救援单位建立紧密的应急救援联动机制。同时，确保配备充足的应急物资、装备和设施，以备不时之需。为了检验应急预案的可行性和实用性，并提升施工人员的应急反应能力，应定期组织消防、防汛以及高处坠落等应急演练活动。

第五节　水利工程施工合同管理

一、水利工程施工合同管理的重要性

水利工程通常由国家投资兴建，具有显著的社会和公益属性。在项目建设过程中，会涉及多种形式的合同，而这些合同的档案管理水平往往反映了政府的管理效能。所以，对于水利工程施工合同的管理，必须给予足够的重视。鉴于水利工程通常建设周期长、规模大、技术复杂，其推进过程必须遵循特定的程序和标准。水利工程合同作为其中的一部分，也需要明确其特殊性，并在管理过程中制定相应的标准。通过实施标准化管理，可以进一步提高水利工程合同管理的质量。随着新时期我国水利工程建设项目的不断增加，水利工程合同档案的重要性也日益凸显。

水利工程施工合同管理的重要性主要体现在以下几个方面。

①强化水利工程施工合同管理对于实现水利工程项目管理目标至关重要。水利工程合同详细规定了双方的权利与义务，其约束作用有助于施工质量、造价和工期的和谐统一。通过优化合同管理，可以确保水利工程参与各方充分履行其职责，从而顺利达成水利工程项目的管理目标。

②强化水利工程施工合同管理对于保障工程进度具有至关重要的作用。要确保水利工程项目能够顺利推进，加强合同管理是不可或缺的一环。鉴于水利工程项目在施工过程中可能受到气候环境和其他外部因素的干扰，从而给施工进度带来不确定性和不可预测性，所以，通过精心制定和执行合同，可以对施工进度施加积极的影响。加强水利工程施工合同管理，不仅有助于约束各方在保证施工安全的前提下确保施工进度，而且合同本身也是各方在水利工程施工过程中时间进度的关键参照。若任何一方未能按照合同约定的时间进度完成工程，则需承担相应的违约责任，这有助于确保水利工程项目能够按时、按质完成。

③强化水利工程施工合同管理在协调各方关系方面发挥着重要作用。鉴于水利工程施

工具有较大的难度和工程量，且涉及多个单位参与，施工过程中常会遇到各种不可预测的因素。为了更有效地协调各方之间的关系，采用合同的方式显得尤为重要。通过明确各方职责和权益，合同能够减少误解和冲突，促进各方之间的合作与沟通，确保水利工程施工的顺利进行。

④加强水利工程施工合同管理有助于维护各方合法权益。对于各方而言，签署合同之后，对于如何进行利益分配，如何确定施工责任都已经有详细说明，当一方违约，另一方则可以按照合同要求来维护自身合法权益。从某种程度上看，加强水利工程施工合同管理，是确保水利工程项目又好又快完成的重要条件。

二、水利工程施工合同管理应用环节

（一）招标采购

《中华人民共和国民法典》规定，合同属于民事主体所设立、变更、终止民事法律关系而制定的一种协议，当事人采用要约、承诺等方式订立合同。在水利工程招标采购中，合同订立采用要约方式。在水利建设工程市场的交易中，招标和投标是不可或缺的环节，它们本质上都是采用公正、公平、开放的方式达成合同。实际上，招投标过程就是工程合同的谈判和签订过程。招标采购的目的在于订立合同，而合同的实际履行和执行情况则是衡量招标采购效果的关键。只有当合同得到切实履行和执行，才能确保工程建设的质量、投资以及工程控制目标得以实现。

（二）投资计划

水利工程作为国民经济和社会发展的命脉，是国家基础设施的关键组成部分和水利经济的重要支撑。所以，水利工程建设需要稳定的资金保障，以推动经济的稳定和持续发展。在大规模投资背景下，准确计算投资完成度、评估投资成效以及做出精准的投资决策显得尤为重要。然而，目前计划部门采用基于形象进度的投资数据计算方式，这种方法缺乏实际依据，数据精度不足。为了更好地衔接完成投资和合同价款计量，应基于合同价款支付来获取真实准确的完成投资数据，从而提高投资决策的精准性。

（三）验收管理

根据我国《水利工程建设项目验收管理规定》中的项目验收要求，按照验收主持单位的性质划分成法人、政府两种，前者为后者的基础。工程建设在完成分布、单位、单项合同等工程前需要组织法人进行验收。而合同工程的验收工作主要目的在于完善合同管理并增加新的内容。工程实际进行时，合同工程和单位工程验收衔接时容易出现问题。按照规定，合同工程只涉及一个单位工程，法人只需要以该单位工程名义和合同工程完成共同验收，但是单位工程和合同工程需要满足彼此的验收条件。而单位工程涉及了若干合同工程，需要分别组织合同工程以及单位工程进行完工验收。

（四）变更处理

水利工程的投资领域广泛，规模庞大，并具备公益性质，这些因素共同导致施工情况复杂多变，充满不确定性，从而增加了管理的难度。在这样的背景下，工程实施过程中设计变更的问题难以避免，而这些变更会直接关系到工程质量、工期和投资效益等多个关键要素。所以，水利工程主管部门对设计变更给予了高度重视。自2012年水利部颁布实施《水利工程设计变更管理暂行办法》以来，水利工程设计变更的管理逐渐走向规范化。对于水利工程来讲，合同变更中需要明确反映那些引起业主和承包商权利与义务变化的内容，这就要求制定出一套符合水利行业特性的、具有针对性的合同变更管理办法。

三、水利工程施工合同管理的问题

（一）合同签订内容不规范

合同依据法律订立，体现了双方的真实意愿。有些合同签订时，双方认为是常年合作的老客户，碍于情面，容易形成"人情合同"，对于合同条款不进行斟酌细研，造成合同签订过于草率，内容不规范、不全面，存在漏洞与缺陷。通常会出现合同基本要素残缺，合同文本签约日期空白，关键条款缺少签字，甚至出现付款金额空缺。或者合同内容过于简单，合同违约责任与解决方式缺项，只在落款处签字盖章了之。部分合同签订后，不加盖骑缝章，也不进行内部统一的分类编号管理。这些细节常常被忽视，形成不负责任的残缺合同，一旦发生纠纷，双方各持说法，将会形成扯皮局面。

（二）合同条款审核不严谨

合同，作为一种法律文件，其核心原则在于确保合同双方的权利与义务保持平等。双方都必须严格遵守合同内容，并以合同中的条款作为行为准则。从日常实践来看，特别是在材料和设备采购合同的签订过程中，往往容易出现双方权利与义务不平衡的情况。这种不平衡通常与合同的起草有关，即起草方往往会将自己的利益倾斜体现在合同中，合同条款可能会偏向起草人的潜意识倾向。有些情况下，某一方可能过于强调自身的权利，而忽略或较少提及对方应有的权益。因此，对合同的细致审查至关重要，以避免因疏忽而带来的不必要损失。

（三）合同管理制度不健全

合同管理在工程项目建设管理中占据着举足轻重的地位，然而，在实际的项目执行过程中，它往往被工程项目管理人员所忽视或遗漏。合同管理人员在防范工程承包风险方面的意识相对薄弱，容易因疏忽大意而在合同履行过程中引发无法预见的纠纷。有时，项目管理人员对合同签订的重要性认识不足，存在走过场、形式主义的倾向，未能对需要特别标注的条款进行细致审查。一旦双方陷入争议，因缺乏有力证据，不仅会增加合同执行的风险，使合同变得徒有形式，还会给合同双方带来潜在的不良影响。

（四）对合同管理部门和专业管理人才要求不高

由于水利工程是一个跨学科、多领域、高度专业化的综合系统工程，它要求合同管理人员不仅必须具备扎实的专业技能，还要全面掌握相关法律法规和工程造价等多方面的综合知识。但在实际操作中，合同管理人员往往更偏向于行政管理方面。有时，在签订合同后，项目负责人会将合同交由个人保管，或者由合同管理人员归档，导致其他人员对合同内容知之甚少。这种情况造成了合同签订与执行之间的脱节，使得合同的目标无法顺利实现。所以，合同管理部门的管理制度亟须完善，合同管理人员的专业素养也亟待提升。

四、水利工程施工合同管理的策略

（一）规范水利工程施工合同签订流程

在实施水利工程的过程中，会涉及多种合同类型，每种合同在签订时都有其独特需要注意的要点。为确保合同的有效性和顺利执行，施工单位与建设单位在签订相关合同时，应充分参考并遵循合同的标准格式和行文规范。这样不仅能减少由合同书写不规范引发的潜在纠纷，还能提高合同的可执行性和效率。合同签订完成后，双方在执行水利工程施工阶段，必须严格遵循合同所规定的各项条款和内容。任何施工环节都必须与合同要求保持一致，以确保工程的顺利进行和最终的质量达标。此外，合同管理人员在施工过程中除了负责合同管理工作外，还应积极参与施工过程的监督与检查。他们需要密切关注施工现场，确保所有工作都符合合同要求。一旦发现与合同规定不符的现象，合同管理人员应迅速查明原因，并与施工单位及时沟通，寻求解决方案。这样不仅可以避免问题进一步恶化，还能减少其对施工进度和工程质量的不利影响，确保整个水利工程能够按照合同要求顺利进行。

（二）维护水利工程施工合同的严肃性

一方面，要从思想意识上重视水利工程施工合同的严肃性。水利工程施工合同是约束各方权利义务的基本保障，无论是在合同签订之前，还是在合同履行过程中都应该以严肃的态度加以对待。如果在合同签订或履行过程中马虎大意，不仅会出现违规行为，甚至会影响工程建设质量和工程进度，进而损害各方利益。因此要求双方要认真地阅读水利工程合同涉及的各项内容。签订合同之后，一定要按照合同的条款和施工进度，积极协调各方力量和资源进行施工。

另一方面，为确保施工合同的严肃性，要定期召开会议，对各个施工单位的施工进度存在的质量问题、合同执行情况进行面对面沟通。如有必要可采取适当的惩治措施，维护水利工程施工合同的严肃性。

（三）完善水利工程施工合同管理机制

水利工程合同管理机制的完善程度对整体管理质量具有至关重要的影响。通过构建和优化合同管理机制，确立清晰的管理流程和评标办法，可以确保管理工作的科学性和规范性。在制定和完善合同管理机制时，必须充分考虑施工单位的利益，为其留出合理的利润空间，从而避免投标过程中可能出现的盲目压价现象。此外，为了确保施工单位的独立性和自主性，应采取有效措施将投资与施工行为相分离，减少建设单位对施工过程的过度干预，使施工单位在施工过程中能够充分发挥其专业能力和价值。

（四）维护水利工程施工合同的法律效力

一旦水利工程施工合同被双方签订，它就具备了法律效力。这意味着合同双方必须严格遵循合同所规定的各项要求，并深刻认识到水利工程合同所带来的法律后果，以及对双方权利、义务和行为的制约。在水利工程施工合同的履行过程中，所有工作都应按照既定的质量标准和施工进度来完成。同时，在整个项目管理过程中，索赔管理是一个关键环节。在实际的水利工程施工中，常常面临着各种自然和人为风险。若任何一方在施工过程中出现违反合同规定的行为，另一方有权提出索赔要求，以获取经济上的补偿，从而更好地保护各自的合法权益。在这个过程中，水利工程施工合同作为原始资料，发挥着至关重要的作用，为索赔工作提供了必要的证据支持。

（五）加大对水利工程施工合同实施的监督检查

在履行水利工程施工项目合同管理的过程中，所有参与单位都必须严格遵守合同规定，推进项目建设。建设单位和工程主管部门应定期进行抽查，以了解施工单位的合同执行情况，从而全面把握整个水利工程项目的进度。在检查过程中，一旦发现违法违规行为，应采取相应的警告或追责措施，深入分析违规情况，并有针对性地处理，确保水利工程施工合同的具体条款得到切实执行，保证水利工程施工项目的规范性和科学性。同时，加强水利工程施工合同管理人员队伍建设至关重要。应选择一批业务能力强、政治素养高、经验丰富且具备工作能力的人员担任水利工程施工合同管理工作。通过教育培训，为水利工程施工合同管理和监督检查提供坚实的人才基础。在具体工作中，既要坚持合理合情、有理有据地执行施工合同，又要与施工单位保持密切沟通，了解项目进度和遇到的困难，并及时提供支持和帮助。

（六）提升水利工程施工合同管理人员管理能力

为了确保合同管理效率的提高，在合同签订之后，建设单位和施工单位都应配置具备卓越专业能力和丰富经验的管理人员来专职负责合同管理工作。鉴于水利工程涉及众多且复杂的合同，以及合同中涵盖的水利专业知识的广泛性，合同管理人员除了掌握管理学知识外，还需深化对水利工程领域知识的了解。因此，这些管理人员应持续在日常工作中加强水利工程专业知识的学习与更新。在进入工作岗位之前，无论是施工单位还是建设单位，都应重视对本单位合同管理人员的专业培训。这种培训旨在提高他们的专业知识和管理技能，以确保合同管理的效果得以实现。特别在水利工程施工中，每当完成一个施工阶段后，在进入下一阶段施工之前，合同管理人员都需要深入分析上一阶段的合同执行情况，并完成合同交底工作，从而为下一阶段的施工做好充分的准备。只有这样，合同才能在施工过程中得到更好的执行。

第六章　水利工程建设与生态环境的相互作用

水利工程建设与生态环境之间的关系是复杂而紧密的。一方面，水利工程的建设能够为人们提供可靠的供水和防洪保护，促进经济的发展和生态环境的稳定；另一方面，水利工程的建设也可能对生态环境造成一定的影响。因此，在水利工程建设过程中，需要充分考虑生态环境的保护和恢复，实现工程与环境的协调发展。本章将围绕水利工程与生态环境以及水利工程建设对生态环境的影响两个方面的介绍，旨在实现水利工程建设与生态环境的和谐共生。

第一节　水利工程与生态环境

一、水利工程的概述

（一）水利工程的概念

水利工程涉及多个方面，包括洪水控制、排涝、灌溉、发电、供水、围垦、水土保持、移民安置、水资源保护及其相关配套设施。这些工程旨在调节和收集天然的地表水和地下水资源，以解决洪水灾害并有效开发和利用水资源。它们又被称为水工程，根据服务范围的不同，可细分为防洪工程、农业灌溉工程、水电工程、航道和港口工程、供水和排水工程、环境水利工程以及沿海地区的土地开发项目。水利工程建设过程中，需要构建各种形式的水利设施，如大坝、溢洪道、闸门、进水口、运河、渡槽、筏道和鱼道等。

（二）水利工程的重要性

水利工程，其主要目的在于调节与利用地球上的地面水和地下水，旨在消除水患并促进水利事业的发展。其重要性无须过多强调，主要体现在以下几个方面。

①水利工程建设不仅能够有效防御洪涝灾害，保卫人民的生命财产安全，还能通过对洪峰的调控和储存，实现对水资源的科学调配和分配，从而满足人民生活和生产活动中对水资源的多样化需求。

②水利工程不仅守护着人民的生命财产安全，更是经济发展的重要推手。它具备灌溉、发电、航运等多重功能，为社会发展提供了源源不断的动力。通过灌溉，水利工程满足了农业生产的用水需求，为农业丰收提供了坚实保障；同时，它还能够将水能转化为电能，为工业生产和居民生活提供清洁能源。此外，水利工程还为航运业的发展提供

了便利，促进了地区间的贸易往来。因此，水利工程在创造社会效益的同时，也为经济增长做出了重要贡献。

③水利工程在构建绿色能源体系中占据重要地位，其所提供的水电能源是一种清洁、环保且可再生的能源形式。通过利用水流动力发电，水利工程不仅为现代社会提供了稳定的电力供应，而且在这一过程中不产生温室气体排放，有助于减少大气中的污染物，保护生态环境。因此，水利工程对于推动绿色能源发展、减缓全球气候变化具有显著意义。

（三）影响水利工程建设的因素

1. 气候与地形条件

水土资源的分布在我国因地理纬度、地形地貌和季风气候的影响而显得极为不均。这种自然条件的差异导致了不同地区的水利工程在作用、功能、类型和规模上的多样性。在所有这些自然条件中，气候和地形条件对水利工程建设的直接影响尤为显著。降水量、地形地貌的不同，使得各地区的水利工程设施呈现出独特的面貌。平地，作为人口和耕地密集的区域，水利建设活动频繁，水资源开发也相对较早。在干旱的平地地区，常见的水利措施是筑土为堤，修建大小不等的塘堰以蓄积雨水。这些塘堰不仅独立存在，还通过连接形成"长藤结瓜"式的蓄水系统。同时，"地龙"这种古老而有效的工具也被用于引水灌溉，确保农作物的生长。相比之下，濒水平地因其丰富的水源，多倾向于修建引水渠道，将湖泊的水引出。这些渠道与闸、渠、涵等水利设施相结合，形成了复杂而高效的水利灌溉网络，为农业生产和生态环境提供了坚实的保障。

山地地形在长期强烈的侵蚀切割作用下，次生河谷广泛发育，为塘坝蓄水提供了得天独厚的条件。通过巧妙结合山势，利用渠、槽进行引水，山地地形的灌溉工程得以实施。尽管这类地形的灌溉工程受到山体分割的限制，工程量相对较小，但引水渠道的施工却异常复杂。例如，可能需要开凿山洞来引水，或者需要横跨湖面进行引水，这些都对工程技术提出了更高的要求。因此，在山地地形中实施灌溉工程，需要综合考虑地形地貌、水资源分布以及施工难度等多个因素，确保工程的安全性和有效性。

2. 社会制度

社会制度的进步与水利建设的发展是紧密相连、互为因果的。一方面，社会的政治制度对水利建设具有推动或制约的效应；另一方面，水利建设的进步也会反过来促进社会政治制度的变革与发展。例如，中原地区，其在春秋战国时期即由奴隶制顺利过渡到封建制，这一转变极大地释放了生产力，进而极大地激发了劳动者的生产热情。相较之下，边陲地区在这一转变上则稍显滞后。事实上，人口数量以及水利工程建设，特别是农田水利建设的发展密切相关，这一点在我国古代农业水利发展的历史中得到了充分的体现。

3. 水利技术

水利建设的根基在于技术的革新与进步。在夏商周时期，中原地区开始涉足水利建设，初步建立起堤防和渠道工程，展现出一定的规模。然而，这些工程各自为政，彼此之间缺乏技术交流。随着春秋战国至魏晋南北朝时期的到来，社会经历了剧烈的变革，生产关系逐渐解放，大型水利建设，特别是跨流域项目如雨后春笋般涌现。代表性的水利工程，如芍陂、都江堰等，都体现了这一时期水利建设的繁荣。水利科学的初步理论化以及大型灌区的建设，不仅标志着水利建设的首个高峰，也推动了水利技术的持续进步。进入隋唐宋时期，中原水利建设步入鼎盛，传统水利技术也日臻成熟。全国范围内兴建灌溉工程，圩田在湖滨和江边低地广泛展开。同时，大运河作为古代运河技术的巅峰之作，其上的升船机和船闸技术也备受瞩目。宋代时，埽工技术已臻完善，河流泥沙的运动理论以及对洪水特性的认识也在实践中得到深化。这一时期的水工建筑逐渐定型，滚水坝和减水闸成为其中的杰出代表。

在元明时期，中原地区的社会大体保持稳定，动乱时期相对较少，这为水利发展提供了相对平和的环境。在此期间，水利技术的进步速度放缓，但已趋于成熟和完善，水工建筑物的种类也日趋完备。同时，施工技术在这一时期进一步规范化和标准化，为水利建设的质量和效率提供了有力保障。可以说，元明时期是水利技术和建设进一步深化和普及的阶段，特别是向边疆地区的拓展，为当地的经济和社会发展带来了重要助力。然而，到了清代，水利建设和技术进入了一个相对徘徊的阶段。尽管社会上发生了诸多变革，但水利技术本身并没有实现显著的突破，预示着即将到来的技术变革。不过，正是在这种背景下，水利技术也在不断地积累与沉淀，为未来的突破奠定了坚实基础。清代水利技术的这种演变，对水利工程的施工与发展产生了深远的影响，为后世的水利建设提供了宝贵的经验和启示。

4. 水利工程管理

古代水利工程受限于当时的材料和技术，其寿命自然无法与当今以钢筋水泥为基石的现代工程相提并论。然而，许多古代水利工程历经百年甚至千年依然屹立不倒，这背后的秘诀之一便是其完善的水利工程管理。水利工程管理涵盖了水利管理制度与水利管理机构两大层面。在水利管理制度中，工程的维修管理尤为关键，例如，"岁修"管理制度便是其基石。而水利工程的运行管理则涉及灌溉用水的合理分配、防汛度汛的组织工作以及航运闸门的启闭等，这些均关乎水利工程的安全与效益。另外，资金筹集机制与水利工程法律法规的制定也是管理制度中不可或缺的一环。

二、生态环境的概述

（一）生态环境的概念

"生态环境"这个词最早源于俄语"зкотоп"和英语"ecotope"的翻译。如果站在生物的角度，生态环境可以被定义为影响生物生长、发育、繁殖、行为以及分布的各种环境因子的集合。而若以人类为中心，生态环境则可以被看作那些对人类生存与发展产生影响的自然因素的集合。生态环境的质量，作为衡量其优劣的标准，是由众多相互关联且相互制约的污染要素和社会要素共同构成的，它反映了人类生存和经济发展对生态环境的影响程度。自工业革命以来，科技的飞速发展极大地推动了人类生产力的提升，使得人类对自然资源的需求和消耗达到了前所未有的程度。全球经济的迅猛增长和现代化进程的加速，虽然带来了丰富的物质文明，但同时也带来了一系列问题，如资源的枯竭、物种的消失、空气的污染等，这些问题都限制了人类对美好生活的追求。因此，如何促进经济与生态的和谐共生，实现绿色、可持续的发展，成为全球学者共同探索的重要课题。

根据学科和观察角度的不同，生态环境被赋予了两种主要的定义。一方面，它是指空气、水资源、土壤等纯自然环境的组成部分；另一方面，生态环境代表了生物活动与自然生态因子之间的互动关系，特别是那些受人为活动影响的生态因子。生态环境不仅是一个自然环境的代表，更是一个综合的整体。当焦点放在人类活动上时，生态环境更多地指的是与人类活动紧密相关的，包括空气、土壤、动植物和水源等在内的整体生态环境系统。随着经济和社会的进步，对生态环境的理解可以从广义和狭义两个角度来探讨。从广义上讲，生态环境涵盖了人类生态环境和动植物生态环境等，它是指对所有生物成长产生影响的生态因子的总和。而从狭义的角度来看，城市生态环境主要指的是与城市发展直接相关的生态环境，以及那些与人类活动紧密相连的环境因子。城市，作为人类活动的主要场所，其中所涉及的生态关系错综复杂。城市生态环境主要是指人类工作、社会生产、城市建设等活动对自然环境的改造，是一个以人为中心的多元化生态环境。

（二）生态环境保护的重要性

1. 生态环境保护关系到人类生存和发展

人与自然环境的和谐共生，是人类存续与繁荣的基石。自然界在赋予人类生存与发展的资源的同时，其潜在的反作用力亦应唤起人们对生态环境的敬畏。全球环境保护与治理的迫切性，直接源自当前人类所面对的严峻生态环境挑战。近年来，由人类行为不当所引发的自然灾难愈发严重，如地震、山洪、泥石流及传染病等区域性或全球性事件频发，对人类社会的经济、社会、文化等多个方面造成了巨大损失。因此，必须深刻理解，自然界的进程并非建立在人类行为之上，相反，它为人类的生活提供了基础，同时也设定了其可能性。

全球生态环境的保护的必要性源于各国对工业化发展道路的重新审视。自产业革命以来，西方工业化模式一直引领全球经济增长。受"人类统治自然"观念的影响，经济发展往往以牺牲环境为代价。在经济增长的显著成果面前，环境破坏被视为微不足道的小问题，甚至有人认为环境是经济繁荣后的奢侈品。但随着工业化的全球蔓延，自然资源的过度开发和利用不仅导致经济不可持续，还严重恶化了人类的生存环境。这种以"征服自然"为口号的经济增长模式，将人与自然关系割裂，最终引发了生态系统的报复，迫使人们重新思考传统的工业化道路。习近平总书记强调，人与自然是生命共同体，人类必须尊重自然、顺应自然、保护自然。人类只有遵循自然规律才能有效防止在开发利用自然上走弯路，人类对大自然的伤害最终会伤及人类自身，这是无法抗拒的规律。工业化发展道路将自然过度商业化，过分追求短期经济利益，而忽视了长期的发展后果。这种短视行为严重损害了自然环境的可持续性。实际上，自然资本是经济增长的基石，对实现经济的持续繁荣至关重要。因此，保护和增值自然资本应成为国家和全球发展战略的核心要务。

宇宙间独一无二的地球，是人类共同的家园。面对全球性的生态问题，没有任何一个国家可以独自应对，因为这些问题超越了单一主权的界限。在国际体系面临重大转型的关键时刻，明智的选择对未来至关重要。当前，国际体系正在从自主性向更加相互依存的"协作式"体系转变。为了维护全球的繁荣与稳定，各国必须团结一致，携手共进。全球生态环境保护需要全球人民的智慧和努力。激发各国政府、人民以及各种国际关系行为体的积极性、主动性和创造性，对于构建人类命运共同体至关重要。只有如此，才能共同守护这个唯一的地球家园，确保人类和自然的和谐共生。

2. 生态环境保护对我国发展的重要性

自改革开放以来，中国经济呈现出持续高速增长的态势，然而，生态问题也伴随着这一进程逐渐凸显出来，经济的可持续发展构成了严峻的挑战。面对这一困境，中国积极应对，随着中国特色社会主义进入新时代，加快了生态文明建设的步伐。从学习借鉴西方发达国家的生态保护经验，到积极参与全球生态治理，再到提出并践行"人类命运共同体"的理念，中国始终坚持开放包容、互利共赢的生态治理观。通过构建双边或多边环境保护关系，中国不断引领国际生态合作的新潮流。在生态文明建设的道路上，中国不仅取得了举世瞩目的成就，还为全球生态治理贡献了中国智慧和中国方案。作为一个在全球影响力不断提升的发展中大国，中国在全球生态保护与治理中扮演着越来越重要的角色，以积极的姿态参与全球环境保护与生态治理活动，严格履行国际责任，与各国分享治理经验，成为推动构建人类命运共同体的关键力量。[1]

习近平总书记在提出"绿水青山就是金山银山"的理论时，已经表明了对生态环境保护的态度。我们既要绿水青山也要金山银山是在环境保护的基础上发展经济，宁要绿水青山、不要金山银山是在选择上突出了理论的重点，而且绿水青山就是金山银山也已经表明中国生态环境保护的思路。[2]绿水青山就是金山银山这一表述以鲜明的象征手法，深入浅出地揭示了经济与环境之间的内在联系，为推进美丽中国和生态文明建设的实践提供了坚实的理论支撑和思想引领。这一理念的深远价值不仅在于其理论深度，更在于其指导实践的实用性。事实上，"绿水青山"与"金山银山"并非绝对对立，关键在于如何调整二者之间的平衡。这需要转变发展观念，创新发展模式。经济发展不能建立在牺牲生态环境的基础上，而是应该寻求一种可持续的发展路径。同样，生态环境保护工作也不应排斥经济发展，而是要实现两者的和谐共生。必须深入理解和实践新发展理念，高度重视生态环境的保护，确保经济发展的同时，生态环境也能得到持续改善。只有这样，良好的生态环境才能成为推动经济发展的新动力，成为提升人民幸福指数的坚实基石。

三、水利工程与生态环境的相互关系

水利工程是人类改造自然的活动，而生态环境平衡又是人类与自然界和谐共处、健康发展的基础。因此，水利工程与生态环境之间存在着密切的关系。

（一）水利工程是人类改造自然（包括生态环境）的重要活动

水利工程建设是人类改造自然环境过程中十分重要的行为之一，属于非自然的人类行为，其核心在于调控和配置自然界的地表水和地下水，最大限度地保证水资源充分发挥各个方面的效益，旨在消除水患、兴利除弊。然而，水利工程的建设总是嵌入在特定的自然生态环境之中，以生态环境作为其实施的前提和基础。因此，水利工程建设实则是人类改造自然、与生态环境相融合的活动。在此过程中，水利工程建设不可避免地会对生态环境产生一定的影响，这种影响既可能是积极的，也可能是消极的。

---

[1] 杨帆.人类命运共同体视域下的全球生态保护与治理研究[D].长春：吉林大学，2021.
[2] 王雷红.北部湾区域生态环境治理中的政府协同问题研究[D].昆明：云南财经大学，2021.

（二）良好的生态环境可以提高水利工程的效益

水利工程建设在追求技术进步的同时，必须坚守生态环境保护的根本原则。即便掌握了先进的施工技术，也无法完全消除水利工程对项目区生态环境的潜在影响。为了保障生态环境的持续健康发展，必须遵循生态循环的规律。因此，在实施水利工程建设前，必须对区域环境进行全面的评估。一个健康的生态环境将为水利工程的建设提供有力的支撑，而复杂或恶劣的生态环境则可能给水利工程施工带来诸多挑战。

四、水利工程与生态环境的结合——生态水利工程

（一）生态水利工程的定义

生态水利工程是一种旨在平衡水资源开发与生态环境保护的工程建设模式。它要求在开发利用水资源的过程中，通过精心策划和实施工程措施，既要满足人类对于水资源的合理需求，又要确保水生态系统的健康与稳定。这种模式着重于在水利工程建设的同时，积极保护和恢复水生态环境，力求最小化对自然环境的负面影响，并推动水资源的科学分配和高效利用。

（二）生态水利工程的设计原则

生态水利工程的设计原则是为了实现水资源的可持续利用和生态环境的保护，下面是其中几个重要设计原则。

1. 生态优先原则

生态水利工程的设计与实施应以生态保护和恢复为核心目标，将确保水生态系统的健康以及稳定作为首要任务。在整个水利工程建设过程中，每一个环节都必须充分考虑和保障水生态系统的平衡，包括但不限于生物多样性的维护、水质的保持以及水量的稳定。

2. 综合协调原则

生态水利工程致力于在水资源开发与生态环境保护之间寻求和谐与平衡，以实现经济、社会和生态三大领域的协同发展。在规划和实施阶段，生态水利工程会进行深入的调研和评估，全面考虑水资源的供需状况、生态环境的承载能力以及社会经济发展的需求。基于这些综合考量，生态水利工程会制定出既满足人类需求又保护生态环境的合理规划和方案，确保在推进经济发展的同时，维护生态平衡，促进社会进步。

3. 预防为主原则

生态水利工程高度重视水环境污染和生态系统退化的预防工作，采取积极主动的防控策略，以降低人为活动对水生态系统的干扰。在此过程中，生态水利工程特别强调从源头上进行管理和控制，以及实施减排措施，以最大限度地减少污染物的排放。通过这些努力，生态水利工程旨在预防和减轻环境问题，确保水生态系统的健康和稳定，为可持续发展提供有力保障。

4. 河流流域综合治理原则

生态水利工程在规划与实施过程中，应将整个河流流域视为一个整体进行综合治理。

这意味着要全面考虑上下游之间的相互关联以及河流系统的整体性。为了确保河流生态系统的协调发展，生态水利工程需要综合考虑水资源、水质、水量和生态需求等多方面因素。在此基础上，采取一系列综合治理措施，如水土保持、植被恢复和河道整治等，以维护和恢复河流生态系统的平衡与健康。主要体现在以下两个方面。

（1）保护和修复河流多样化的原则

对于每一条河流，其特性都要求人们进行定制化的水利工程建设。生态水利工程在维护河流宽度、降低工程占地面积方面发挥着重要作用，也能提升土地的有效利用率，减少不必要的占地。河流形态的多样性对于生物物种的多样化具有基础性影响，尤其考虑到恢复原有的陆生和水生植物，这些植物为鱼类、鸟类及两栖动物提供理想的栖息和繁殖环境。水陆交错带作为水域中植物繁茂的区域，为动物提供了觅食、栖息、产卵和避难的重要场所，同时也是陆生和水生动植物生活迁移的关键区域。因此，在设计岸坡防护工程时，应当遵循人与自然和谐共生的原则，选择与自然景观相协调的结构形式。人类为扩展土地，经常缩减江河两岸的堤防间距，导致河流失去了宝贵的浅滩和湿地。这些浅滩不仅有助于水的净化，增加氧气供应，为无脊椎动物提供生存空间，还是鱼类产卵和栖息的重要场所。在保障工程安全的同时，我们还需注重生态和景观护岸的多样化设计。

（2）保持和维护河流自我修复的能力

生态水利工程致力于恢复受损的河道，促进整个河流生态系统的复兴。它的核心目标是修复水体系统的完整性，包括加固河床岸坡，提高水体的自净能力。为了实现这一目标，在库区或河岸、湖岸种植植被，放养水生动物，并充分利用当地的野生生物物种。同时，也审慎地引进其他能提高水体自净能力的物种。

在规划堤线和选择堤型时，注重保持河流形态的多样性，这是生物物种多样化的重要基础。避免过度规则化和均一化的河流形态，以减少对生物多样性的影响。还要保持一定的浅滩宽度和植被空间，为生物提供生长和繁衍的栖息地，发挥河流的自净化功能。

在施工过程中，强调使用当地材料和缓坡，为植被生长创造条件。同时，避免在渠道或改造过的河道断面、江河堤防迎水坡面使用硬质材料，如混凝土、浆砌块石等，以确保植物和鱼类、两栖类动物、昆虫等生物的栖息环境。为了保护这些生物的栖息地，建议在工程施工期间对生物栖息地进行保护和恢复，并避免在动植物发育期进行施工。在选择堤防、护岸工程的材料时，倾向于使用自然材料，而非硬质材料，并注重开发和应用生态环保型的建筑材料。

5. 可持续发展原则

生态水利工程的目标是确保水资源的可持续利用和生态环境的持续改善。这意味着要采取综合性的措施，以保护水资源以及生态环境，同时促进经济及社会的可持续发展。通过生态水利工程的建设，可以为未来的可持续发展奠定坚实的基础。

（三）生态水利工程的应用

1. 水资源管理

水资源管理中，生态水利扮演着至关重要的角色。其核心目标在于维护和恢复水生态环境的健康，进而实现水资源的长期利用和保护。水生态系统，作为水资源不可或缺的组成部分，具备净化水质、涵养水源、防洪减灾以及维护生态平衡等多重功能。通过实施生态工程、生态修复和生态保护措施，可以增强水生态系统的自净能力，提升水资源的生态功能，从而有效减少水资源的浪费和损失，确保水资源的可持续利用。在实际的操作中，生态水利工程的应用对于水资源管理具有深远的意义。例如，在兴建水库时，可以运用生态坝和生态移民等先进技术，旨在保护和修复水生态环境，进而提升水资源利用的可持续性和效益。生态水利工程在水资源管理中的具体应用主要体现在以下几个方面。

（1）水质保护

生态水利工程对水资源保护有着重要的影响，其中之一是水质保护。下面是生态水利工程对水质保护的几个方面影响。

①水体污染控制。生态水利工程积极运用尖端的污水处理技术，结合合理的农业面源污染控制策略和工业污染治理措施，可以有效遏制污水和污染物的无序排放，严格防范其侵入水环境，从而为保护水体的纯净度设立了坚实屏障。

②水源地保护。生态水利工程将焦点放在维护水源地的生态完整性上。通过划定生态水源地保护区、推行水土保持方案、严禁破坏性开发行为等举措，显著减少土壤侵蚀和非点源污染的风险，为水源地筑起了一道坚不可摧的保护屏障，确保其水质始终维持在清洁状态。

③水环境修复。生态水利工程致力于河流湖泊的生态复苏和水生态系统的恢复工作。这些措施不仅增强能够水体的自然净化能力，还可以有效降低污染物浓度，促进水体的自我恢复，进而保证水质的稳定与健康。

④生态过滤与净化。生态水利工程充分利用湿地等自然生态系统的独特优势，构建高效的生态过滤和净化体系。借助湿地的天然过滤功能和生物降解机制，这些系统能够有效去除水中的有害物质，显著提升水质的净化效果。

⑤水质监测与评估。生态水利工程始终强调水质监测与评估的重要性。通过建立全面覆盖的水质监测网络和完善的评价指标体系，工程团队能够及时掌握水体的污染状况和水质动态变化趋势，从而为制定针对性的保护措施提供坚实的数据支撑和科学依据。

通过以上措施，生态水利工程能够减少水体污染，保护和改善水质，确保人类可持续利用清洁的水资源，维护生态系统的健康。

（2）水量调控与水资源节约

生态水利工程对水资源保护的另一个重要影响是水量调控与水资源节约。以下是生态水利工程在这方面的几个方面影响。

①水量调控和调度。生态水利工程通过精细化的水资源管理，保障水资源的合理利用与公平分配。利用水库调度、灌溉管理、河流流量调控等多种手段，该工程能够灵活调控水资源的供应和分配，以满足不同领域的需求，从而在维护生态环境与社会经济可持续发展的同时，实现水资源的最大化利用。

②高效节水灌溉。生态水利工程大力推广先进的节水灌溉技术，如滴灌、喷灌、微灌等。这些技术不仅能够有效减少农业用水量，提高水资源利用效率，还能精确控制水量和灌溉时间，避免水资源的浪费和土壤盐碱化，同时减少养分的流失，为农业的可持续发展提供有力支撑。

③水资源循环利用。生态水利工程积极倡导并实施水资源的循环利用策略，如城市污水的再利用、雨水的收集利用等。通过科学的处理与利用，这些原本被视为废弃的水资

源转化为可再利用的水源，从而减轻对地下水和地表水的依赖，实现水资源的节约与循环利用。

④水资源保护意识培养。生态水利工程重视并开展水资源保护的宣传教育工作。通过普及水资源保护知识、组织节水活动、制定水资源管理政策等多种方式，该工程努力提升公众的水资源保护意识与节约用水意识，引导全社会共同参与水资源保护行动，形成人人珍惜水资源的良好社会氛围。

通过上述措施，生态水利工程能够实现水量的合理调控和水资源的节约利用，促进水资源的可持续利用，保障水资源的稳定供应和生态系统的健康发展。

（3）生态恢复与生物多样性保护

生态水利工程在水资源保护方面的另一个重要影响是生态恢复与生物多样性保护。

①水生态系统恢复。生态水利工程致力于修复那些受到干扰或破坏的水生环境。通过实施生态修复策略，如河道的生态化改造、湖泊水质的提升以及湿地的保育与恢复，工程促进了水生态系统的自然恢复进程，增强了水体的自净能力，并提升了整个生态系统的健康状况。

②栖息地保护与改善。生态水利工程特别关注水生物种的栖息地质量。通过湿地恢复、河流和湖泊栖息地质量的提升等措施，该工程为水生物种提供了更为适宜的生活和繁殖场所，有效保护了生物多样性，并助力其不断增长。

③水域生物保护。生态水利工程采取了一系列措施来维护和管理水域中的生物资源，包括设立保护区、推行生态补偿政策，以及严格控制捕捞活动等。通过限制捕捞量和种类、严禁非法捕猎等手段，该工程确保了水域生物种群的稳定和生物多样性的维护。

④生物迁徙通道建设。生态水利工程充分考虑到水生物的迁徙需求。通过建设生物迁徙通道、鱼道等设施，该工程为鱼类和其他水生生物提供在河流和水库间自由迁徙的条件，维护了物种的遗传多样性，进一步促进了生物多样性的保护。

通过上述措施，生态水利工程能够促进生态系统的恢复和生物多样性的保护，保护和改善水生态系统的健康，维护水资源的可持续利用。

2. 灾害防控

灾害，特别是水灾和旱灾，对人类的生产和生活造成了巨大的影响，其发生频率和影响范围呈现不断扩大的趋势。因此，在灾害防控中，生态水利工程的应用显得尤为重要。通过加强生态保护和修复工作，能够增强生态系统的防灾抗灾能力，从而有效地降低自然灾害的发生率和其所带来的损失。生态水利工程的主要应用手段包括生态防洪和生态抗旱等技术和措施，这些手段为灾害的预防和控制提供了有力的支持。

在防洪方面，积极致力于湿地、河湖沼泽等生态系统的恢复与修复工作，旨在扩大水生态系统的保护范围，提升其自净和水文调节能力。这些措施不仅有助于减少水灾的发生频率和损失，还有利于整体水生态系统的健康。而在抗旱方面，则通过实施生态补水、生态调蓄和人工增雨等技术手段，进一步强化生态系统的抗旱能力，从而确保农业生产和生态环境的稳定。生态水利工程的应用，还提供提升公众防灾意识和应对能力的契机。通过灾害知识的普及、应急演练的组织以及防灾避险技术的推广，可以成功地提高公众的防灾意识和应对能力。同时，也鼓励并加强社会组织和力量的参与，如志愿者、社区组织、企业和公民等，共同参与到灾害防控工作中，以提升防灾减灾和救灾能力。

然而，在实践过程中，生态水利工程在灾害防控方面的应用仍面临一些挑战与问题。首要的是，灾害防控与生态保护需要政府部门、社会组织和公众的协同合作，以增强社会力量的参与。其次，生态水利的应用需要整合多种技术和措施，这要求加强科学研究和技术创新。最后，考虑到不同地区的自然条件和生态环境差异，需要制定和实施具有针对性的防控策略和方案。

3. 生态旅游

生态旅游是建立在生态环境基础之上的旅游形式，其核心理念在于保护生态环境并提供优质的旅游服务。生态旅游的发展对于生态环境的保护和经济的增长都具有举足轻重的意义。而在生态旅游中，生态水利工程的应用扮演着不可或缺的角色。通过保护和修复水生态环境，生态水利工程不仅提升了旅游资源的质量和数量，还进一步推动了旅游业的可持续发展。为了打造生态旅游品牌并增强其影响力和竞争力，可以采用生态旅游以及生态景观等策略，将生态水利工程与旅游活动紧密结合，为游客提供更加丰富和独特的旅游体验。

在生态旅游领域，注重规划和建设生态旅游景区以及生态乡村旅游等旅游产品，旨在促进旅游业与生态环境的良性互动。

在打造生态景观方面，积极采用生态园林和生态公园等建设方式，致力于塑造具有独特生态魅力的旅游景点。这些景点不仅丰富了旅游体验的内容，更提升了旅游的吸引力和竞争力。

生态水利工程在生态旅游中的运用，有助于实现生态环境与经济效益的和谐共生。通过积极维护并恢复水生态环境，可以显著提升旅游资源的品质与数量，为旅游业的稳健发展注入新的活力。这种发展模式不仅有助于生态环境的保护，更能推动地方经济的繁荣。在旅游景区规划中，可以融入生态旅游、文化旅游、休闲旅游等多样化元素，吸引更多游客，为当地经济注入新动力，进而实现生态与经济的双赢局面。然而，生态水利工程在生态旅游中的实践仍面临一些挑战与问题。首先，需要持续加强生态环境保护与修复工作，提升旅游资源的质量与数量，以确保旅游业的可持续发展。同时，还需注重旅游产品与服务的创新开发，提高旅游的吸引力与竞争力。此外，加强旅游业与生态环境管理的协调配合，是实现生态环境保护与经济发展协同共进的关键。

第二节 水利工程建设对生态环境的影响

一、水利工程建设对生态环境影响的特点

水利工程项目因地理位置的不同，其环境影响特性也会有所差异，这不仅体现在不同的工程项目之间，也表现在同一项目的不同区域。一般而言，水利工程并不直接产生污染问题，它的主要影响对象是区域内的生态环境，因此它多被视为非污染生态项目。库区、大坝施工区和坝下游区是水利工程环境影响的主要区域。在库区，环境受到的影响主要来自水库的淹没、移民的安置以及水库水文条件的变化。受到这些影响最大的因子包括生物

多样性、水质、水温、环境地质、景观、人群健康、土壤侵蚀、土地利用以及社会经济等。这些影响大多是不利的，有些甚至是间接的。对库区自然环境、社会环境和人群健康的影响往往是长期性的，需要经历相当长的时间才能完全显现。在施工期间，环境受到的影响主要来源于生产废水、生活污水、废油的直接排放，这些行为导致了水质污染。同时，挖掘和弃渣等施工活动导致了水土流失。而在坝下游区，环境影响主要源于大坝的调蓄作用，这引起了水文情势的变化。受影响的因子主要包括水文、河势、水温、水质、水生生物、湿地资源、入海河口生态环境以及社会经济等。这些影响既有正面的，也有负面的，且影响的时间通常是长期的。影响的范围则因影响源的情况和区域的特点而异，有时甚至可以延伸到河口区。总结起来，水利工程建设对生态环境的影响主要表现出以下两个显著特点。

（一）空间的连锁性

水利工程建设的影响并非局限于单一的点，而更像是一条绵延的线条。从工程的上游至下游，这一带状区域都会受到波及，尤其下游，其影响范围可延伸达数百千米，甚至直达河口。

以水利工程枢纽地区为例，其影响不仅局限于河道本身，上下游沿岸数千米至十几千米的区域都会受到波及。黄河中游的三门峡水库便是明证，其上游影响至陕西的潼关以上渭河的长段流域，而下游则影响数百千米，直至河口。对于灌溉工程，其影响范围则更加广泛，不仅涉及点、线、带，而是涵盖了整个灌溉区域。

（二）时间的延伸性

水利工程建设对生态环境的影响并非都是短暂的。虽然有些影响，如施工期的噪声，是暂时性的，但大部分影响却是长期存在的。例如，水库修建后，下游河道会出现长距离冲刷的现象，这种冲刷从水库蓄水开始就会持续，直到水库淤积达到平衡状态才会停止。这一过程必然会对下游河道环境产生深远影响。另外，有些影响在水利工程初期可能并不明显，但随着其他因素的发展，如水库回水区泥沙淤积，可能会导致航运问题的出现。因此，对水利工程建设可能产生的长期影响必须有充分的认识和预估。

水利工程的核心在于对水资源的开发与利用，目的在于实现利益最大化，同时消除潜在风险。然而，必须深刻认识到，这类工程对环境造成的负面效应不容忽视。许多环境破坏所带来的后果往往是不可逆的，对后代产生深远影响。举例来说，生态平衡的破坏可能引发生物种群的变迁，甚至导致某些物种的灭绝，这种损失难以估量，影响深远。同时，对文化遗产和自然风光的破坏也是不可逆转的。因此，在评估水利工程的影响时，既要看到其积极的一面，也要科学预测可能的不利影响。对于这些不利影响，还需要提出有效的应对策略和缓解措施，以实现水资源的合理开发和利用，为人类带来福祉，同时保护和提升环境质量，使工程的经济、社会以及环境效益得到全面协调。

在大型水利工程的环境影响评价方面，我国已经积累了丰富的数据与经验，如新安江、丹江口以及三门峡水电站等案例。这些评价工作不仅任务繁重，而且涉及多个领域和层面。相较之下，中小型水利工程在环境影响评价上遭遇的困境主要在于基础资料的匮乏和管理层的不够重视。部分观点认为，由于这些工程带来的利益大于潜在弊端，因此环境影响评价可有可无；甚至有人觉得环境影响评价是多余的，它会为项目上马制造障碍，给规划和设计工作带来麻烦。这些看法显然是片面的。即使工程项目带来的利益再大，也不能忽视其可能带来的环境风险。应当认真进行环境影响评价，制定有效的措施来最小化不利影响，确保工程在追求最大效益的同时，也兼顾环境保护。

在评估水利工程的环境影响时，必须立足全面和长远的视角。单一工程的影响分析是不足够的，必须与流域的整体治理规划相结合。水利工程建设作为流域开发的重要组成部分，其建设和运营都需遵循全局和长远的观点。追求的是高效、多功能的综合利用，而非片面的局部利益。不能只看到短期的经济利益，而忽视了可能带来的负面影响，或是过分强调单项工程而忽略了整个流域的开发规划。经济效益固然重要，但社会效益和环境效益同样不可忽视。

二、水利工程建设对生态环境影响的内容

（一）水利工程建设对河流生态系统的影响

水利工程在天然河道上的建设，会不可避免地破坏河流经过长期自然演化所形成的独特生态环境，[①]进而削减河流生态环境的多样性。

1. 影响河流的原始分布

水利工程的实施会导致河流在生态环境系统中的分布发生变革。建设过程中，建设单位普遍采用排水渠，因此，大量水道的建设变得不可避免。在引水过程中，水利工程不可避免地改变了原有的水流方向，形成了多个新的侧支。随着时间的推移，这些改变会导致河流形成一些断面，进而引发土壤板结现象。这些变化不仅改变了河流原有的自然美学特征，使其从蜿蜒曲折变为直线单行，而且虽然不直接破坏生态环境，但会对环境净化生态系统的能力产生深远影响。

2. 生态系统的自我调节能力不断降低

水利工程建设过程中，生物多样性往往会受到威胁，导致生物种类减少，极大地削弱了生态系统的自我调节能力，进而不利于水的自然净化过程。此外，剩余的建筑材料若未经妥善处理，可能会加剧水质的污染。如果水体受到严重破坏且不及时采取应对措施，将可能引发严重的生态水质问题，对环境和生态系统造成长期影响。

3. 河流形态趋向均一化

所谓河流形态的均一化，其实质就是河流的渠道化过程。人类出于防洪的需求，会修建护岸工程，并可能通过人工裁弯等方式来改变河道，以适应洪水宣泄和航运需求。这些行为都使得原本蜿蜒曲折的河流形态变得规则而单一，导致河流中原有的急流、缓流、弯道及深泓交错的自然格局逐渐消失。同时，河流断面形态的规则化也降低了生态环境的异质性，从而改变了水域生态系统的结构和功能，引发了河流生态系统的退化，导致生物群落的多样性减少。

4. 打破河流的连续性

河流形态的非连续性主要是由于人为活动，如筑堤和建坝，形成了人工湖和水库，这

---
① 王黎平，温家皓. 水利工程建设对社会经济与生态环境的影响浅析[J]. 长江工程职业技术学院学报，2016，33（4）：1–3.

些构造改变了自然水流的连续性。当上游河道的水位因这些构造而上升时,水流速度会显著降低,原本的急流和深槽景观将不复存在。同时,水温和水质也会因水库的形成而发生变化,库区的水体逐渐趋于静态,导致河流失去了其原有的快速自我修复和净化功能。另外,大坝下游的水体温度四季变化减小,影响了下游河道水生生物的生存环境。农业灌溉引用这些低温水体可能会对农作物的生长造成不利影响。此外,下游河道的水位在汛期特别是低水位时,会极大地影响江河湖泊中水生生物的生存,这些生物可能会因为水位的降低而面临生存压力。总的来说,河流形态的非连续性不仅改变了河流的自然特性,也对河流生态系统产生了深远的影响。这里主要针对水利工程建设后的水库对生态系统的影响进行分析。

(1)上游、下游水文泥沙情势变化影响

在天然河道上修建水利工程,将河流的自然状态进行了重塑,这会导致局部河段的水流特性,如水深、流速和含沙量等发生显著变化。这些变化不仅影响工程上下游的水文和泥沙条件,更在更远的距离内引发连锁反应。水文和泥沙条件的变化是推动河流生态环境演变的核心因素。这些变动会对水温、水质、地区气候、环境地质以及土地资源产生深远的影响,进而威胁到水生生物和陆生生物的生存,同时也会对航运、灌溉、城镇供水以及移民安置等造成影响。例如,水库上游水深的增加,优化了航运环境,为供水和灌溉提供了便利,然而,下游河道河床的持续冲刷以及河道的形态变化却给航道稳定带来了挑战。库区水面的扩张促进了水产养殖业的发展,但流速的降低和底层水温的下降却不利于水生生物的多样性。此外,库区的淹没导致陆生生物的栖息地减少,农业耕地受损,以及大量移民的搬迁。

①库区水文泥沙特性。在河流上建立水库,会破坏原有的河流水沙平衡和河床形态的相对稳定性。水库的建设导致库区水位上升,从而使得坝前的侵蚀基准面抬高,水深也随之增加。水流速度因此减缓,进而严重影响水流的输沙能力,导致大量泥沙在水库中沉积。水库的淤积程度受到多种自然因素的影响,包括流域面积、流域特性(如土壤和植被等)、库容以及河道的比降等。此外,水库的调度方式也是决定淤积程度的关键因素。

水库淤积的位置和特性与其运营模式紧密相连。在水库蓄水位较高的情况下,入库的泥沙会首先在水库尾部的河床上沉积,这会导致水库的回水位上升。随着时间的推移,这种淤积现象会不断向水库上游延伸,形成所谓的"翘尾巴"现象。这不仅会降低水库的有效库容,还会形成拦门沙,阻碍上游河道的排水,甚至可能引发洪水泛滥。而当水库蓄水位较低时,入库的泥沙可以直接输送到坝前进行淤积,这会直接减少水库的有效库容,甚至可能堵塞引水设施,降低引水流量,影响发电等。

②水库下游河道水文泥沙特性。当上游河道上建立起水库工程,其调节作用显著改变了上游的水沙流动状况。因此,下游河道的水沙流动特性也发生了明显的变化。这些变化包括洪峰流量的减少,枯水期的补水增加,中水期的持续时间被拉长,枯水期的流量得到增强,同时含沙量有所降低。这些变化导致了河床的冲刷和粗化,进而使河道的形态处于一个不稳定且不断变化的过程中。

(2)对水质的影响

水利工程建设过程中特别是水库工程,对天然河流水质产生显著影响,由于水库的水流动态和水温构造与天然河流大相径庭,导致了水库水质结构的显著变化。一个突出的特点是，进入水库的径流所携带的污染物质会首先在水库中经历混合、稀释、凝集和沉淀的过程，并伴随生物化学反应，形成新的分布模式。溶解氧和污染物质在水深方向上的分布呈现出层次性，重金属元素被吸附到水库底部淤泥中，而水库泄流中的污染物质特性也发生了变化，这种变化进而影响到下游河道的水质。而下游水质的变化程度又受到支流和下游地区汇入污染物的多重影响。

水库储存了河道径流后，水流速度明显减慢，水深相应增加，这些变化导致水体的自净能力降低。同时，水库水温结构的改变也进一步影响了水体中污染物的浓度和分布，使得水库水体的整体水质状况发生了变化。

①色度与透明度。水库中的泥沙逐渐沉淀在库底，这一过程使得水体的清澈度得以提高，透明度增加。这种变化对水库的光合作用产生了积极的影响，进而促进了浮游生物的生长。然而，如果上游来水中氮、磷等营养物质的浓度过高，并且水库的水体交换次数减少，可能会导致水体有机色度增加，甚至出现富营养化现象。

②总硬度和主要离子含量。天然河道的水源由两个部分组成：一部分来源于地表径流，另一部分则是由地下径流进行补给。在洪水期间，地表径流占据主导地位，此时水体的矿化度相对较低。然而，到了枯水季节，地下水的比重增加，其矿化度也相较于洪水期有所上升。在我国的大部分河流中，阳离子主要以钙离子为主，而阴离子则主要是重钙酸根离子。水库的蓄水作用使得水体中的离子总量以及总硬度相较于入库径流略有增加。这是因为水库的调节作用使得水流的离子浓度以及水的硬度在一年内的波动范围减小。

③pH 值、溶解氧和有机污染物。水库表层的清澈水体使得光合作用得以高效进行，为浮游生物的生长提供了有利条件。这些生物能够利用太阳能将游离的二氧化碳和水转化为有机物。同时，水库面积的扩大增强了风浪作用，进一步促进了水体的掺氧过程，使得溶解氧含量丰富，部分水库甚至出现了过饱和状态，导致游离二氧化碳的减少和 pH 值的上升。然而，随着水深的增加，这种趋势逐渐减弱。在水库底层，由于水体掺混较少，太阳能难以穿透，导致浮游生物及其他有机污染物分解时大量消耗溶解氧，使得溶解氧含量大幅下降。特别是一些水库在蓄水初期，如果库底植物清理不彻底，其残体的腐烂和分解会迅速耗尽库底水体中的溶解氧。由于缺乏溶解氧，有机质会分解产生硫化氢、甲烷或二氧化碳，导致 pH 下降，同时增加水的导电性。

④重金属。天然河道原本底泥稀缺，但随着水流进入水库，由于流速的减缓，泥沙开始沉积，导致底泥逐渐增多。在这个过程中，如汞、铬、铅、镉、砷等有害物质在水库底层水体中累积或被底泥吸附。这些污染物逐年累积，有可能形成长期且难以消除的污染。此外，这些污染物有可能被水生生物吸收，并通过食物链逐渐累积到更高级别的动物体内。另外，值得注意的是，在特定的环境条件下，部分污染物可能通过生物化学反应转化为新的化合物，从而改变其原有的性质。例如，无机汞与碳化钙结合，生成极具毒性的甲基汞。此外，由于水库底层的缺氧环境，镁、铁等元素可能从原本的化合物中分离出来，导致水体变得混浊并呈现出不同的颜色。

⑤富营养化。水库的水质问题中，富营养化是一个需要关注的重点。当水库的水流从动态转变为相对静止状态，若入库径流中富含氮、磷等营养元素，富营养化的风险就会显著增加。在贫营养化的水体中，由于营养成分稀缺，其生产力相对较低，水质保持清洁，生化反应也相对有限。然而，在富营养化的水体中，由于营养成分丰富，植物和藻类会过

度生长，导致生产力高涨。这样的环境不仅会引发大量的生化反应，还会使水质显著下降。相比之下，中营养程度的水体则处于这两者之间。值得注意的是，水库的富营养化水平主要取决于水体中氮、磷等营养元素的浓度。在同等营养物质浓度下，浅水、静止、水温较高的水库更容易发生富营养化。

（二）水利工程建设对生物的影响

1. 对陆生生物的影响

生态环境中的核心要素——植被，不仅扮演着关键的角色，同时也是最敏感的自然组成部分，对生态系统的平衡与演变起到决定性的作用。同时，植被作为陆生动物的栖息地，其完整性的保护对维护陆生动物的生存至关重要。水利工程在不同阶段，施工期与运行期，对陆生生物的影响呈现出差异性。

（1）工程施工期对陆生生物的影响

水利工程施工过程中，部分林地、草丛和农田难免遭受破坏。根据占地性质的差异，施工占地可被划分为永久性与临时性两类。永久性占地主要关联于枢纽建筑物的构建、淹没区的形成、移民的安置以及公路的建设等。相对而言，临时性占地则主要涉及土石料场的开采、弃碴场的设置以及施工生活区的规划等。临时性占地对植被的破坏通常是暂时性的，一旦工程完工，植被恢复或重建的措施便可得以实施。然而，永久性占地则可能对植被造成毁灭性的破坏。

因此，详尽的调查与研究工作至关重要，包括了解临时和永久性占地范围内珍稀物种的聚居情况以及国家保护植物的分布，从而采取针对性的措施防止这些物种的灭绝。在施工期间，大规模的毁林开挖行为破坏了陆生动物的栖息地；工程废水、生活污水以及弃碴的排放改变了河道水流的混浊度和理化性质，进而恶化了河道岸边爬行类动物的生存环境。此外，施工产生的废气与噪声也迫使长期栖息的地面动物及鸟类不得不进行长途迁徙，导致部分动物不幸丧生。

（2）工程运行期对陆生生物的影响

水库工程在运营期间，会覆盖大量的植被生长区，这在地理环境复杂的山区尤为明显。这些区域的植物种类繁多，但由于水库的淹没，它们的生长环境被破坏，导致种群数量减少，甚至一些珍稀植物种类面临灭绝的风险。同时，水库的建设使得原本连续的生境变得碎片化，改变了植物的群居结构。大量的边境生境区的出现，直接阻碍了物种在群居内的扩散和迁移。此外，随着移民新区的建设，新的耕地开发将不可避免地破坏植被和林地，这将导致一些物种的永久性丧失。

尽管水库的蓄水增加了水面和湿地的面积，为水禽和湿地昆虫提供了更多的生存空间，但这也对低海拔草木灌丛中的鸟兽造成了影响，它们的生活范围被破坏，不得不迁移到更高的海拔或其他地区。同时，天然河道岸边河谷地带的陆生动物栖息地也因为水库的蓄水而被淹没，使得它们的生存空间变得更为有限。在水库建设之前，许多支流在枯水季节会断流，动物可以自由地游走在两岸觅食。然而，水库的蓄水阻断了动物的通道，这对它们的生活习性产生了深远的影响。

2. 对水生生物的影响

水利工程建设对水生生物的影响主要体现在水库的影响上，水库的形成增加了水生生态系统的空间，同时也改变了某些水生生物的生存环境与条件，影响到浮游生物、底栖生物及鱼类。

（1）浮游生物

水库中的水流动较为缓慢，含有的泥沙量较少，这些条件共同赋予了其优秀的透光性能。因此，营养物质在这里得以有效累积，极大地促进了浮游植物的生长，尤其是藻类的繁衍。与此同时，这种优质环境也为浮游动物提供了理想的生存条件。当水库建成后，相较于之前的天然河道，其内部的浮游生物种类和数量均有显著提升。这种增长的程度，与水库的自然地理属性、水的滞留时长、排水方式以及流入水库的水体中营养物质的构成等因素息息相关。

随着水流从水库中流出，大坝下游的河道中浮游生物的数量也相应增加。此外，由于水库释放的水质清澈、流量稳定，以及水温波动较小，这些因素共同促使下游河道中的浮游生物形成了新的优势种群。这些变化在大坝附近尤为明显。

（2）底栖生物

库区内水体深度增加，导致水温与外来物质出现分层现象，深层水体中溶解氧含量较低。除了水库岸边区域，深水区的库底几乎不适宜底栖动物的生长。而在大坝下游的河道中，经过泥沙的冲刷和淤积，河道形态逐渐趋于稳定。一些水流较为平缓的区域，河床底质以细沙或淤泥为主，这种环境非常有利于水生维管植物和底栖动物的生长。随着时间的推移，这些区域会逐渐形成适应环境的优势种群，能够进一步丰富河道的生物多样性。

（3）鱼类

水库的建成极大地扩展了鱼类的生存空间。水库中的水流速度减缓，营养物质得以富集，这为那些适应静水或缓流水域的鱼类提供了理想的繁殖环境，从而有力地支持了渔业生产。然而，这一变化对于那些原本适应于快速流动水体的鱼类而言，却意味着生存空间的缩减。这些鱼类可能需要被迫上溯至水库上游的河道中寻找新的栖息地。此外，水库的建设还可能淹没部分鱼类的产卵场所，对它们的繁殖造成一定影响。幸运的是，如果水库上游的河道足够长，并且环境条件适宜，鱼类有可能通过自身的适应机制，在上游区域形成新的产卵场地，从而在一定程度上缓解这一压力。

大坝的建设常常切断了洄游鱼类的天然通道，对部分珍稀鱼类种群可能带来灾难性后果。然而，如果大坝上下游的河道足够长，且能满足鱼类洄游的需求，这些鱼类或许能够调整它们的洄游模式，继续它们的生存和繁衍。当库水通过大坝流入下游河道时，它在一定范围内对鱼类产生正负两面的影响。随着下游河道的水文环境和水质变化，浮游生物与底栖动植物的种群结构也会发生变化，进而引起鱼类优势种群的变动。枯水季节，由于下泄水量的增加，为鱼类提供了越冬的理想环境，可能吸引来自其他水域（如支流和湖泊）的鱼类来到大坝下游河道度过冬季。这些都是对鱼类生存的有益影响。

然而，由于下泄水流的水温低于自然河道，可能会推迟某些鱼类的产卵时间，缩短它们的生长和繁殖周期，从而影响到它们的个体成长。此外，涨水通常是刺激鱼类产卵的关键因素，产卵的规模与涨水的幅度成正比。在天然河道中，降雨后的流量激增和水位快速上涨会激发鱼类的产卵行为。然而，水库通过控制下泄流量，显著改变了下游河道的涨水过程，并且减少了涨水的幅度，这可能会对鱼类的产卵规模产生不利影响。水库对生物的影响是复杂多样的，并且与特定的自然环境、生物种类以及水库的特性有着密切的关系。

（三）水利工程建设对社会环境的影响

1. 水库淹没浸没造成的影响

在水利工程建设过程中，随着水库的蓄水，库区内的土地、房屋、森林、城镇、交通线路、工矿企业，以及珍贵的文物古迹等都将面临被淹没的命运，从而给库区带来不小的经济损失。水库蓄水还导致库区周边地下水位上升，受此影响，周围耕地可能出现盐碱化，部分区域甚至可能演变成沼泽地。此外，地下水位上升还可能对原有工程建筑物的基础造成破坏，引发塌陷。同时，库内风浪的冲刷作用也可能导致滑坡和塌岸现象，从而威胁到水库沿岸的耕地安全。由此可见，水库的淹没和浸没问题是水利工程环境影响中不可忽视的重要方面。

水库淹没和浸没的程度，其环境影响的严重性，是多种因素综合作用的结果。这些因素主要包括水库的蓄水范围、人口和耕地的分布情况、库区原有的社会经济状况，以及土壤和地质条件等。为了准确评估这些影响，需要进行多方面的调查和详细的分析。例如，有些水库位于高原或山地地区，这些区域人口稀少，经济发展相对滞后。即便修建了大型水库，其淹没损失可能相对较小。然而，另一些水库可能位于丘陵地带，这里人口密集，城镇分布广泛。在这种情况下，即便水库的淹没范围不大，但是由于沿岸高水位持续时间长，建库后的水位差大，渗径长，浸没问题可能会成为环境的主要影响因素。

2. 移民安置

移民安置工作错综复杂，涉及社会经济诸多领域，从城镇变迁、荒地开发、资源调配到工业进步，无一不对环境构成潜在威胁。因此，在构建新城镇时，务必遵循国家颁布的相关法律法规和行业标准，确保每项举措都合乎规范。当考虑将水库消落区的土地用作季节性耕作时，库岸的稳定性至关重要，农药和化肥的使用量必须受到严格监控，以防止对库区水质的污染。同样，利用库区资源发展养殖、航运、旅游和水上运动等产业时，也必须确保水质不受损害。在开发利用自然资源以推动乡镇企业发展的过程中，必须注重资源的可持续利用以及生产能力的维护，并且对土地、森林资源的利用施加适当的限制。水利工程建设项目的实施，往往需要利用当地的矿产资源和其他资源，如林果、畜牧、土特产等来推动乡镇企业和第三产业的发展，这对于库区经济的增长和产业结构的优化具有积极意义。然而，若第二、三产业项目选择不当，也可能引发新的环境问题。

非自愿移民的迁移与重新安置问题，或许是当前水利工程遭遇最强烈反对的主要原因。这一问题常被用作证明水利工程具有有害影响的证据。正因此，社会学家和人类学家开始全面介入环境领域，他们对水利工程的反对在一定程度上起到了延缓或阻止工程实施的作用。回溯历史，水利工程规划中的社会不公平问题对水电开发使用造成了影响。为了避免这种不公平和批评，需要赋予受影响的人们申诉的权利，并实施适当的规划。这种规划甚至有可能将非自愿移民转变为期待和自愿的移民，从而缓解反对声音，促进水利工程的可持续发展。

然而，必须认识到，农村人口当前的社会地位和经济福祉并非一定处于最优水平。实际上，他们的土地使用和资源管理方式有时可以通过实施可持续发展的策略来得到优化。事实上，许多耕作者目前采用的非持续性的土地和水资源管理方法对他们自身的未来生存构成了威胁。在这样的地区进行水利工程建设，将不可避免地改变土地利用模式，从而对其可持续发展方式产生影响。因此，从某种角度看，这些工程实际上为受影响的人口带来了更多的益处，而非仅仅是损失。为了寻求平衡，必须认识到，人口的重新安置不仅为部分人提供了更好的生活机会，同时也可以改善长期的资源管理状况。

（四）水利工程建设对水环境的影响

水利工程建设对水环境的影响主要是对水源的污染，污染源如图 6-1 所示。

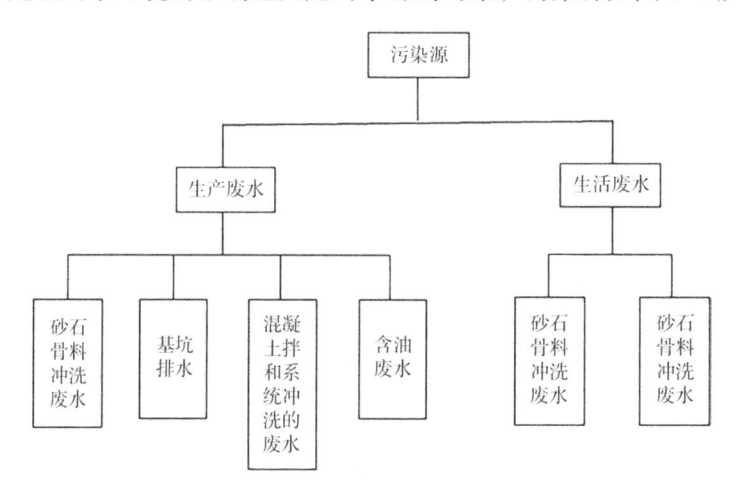

图 6-1 废水排放污染源

1. 废水排放污染水源

（1）砂石骨料冲洗废水

基于施工组织设计和施工布局的要求，可以确定砂石料加工系统的具体设置、生产规模以及生产所需的水资源。随后，进一步推算可能产生的废水排放量和排放强度。借助水质模型的计算结果，能够深入分析砂石料加工系统排放的废水对周边水体水质的影响程度和范围，从而为生态环境保护提供有力的数据支持。

（2）基坑排水

在水利工程建设过程中，由于自然降水、工程渗水和施工用水，基坑内不可避免地会产生积水。为了了解这些积水对下游河段水质可能产生的影响，参考其他类似工程的实地监测结果，对经常性基坑排水排污量及排放时间进行估算。

（3）混凝土拌和系统冲洗废水

在水利工程施工期间，混凝土拌和系统冲洗会产生一定量的废水，尽管水量相对较小，但其中的悬浮物浓度却相对较高。这些废水通常会集中排放。为了评估这种废水排放对附近山区或库区水域的影响程度，需要进行预测和分析。通过综合考虑废水的排放量、悬浮物浓度以及水域的自身特点，可以更准确地评估废水排放对水域生态系统和水质可能产生的影响。

（4）含油废水

工程施工中所使用的机械和车辆，在维修与冲洗过程中会产生含油废水。这种废水一旦未经处理而直接排放，将对农田和河流的水质造成污染。因此，在施工设计初期，就需明确规划机械和车辆的维修保养场地。通过详细统计工程施工中使用的各类机械和车辆的数量、类型及其燃油动力等信息，可以进一步预测含油废水的排放量。

（5）生活废水

基于施工总体布置、生活区布置、占地面积和施工人员数量等基础资料，结合当地的用水情况以及施工人员的工作和生活特点，推算出施工人员的生活用水标准。同时，还要考虑生活污水中可能包含的污染物种类以及排放水域的水质污染状况。在此基础上，运用水质模型进行预测计算，以确保施工活动对当地水环境的影响得到有效控制。

2. 护岸工程对水生生态环境的影响

在水利工程建设过程中，护岸工程是不可或缺的一部分，然而，它同时也可能对工程区域的水生生态环境造成一定的影响。这些影响表现在多个方面。

①护岸工程会直接影响沿岸的水生生物，可能对其生存造成威胁，对水生生物的卵和幼苗等敏感阶段的影响尤其明显。

②库岸爆破会产生强烈的冲击波，这种冲击波对水生生物来说可能是致命的，对水生生态系统构成严重威胁。

③工程在小范围内可能引起沿岸河道水体的混浊，不仅影响水生植物的光合作用，导致它们无法有效进行养分合成，同时还会降低水体的溶解氧量，进一步影响水生生物的生存。

④护岸工程可能破坏沿岸的生态系统和河流景观，不仅对水生生物造成不利影响，还可能对沿岸空气的净化功能产生负面影响，破坏生态平衡和环境的可持续性。

（五）水利工程建设对大气环境的影响

水利工程建设还会对工程区域的大气环境产生一定的影响，主要体现在施工阶段。大气环境污染源如图6-2所示。

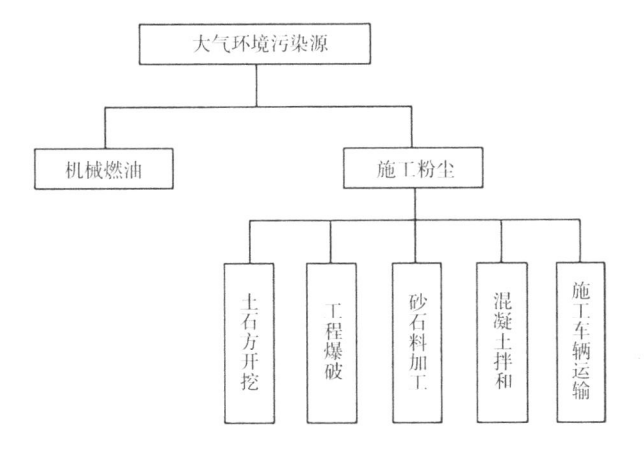

图6-2 大气环境污染源

1. 机械燃油

在水利工程建设过程中，施工机械的燃油废气排放具有流动性和分散性，这使得对其排放量的准确测定变得复杂。然而，通过类比类似工程的实际测量数据，或者参考专业的机械尾气排放手册，仍然可以较为准确地确定施工机械燃油废气的种类和排放量。值得注意的是，尽管机械燃油污染物的排放具有流动性和分散性，且总体排放量相对不大，但由于水利工程建设现场的开阔性和较强的污染物扩散能力，以及工地相对较低的人口密度，施工机械燃油污染物的排放一般不会对环境空气质量产生显著影响。

2. 施工粉尘

水利工程施工中，土石方的开挖量通常相当可观，因此在短期内会导致大量的尘土产生。这些尘土在特定区域内浓度较高，无疑会对现场施工人员的身心健康产生不良影响。至于施工爆破，通常是间断性地释放污染物，因此其对环境空气的污染程度相对有限。

在砂石料加工和混凝土拌和的环节中，产生的粉尘浓度和总量可以通过参考类似工程现场的实测数据进行估算。同时，结合施工区域的地形、地貌特点，以及空气污染物的扩散条件和环境空气质量达标情况，可以预测施工期间空气污染物的扩散方式和影响范围。对于施工运输车辆在卸载砂石土料时产生的粉尘，也可以依据类似工程的实测数据进行分析，从而推算出土方开挖与填筑施工现场空气中的粉尘浓度及其影响范围。此外，车辆尾气中的主要污染成分包括二氧化硫、一氧化碳、二氧化氮以及烃类等，这些污染物同样会对环境空气质量产生一定影响。

（六）水利工程建设对声环境的影响

水利工程施工产生的噪声影响也主要体现在其工程建设的施工阶段，其主要的施工噪声如图6-3所示。

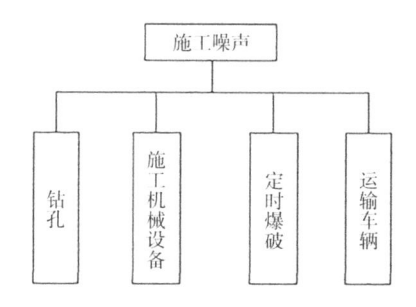

图6-3 施工噪声

根据施工组织设计的指导原则，针对施工噪声进行详细分析。为了更准确地评估噪声的影响，选择那些声源强度高、运行时间长的主要施工机械作为多点混合声源的代表。这些设备在施工过程中同时运行，导致声能相互叠加。通过计算每个施工区域机械声能的叠加值，并在不存在任何自然隔音屏障的不利情况下进行预测，能够更准确地评估施工噪声对周围声环境敏感点的影响程度和范围。

（七）水利工程建设对地质环境的影响

地球的地壳，其平均厚度仅为33 km，相当于地球平均半径的1/193。相较之下，鸡蛋壳的厚度则是鸡蛋平均半径的1/740。尽管地壳看似坚固，但人类在其表面进行的各种大规模活动却可能对其应力状态产生影响，甚至可能触发地震。其中，水利工程建设对地质的影响尤为显著，特别是水库对地震的诱发作用。水库诱发地震通常发生在水库蓄水之后，其特征与当地天然地震活动明显不同。如果在水库大坝附近发生强震或中强震，不仅可能对大坝和其他水工建筑物造成直接破坏，还会对库区及其周边地区的居民产生更为显著的影响。

1. 诱发地震的有关因素

基于多成因理论，水库诱发的地震大致可划分为三类：构造破裂型、岩溶塌陷型和地壳表层卸荷型。其中，构造破裂型水库地震的潜在破坏力不容小觑，其震级有可能达到中等（4.5级）及以上。事实上，绝大多数具有破坏性的水库地震都属于构造破裂型。岩溶塌陷型地震则多发生在碳酸盐岩分布的区域，与岩溶洞穴和地下管道系统的发育情况密切相关，这类地震的震级通常不会超过4级。地壳表层卸荷型水库地震则表现出一定的随机性，在断裂发育、坚硬脆性的岩体中，只要满足一定的卸荷应力和水动力条件，就有可能发生。但需要注意的是，这类地震的震级一般都在3级以下。在此，将重点探讨构造破裂型水库地震的相关情况。

（1）水体作用

水库诱发地震的强度与水体作用之间存在着紧密的联系，其中，水库产生的水压力被认为是地震的主要诱因。在诱发地震的诸多因素中，大坝的高度占据着首要位置，而水库的蓄水量则排在第五位。水库的水深与蓄水量是诱发地震的明显相关因素，地震发生的概率会随着坝前水深的增加和蓄水量的提升而上升。此外，地震的发生还与水库蓄水过程中水位上升的速率密切相关。

（2）地质构造条件

根据断层的力学属性，逆断层与平推断层之间的关联性并不明显，而正断层的总长度与地震诱发之间存在显著的相关性，是引发地震的第二大主要因素。众多历史地震记录显示，许多水库在地震发生时的主压应力轴趋近于垂直状态，呈现出一种陡峭的倾斜移动模式。基于这一现象，可以推测，岩体自身的重力很可能是触发地震的原始应力源之一。

从应力场的视角切入，三级让断块角顶距大坝的距离位列诱发地震影响因素的第三位，而水库周边25 km范围内、深度超过10 km的断层交点数量则位居第六。至于三级以上的隆起凹陷过渡带、断块边界以及新生代地边缘距离大坝的最小距离，它们分别占据影响因素的第七、九和十二位。这些元素共同反映了地壳构造的"闭锁"状态及构造应力集中区的存在，进一步证实了水库诱发地震与区域构造应力之间存在密切的成因关系。

根据对地壳构造活动性的分析，在距水库100 km里范围内，自新生代以来的活动大断裂带总长度在诱发地震的各种因素中排名第四，而与第三、第四纪的活动大断裂带关联较小。这构成了水库地震与构造地震之间的一个显著区别。另外，以坝址为圆心100 km的区域内，地震能量释放的累积值与水库诱发地震的能量级别之间存在明显的负相关关系。这一事实表明，历史上该区域释放的应变能越多，水库诱发地震的可能性及其强度就越小。

2. 地壳介质条件

在考虑诱发地震的因素时，需要关注到水库的水域及其周边25 km范围内的岩石类型。特别是碳酸盐类岩石和花岗岩类岩石的出露面积占总区域的比例。这两类岩石的裂隙发育显著，特别是经过岩溶作用的碳酸盐类岩石，它们为水库水向地下深处渗透提供了便利的条件。这种渗透作用导致岩体的孔隙压力上升，进而增加了水库诱发地震的风险。

综上所述，地质体自身以及水库水体的重力，或者受到区域构造应力场的影响，在某些特定的构造部位形成了断层的"封闭"状态，进而引发了应力的集中。当水库开始蓄水，水压力导致水流沿着张开的裂缝渗透，不仅降低了岩石层面间的摩擦，还增加了孔隙内的压力。这些变化共同导致了断层面上有效应力的减少和破裂强度的降低，最终诱发了地震。值得注意的是，水库的渗漏主要发生在地壳的表层，因此，水库地震的震源通常也局限在地壳的浅层。

第七章　水利工程建设生态环境效应的理论与功能

水利工程建设对生态环境的影响是一个非常重要的议题。水利工程建设涉及河流、湖泊、水库、渠道等水体的人工调控，同时也涉及水资源的供给和利用，对生态环境有着重要的影响。对水利工程建设生态环境效应的深入研究，可以为水利工程的规划、设计和管理提供科学依据，为实现水利工程的可持续发展和生态环境保护提供理论指导。本章围绕水利工程建设生态环境效应的理论、水利工程建设生态环境效应的功能展开研究。

第一节　水利工程建设生态环境效应的理论

一、生态环境效应的相关理论

（一）生态环境效应的概念界定

生态环境是指影响人类生存与发展的水资源、土地资源、生物资源以及气候资源数量与质量的总称，是关系到社会和经济持续发展的复合生态系统。生态环境效应包括生态效应和环境效应。生态效应（ecological effect）是指人为活动造成的环境污染和环境破坏引起生态系统结构和功能的变化，如人为活动排放出的各种污染物以及二氧化氮、二氧化硫和氟化物等对大气环境的污染，所造成的生态效应。环境效应（environmental effect）是指自然过程或者人类的生产和生活活动会对环境造成污染和破坏，从而导致环境系统的结构和功能发生变化的过程，其中，人们最为熟知的便是温室效应，它是由大气中二氧化碳的增加导致气温升高、气候变暖的现象。

总的来讲，生态环境效应可以理解为是与生态环境有关的影响，且这种影响通常是双向的。人类从事生产、生活的活动会对生态环境造成影响，这种影响可能是正向的影响，也可能是负向的影响。这种影响累积到一定程度以后，会引起生态系统和功能等发生变化，最终这些变化可能反过来作用于人类，影响人类的生产、生活、生存和发展。

（二）生态环境效应的研究方法

1. 生态环境质量指数

该方法的核心在于以定量的方式，给每一种土地利用类型赋予不同的背景值，这个值与其对应的生态环境影响相吻合，从而形成一个评价体系，以此分析区域生态环境质量的变化情况。其表达式如下。

$$\mathrm{EQI}_t = \left(\sum_{i=1}^{n} \mathrm{LUA}_{i,t} \times \mathrm{EV}_{i,t} \right) / \sum_{i=1}^{n} \mathrm{LUA}_{i,t} \qquad (7-1)$$

式中，EQI$_t$——通过计算得到的 t 时刻下的区域生态环境质量指数结果；

n——研究范围内土地利用类型种类的个数；

EV$_{i,t}$——第 i 类土地利用类型在 t 时刻下所赋予的与该类型对应的影响生态环境的背景值；

LUA$_{i,t}$——对应第 i 类土地利用类型在 t 时刻下的土地利用面积。

2. 生态环境质量重心

为了显化生态环境质量在空间上的变化特征，引入物理学中物体的重心，而提出关于生态环境质量的重心。生态环境质量的重心会随着生态环境质量的恶化或者改善不断发生变动，在一定程度上可以反映生态环境质量在空间上的变化。

$$X_t = \sum_{j=1}^{n} \mathrm{EQI}_{tj} X_j / \sum_{j=1}^{n} \mathrm{EQI}_{tj} \qquad (7-2)$$

$$Y_t = \sum_{j=1}^{n} \mathrm{EQI}_{tj} Y_j / \sum_{j=1}^{n} \mathrm{EQI}_{tj} \qquad (7-3)$$

式中，EQI$_{tj}$——j 单元 t 时刻生态环境质量指数；

X_j、Y_j——j 单元的地理中心坐标；

X_t、Y_t——t 时刻区域生态环境质量的重心坐标。

3. 地理探测器模型

地理探测器模型是一种比较新颖的统计学研究方法，不仅可以揭示地理要素背后驱动因子，还可以用来探测地理要素空间分异性[①]。这个模型自从提出以来，就受到了学者们的关注，并陆续在土地利用、生态环境和社会经济等多个领域得到广泛应用。通常，可以采用地理探测器模型对影响区域生态环境质量的土地利用隐性形态评价因素 X 的影响力进行探测。用 q 值度量，表达式如下。

$$\mathrm{SSW} = \sum_{h=1}^{L} N_h \sigma_h^2 \qquad (7-4)$$

$$\mathrm{SST} = N\sigma^2 \qquad (7-5)$$

$$q = 1 - \frac{\mathrm{SSW}}{\mathrm{SST}} \qquad (7-6)$$

式中，$h=1$，2，$\cdots$，L——因变量生态环境质量 Y 的分区或者自变量即影响区域生态环境质量的土地利用隐性形态评价因子 X 的分类，即为对应 X、Y 的分层；

---

① 王劲峰，徐成东. 地理探测器：原理与展望 [J]. 地理学报，2017，72（1）：116-134.

N_h——层 h 的单元数；

N——全区的单元个数；

σ_h^2——层 h 的方差；

σ^2——全区生态环境质量值 Y 的方差；

SSW——分层中层内的方差之和；

SST——全区的总方差。

结果 q 值一般介于 0～1，其大小可以用于衡量自变量土地利用隐性形态评价因素 X 对应的区域生态环境质量 Y 的影响力。结果 q 值越大，表明自变量土地利用隐性形态评价因素 X 对应的区域生态环境质量 Y 的影响越大，X 和 Y 两者之间的关联性越强，土地利用隐性形态评价因素 X 越能解释关于区域生态环境质量 Y 的变化。反之，则两者关联性越弱，解释力越差，影响越小。

（三）生态环境效应的综合评价

1. 评价指标选取

用来综合评价生态环境效应的指标参数有很多，因此，在选用具备区域生态环境作用的综合评价的指标项目的过程中要遵循一些原则，只有这样才能建立使评价更加客观的指标体系，而需要秉承的原则包括下述四项。

（1）科学性原则

在选取指标项目及建立指标体系的过程中，必须具有确切的科学依据。要想实施定量分析，就一定要让用于评价的指标项目数值能够真正获取到。在对于生态环境作用进行综合评价的深入分析和研究过程中，需要按照地区发展现状及所处的地理环境特征，选择符合本地区特点的评价指标项目，这样才能准确反映出本地的生态环境状况。

（2）全面性原则

对于生态环境效应评价指标的数目众多，需要站在全局的角度进行考量，一定要确保可以全方位地对生态环境效应进行评价。在对指标进行选取的过程中，不应出现遗漏，不可以仅对其中部分子系统进行分析，由于不全面，因此就无法体现出生态环境作用的实际状况。因此，在对评价指标进行选取的过程中，需要全面性地进行不同类别的总结，同时还要特别注意各子系统对应的评价子指标项目。这样才可以将实际的生态环境效应获取到。[1]

（3）可操作性原则

在对生态环境作用的评价指标进行选取的过程中，不但要对本地的主要特征进行考量，还要对指标是否具备可操作性进行考量，也就是说选择的指标和当前的指标体系不能冲突。此外，指标的获得一定要方便，同时其准确度要高。最后，要对指标项目能否展开定量研究进行考量，如此才可以通过相应的模型展开运算，得出生态环境效应评价的结果。

（4）代表性原则

生态环境效应评价指标项目较多，不过在对指标体系选取展开研究的过程中，是无法将全部有些许关联的评价指标均一一列举的。此外，评价指标量的选取要合适，选取太多

---

[1] 简晓彬，陈伟博，赵洁. 苏北工业化发展与生态环境质量的综合评价及驱动效应 [J]. 经济论坛，2019（5）：33–43.

的指标,最后得到的结果很可能是脱离实际情况的。所以,要尽量选择容易说明和描述的指标,同时还要选取能够将生态环境的保护及质量充分反映出来的典型指标。

2. 指标体系构建

为了有一个比较完美的指标体系,可以首先选择较常用的生态环境指数,即 EI。同时选择《生态环境状况评价技术规范》(HJ 192—2015)对生态环境效应评价进行明确的约束。但由于各地区所面临的生态环境状况是不同的,对其产生影响的因素也是不一样的,所以这种固定的权重分配模式对于区域生态环境效应评价来说适用性不足,难以对区域生态环境的实际特征做出有效的描述。此外,应当明确基于遥感技术的遥感生态指数(RSEI)的指标选取包含有地表温度、湿度分量、植被指数以及裸土指数,以此来全面分析城市生态质量情况。RSEI 的提出是以生态环境状况为基础的,对于不同区域,其适用性不同,但在遥感技术的帮助下,研究信息获取更为便利,且信息量不仅十分全面,时效性也非常好,对于生态环境状况的分析有着重要的意义。

一般来说,结合 EI 和 RSEI 可以促使生态环境效应评价指标体系的有效构建,进而依据当地实际状况有针对性地选取评价指标。具体而言,它应涵盖四个主要因子:气象、地形、地表和土壤侵蚀,以及六个具体的评价指标。最终,将形成一个三级生态环境衡量指标体系,如表 7-1 所示。这个评价体系不仅能够为分析当地生态环境状况提供有力依据,还能够为促进当地生态环境的健康和可持续发展提供坚实的支撑。

表 7-1 生态环境效应评价指标体系

目标层(A)	指标层(C)	准则层(B)
评价生态环境效应	C_1 坡度	B_1 地形因子
	C_2 土壤侵蚀	B_2 土壤侵蚀因子
	C_3 降水量	B_3 气象因子
	C_4 地表温度	B_4 地表情况因子
	C_5 植被覆盖度	
	C_6 土地利用	

3. 指标权重确定

确定指标权重是环境影响评价中的关键环节。目前,众多研究倾向于结合主成分分析和过程层次分析这两种方法。其中,过程层次分析法作为一种广泛应用的手段,具有显著优势。从某一视角看,构建多层次度量体系能够有效解决评价过程中的定性问题。而从另一视角出发,它还能妥善处理指标权重所对应的定量分析难题。因此,运用过程层次分析法,可以全面分析各指标对生态环境质量影响的定量和定性特征。

(1)构建判断矩阵

根据在环境评价研究中所进行的评价因子权重的分布,对相关因素展开对比,对于相关因素具有的相对重要程度进行分析,采用合理的量表法,对各因子进行排序,以 A 为目标，建立判断矩阵 $\boldsymbol{P}$，w_i 指的是评价要素，w_{ij} 指的是 w_i 对 w_j 的相对重要程度数据，判断矩阵建立的关系式见式（7-7），判读矩阵具体含义和标度如表 7-2 所示。

$$\boldsymbol{P} = \begin{bmatrix} w_{11} & w_{12} & \cdots & w_{1n} \\ w_{21} & w_{22} & \cdots & w_{2n} \\ \vdots & \vdots & \vdots & \vdots \\ w_{n1} & w_{n2} & \cdots & w_{nn} \end{bmatrix} \tag{7-7}$$

表 7-2　判读矩阵具体含义和标度

标度	含义
9	代表如果将因素 w_i 和 w_j 进行对比，那么 w_i 较 w_j 极其重要
7	代表如果将因素 w_i 和 w_j 进行对比，那么 w_i 较 w_j 特别重要
5	代表如果将因素 w_i 和 w_j 进行对比，那么 w_i 较 w_j 显著重要
3	代表如果将因素 w_i 和 w_j 进行对比，那么 w_i 较 w_j 较为重要
1	代表如果将因素 w_i 和 w_j 进行对比，那么两者重要性相同
8、6、4、2	分别代表的是 7~9、5~7、3~5、1~3 的中间值

（2）权重计算

通过使用 Yaahp 层次分析法对应的软件，构建生态环境效应评价指标体系的层次分析法模型，计算标准层各指标的权重值和总目标层对应不同指标项目的权重大小，具体统计模板如表 7-3 所示。

表 7-3　层次分析法各指标项目对应的权重统计模板

目标层（A）	指标层（C）	权重大小	准则层（B）	权重大小	总权重
评价生态环境效应	C_1 坡度		B_1 地形因子		
	C_2 土壤侵蚀		B_2 土壤侵蚀因子		
	C_3 降水量		B_3 气象因子		
	C_4 地表温度		B_4 地表情况因子		
	C_5 植被覆盖度				
	C_6 土地利用				

4. 评价方法

（1）评价方法的选择

作为生态环境效应综合评价的常用方法之一，综合指数评价模型如下。

$$\mathrm{EQI} = \sum_{i=1}^{n} w_i X_i \qquad (7\text{-}8)$$

式中，EQI——生态环境质量评价指标，其值等于 0~1；

w_i——评价要素；

X_i——标准化处理以后的第 i 个指标参数。

对于生态环境评价参数而言，它们具备不同的维度、数据结构、数据种类及属性特点，无法直接展开重叠比较及综合指标评价。所以，必须对获取到的所有评价因子数据进行规范化。评价指标对生态环境质量有正面和负面影响，正相关关系为生态环境质量等级随评价指标值的增大而增大，负相关关系为生态环境质量等级随评价指标值的增大而减小。其中，针对正面评价因素可以采用以下公式进行计算。

$$X' = \frac{X_i - X_{\min}}{X_{\max} - X_{\min}} \qquad (7\text{-}9)$$

土壤侵蚀程度、地面的地表温度及坡度大小等均对生态环境水平具有负面影响，所以，可以通过式（7-10）对产生负面影响的各因子实施标准化处理，让它们转变成具有相关性的评价指标。

$$X' = 1 - \frac{X_i - X_{\min}}{X_{\max} - X_{\min}} \qquad (7\text{-}10)$$

（2）评价结果分级

按照《生态环境状况评价技术规范》(HJ 192—2015)中提出的生态环境质量分类标准，可以将生态环境质量分为五类，如表 7-4 所示。

表 7-4 生态环境质量分级表

级别	质量	阈值	状态描述
Ⅰ	优	EQI ≥ 75	非常多的植被
Ⅱ	良	55 ≤ EQI < 75	比较多的植被
Ⅲ	一般	35 ≤ EQI < 55	数量一般的植被
Ⅳ	差	20 ≤ EQI < 35	较少的植被
Ⅴ	极差	EQI < 20	特别少的植被

同时，为了更好地表达环境质量变化的迹象，在地理信息系统空间分析的支持下，可以根据《生态环境状况评价技术规范》(HJ 192—2015)中的分级表将生态环境质量变化幅度分为四级，如表 7-5 所示。

表 7-5 生态环境质量变化幅度等级划分

等级	变化程度	生态质量状态
显著改变	$|\Delta EQI| \geq 0.5$	大于 0，质量变好显著；小于 0，变差显著
明显改变	$0.3 < |\Delta EQI| \geq 0.5$	大于 0，质量变好明显；小于 0，变差明显
轻微改变	$0.1 < |\Delta EQI| \geq 0.3$	大于 0，质量变好轻微；小于 0，变差轻微
无变化	$|\Delta EQI| \geq 0.1$	无变化

（四）生态环境效应的表现形式——生态系统服务价值

生态系统服务价值是生态环境效应的重要表现形式，为了更好地理解和研究生态环境效应，有必要针对生态系统服务价值进行系统阐述。生态系统服务是指生态系统与生态系统过程所形成、维持的人类赖以生存的生物资源、自然环境条件及其效用[①]，生态系统服务价值评估以区域一段时间内生态系统服务的变化量来衡量人为因素的生态效益，能定量、直观地了解这一地区生态治理措施对生态环境的影响，进而提出相应的改进措施。

1. 生态系统服务的概念内涵与功能分类

（1）生态系统服务的概念内涵

生态系统服务指的是生态系统可为人类社会提供的直接或间接的有益物质和服务。这些服务包括：生产服务，如提供食物、原材料等；环境服务，如净化空气和水资源、保护土壤、调节气候等；社会服务，如提供休闲和历史文化资源等。生态系统服务对于人类的生存和社会经济发展至关重要，因此保护和恢复生态系统的功能对于保障生态系统服务的持续性至关重要。深入理解生态系统服务才能更好地保护和恢复。

（2）生态系统服务的功能分类

生态系统服务功能可以概括为供给服务、调节服务、文化服务、支持服务功能。其中，供给服务是指生态系统生产或者提供的产品，调节服务是指调节人类生态环境的服务功能，文化服务是指人们通过精神感受、知识获取、主观印象、美学体验等从生态系统中获得的非物质利益，支持服务是指保证其他服务功能提供必需的基础功能。

依据生态系统的结构特点与生态过程，生态系统服务主要表现形式可归纳为：创造和维持地球生态支持系统，提供丰富物种与遗传资源维持生物进化，促进二氧化碳的固定、有机质的合成，维持大气化学组分的平稳，维持水及营养物质的循环，支持土壤形成，调控气候、净化环境与吸收和降解有害有毒物质，减轻自然灾害及自然景观提供的文化、游憩等方面。生态系统服务功能框架如图 7-1 所示。

---

① 欧阳志云，王如松，赵景柱. 生态系统服务功能及其生态经济价值评价[J]. 应用生态学报，1999（5）：635-640.

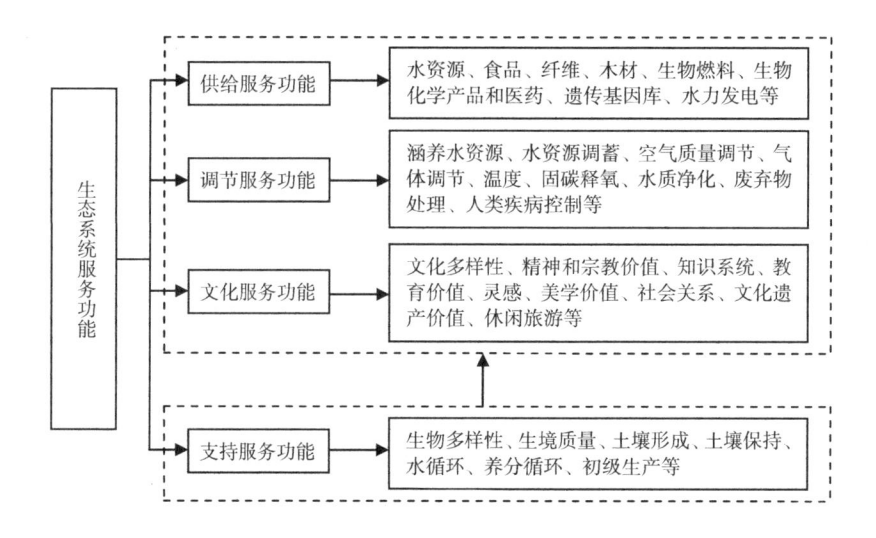

```
┌─────────────────────────────────────────────────────────────┐
│          ┌──供给服务功能──→ 水资源、食品、纤维、木材、生物燃料、生物
│          │                  化学产品和医药、遗传基因库、水力发电等
│          │
│  生      │──调节服务功能──→ 涵养水资源、水资源调蓄、空气质量调节、气
│  态      │                  体调节、温度、固碳释氧、水质净化、废弃物
│  系      │                  处理、人类疾病控制等
│  统──────┤
│  服      │──文化服务功能──→ 文化多样性、精神和宗教价值、知识系统、教
│  务      │                  育价值、灵感、美学价值、社会关系、文化遗
│  功      │                  产价值、休闲旅游等
│  能      │                         ↑
│          │──支持服务功能──→ 生物多样性、生境质量、土壤形成、土壤保持、
│                              水循环、养分循环、初级生产等
└─────────────────────────────────────────────────────────────┘
```

图 7-1　生态系统服务功能框架

2. 生态系统服务价值的内涵

从经济学角度看，生态系统服务价值包括保证价值和产出价值。保证价值是指自然资源生态系统在变化和干扰下保持可持续收益的能力，这与系统的弹性有关；产出价值与总经济价值相似，是指自然资源生态系统在特定状态下所能提供的总效益。

确定生态补偿标准的一个关键点是生态系统服务价值核算。通常，可以将生态系统的总经济价值（产出价值）分为包含不同价值内涵的使用价值和非使用价值，并核算和评估其中的选择价值，为生态系统价值二分法提供依据。总经济价值（total economic value）是一个概念框架，可向政策决策者提供生态系统为促进社会进步、地区经济发展、人们健康生存所产生的全部价值。生态系统服务价值的内涵如图 7-2 所示。

各价值内涵如下：直接使用价值指人类从生态系统中直接获得的利益，间接使用价值指人类从生态系统管理服务方面获得的利益，选择价值指人类对于从生态系统中获得利益的可能性感受；非使用价值中的遗产价值更注重公平，指后代从生态系统中受益的权利，利他主义价值侧重于代际公平，指其他人从生态系统中受益的权利，而存在价值指的是个人在生态系统继续存在的情况下获得相关认知的满足。

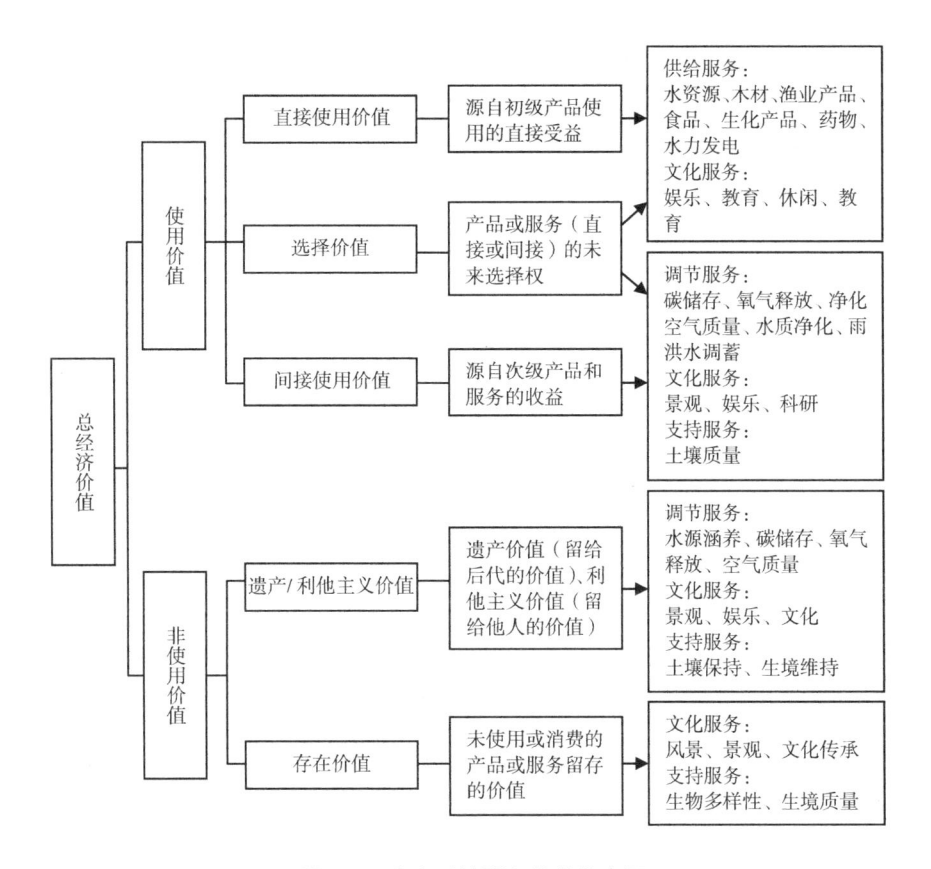

图 7-2　生态系统服务价值的内涵

3. 生态系统服务价值评估方法

根据目前生态经济学和环境经济学的研究成果，常见的生态系统服务价值评估方法主要有三种：直接市场评价法、间接市场评价法和假想市场评价法。

（1）直接市场评价法

采用直接市场价格法估值可以获得更加准确的结果，它基于活跃交易市场的公允价值，应用于生态系统中产生直接有形副产品的各个领域，如农作物和牲畜生产、航运和供水等。然而，这种方法只能衡量环境产品的直接效益，而忽略了其间接效益，从而导致低估环境产品的总价值。因此，直接市场价值法应运而生，它不仅可以更直观地表达环境产品的价值，而且也可以更准确地反映个人或国家财富、生物资源的普遍概念，从而更好地反映环境资产的服务功能价值，其计算方法如下。

$$V = \sum (S_i \times Y_i \times P_i) \quad (7-11)$$

式中，V——第 i 类物质的实际可利用价值；
S_i——第 i 类物质的生产面积；
Y_i——第 i 类物质的每平方米的生产量；
P_i——第 i 类物质的市场价格。

（2）间接市场评价法

生态系统服务与传统资产评估不同，因为其价值是隐性的，因此，无法通过国际市场法、收入法或生产成本法等传统方法来衡量,如湿地在水源保护和洪水储存方面的价值。

①影子工程法。影子工程法是一种重置成本法,它通过重建与被评估财产功能相似的工程物来估算其价值,从而实现对财产的有效利用。这种方法的困难在于找到类似服务的结构或替代品,以确保有效的替代。

$$V = U = \sum X_i \quad (7-12)$$

式中,V——相应生态服务能力的价值;

U——相应生态服务能力的影子工程项目的价值;

X_i——第 i 项工程建设的费用。

②机会成本法。机会成本法是一种用于评估资源利用效率的方法,它可以帮助人们确定哪些资源最有价值,哪些最有损失。它主要用于评估环境资源的利用效率,以及如何合理地利用这些资源。

③碳税法和造林成本法。碳税法和造林成本法被广泛用于评估生态价值,其中光合作用公式可以帮助人们更好地理解这一点。

$$CO_2(264\,g) + H_2O \longrightarrow C_6H_{12}O_6(108\,g) + O_2(193\,g) \longrightarrow 多糖(162\,g) \quad (7-13)$$

例如,在湿地中,绿色植物通过吸收二氧化碳和释放氧气来产生干物质。这些过程的成本可以通过造林成本法和碳税法来估算,而释放氧气的成本则需要按照一定比例进行计算。这些成本可以通过工业氧气生产成本法来计算。

④单位面积当量替代法。著名生态环境学专家罗伯特·科斯坦萨(Robert Costanza)等建立了一种全新的生态系统服务价值评估方法,并对全球主要生态开展了深入研究,得到了学术界和官方的认可。在此基础上,相关国内学者结合中国的生态特点,对中国的生态专家开展了访谈,重新定义了评价指标,并建立了中国生态面积单位的价值等值表。通过使用价值等值表,可以动态估算中国 14 种主要生态和 11 种生态效率功能的意义,如表 7-6 所示。不同地区根据当地的基本因素,对耕地生物量做出相应调整,以更好地反映出该地区的生态状况。

$$ESV = \sum (S_i \times VC_i) \quad (7-14)$$

$$ESV_j = \sum (S_i \times VC_{ji}) \quad (7-15)$$

式中,ESV——生态系统的总价值(元);

S_i——第 i 种土地类型的面积(公顷);

VC_i——第 i 种土地类型的单位面积生态服务价值系数(元/公顷/年);

ESV_j——区域生态服务功能 j 的单项总价值(元);

VC_{ji}——单位面积生态服务功能 j 的价值系数[元/(公顷·年)]。

表 7-6 中国生态系统单位面积生态系统服务价值当量表

生态系统服务项目	农田	森林	草地	湿地	荒漠
原材料生产	0.1	2.6	0.05	0.01	0

续表

生态系统服务项目	农田	森林	草地	湿地	荒漠
原材料生产	0.1	2.6	0.05	0.01	0
气体调节	0.5	3.5	0.8	0	0
气候调节	0.8	2.7	0.9	0.46	0
水文调节	0.6	3.2	0.8	20.38	0.03
废物处理	1.64	1.31	1.31	18.18	0.01
保持土壤	1.46	3.9	1.95	0.01	2.02
生物多样性	0.71	3.26	1.09	2.49	0.34
提供美学景观	0.01	1.28	0.04	4.34	0.01
总计	6.91	21.8	7.24	45.97	0.42

（3）假想市场评价法

模拟市场法是对于不能够以商品的形式出现于市场当中，通过想象构建虚拟市场来估算该生态系统服务的价值。其中最具有代表性的就是条件价值法（contingent valuation method，CVM）。条件价值法是指在假想的市场条件下，根据人们对生态系统服务的支付意愿或补偿意愿估算生态系统服务的经济价值。一般随机抽取一些个体为抽样对象，通过一系列假定问题开展问卷调查，用模拟的市场去反映被调查者对改善环境所愿意付出的代价，或当环境遭到破坏时，其愿意接受赔偿的额度。通过计算被调查者的平均支付或补偿意愿，然后把抽样范围扩大到整个研究区域，以平均支付补偿意愿乘环境资源服务人口的总数，估算整个项目总支付值，即总受偿值。

随着时间的推移，CVM在中国取得了长足的进步，最初主要用于医疗、水利和森林规划，后来也开始被用于环境价值评估。例如，有学者深入探讨了CVM在环境价值评估中的重要作用，并以其独特的指导方法和改进后的评估结果为基础，对CVM方法进行了全面的改进，以提升评估效果[①]。CVM已被广泛应用于环境保护、修复和自然保护区投资分析等领域，作为生态经济学中一种重要的工具，它可以有效地评估非使用价值，从而促进环境保护和可持续发展。

4. 生态系统服务价值评估指标体系构建

（1）目的

通过客观的、可量化的指标体系可以帮助人们更为直观、全面地评价和认识目前生态系统自然—经济—社会协调高质量发展中存在的问题，针对这些问题人们可以有针对性地制订促进区域高质量发展的具体方法措施。建立生态系统服务价值评价指标体系具有如下目的。

①客观评价生态系统服务效益。通过客观的指标体系及研究区域的实测数据，可以更

---

① 郭江，李国平.CVM评估生态环境价值的关键技术综述[J].生态经济，2017，33（6）：115-119，126.

为直观、全面地通过货币化计算显现的生态系统服务价值。

②基于对不同年代生态系统服务价值的评估分析，探究影响生态服务价值的驱动因素。

③通过改变对水文气象、土地利用以及发展政策等因素，预测未来场景生态系统服务能力。

（2）意义

在生态文明建设以及区域高质量协同发展的总体战略的背景下，科学开展生态系统服务研究是重新审视自然生态系统与人类福祉的关系，是生态系统恢复、生态功能区划和建立生态补偿机制、保障国家生态安全和人类生存的重大战略需求。目前国内外尚未形成生态系统服务价值评估的统一的标准，不便于实际评价研究中横向对比与借鉴，也不利于对评价结果进行深入分析进而提炼出科学的管理措施。因此，建立生态系统服务价值评价指标体系具有重要意义，主要体现在以下几个方面。

①指标体系是计量和评价的基础，是生态服务评价首要和关键的步骤，直接关系到评价的科学性和准确程度，也是衡量一个区域协调发展程度的重要手段。

②通过生态系统服务价值评价指标体系的建立，识别出生态系统服务的驱动力，寻找制约因素和影响发展的问题。

③建立生态系统服务价值评价指标体系，可以为政府以及相应管理部门制定决策或管理规定提供科学依据。

（3）原则

从理论上讲，用数量表示的客观类别和事实可以构成评价指标。但在实践中，生态系统服务评价指标应结合生态系统的特点，以生态经济学理论和所采用的评价方法为基础进行选择。在实践中要尽可能使服务指标更为全面，在对具体生态系统进行评估时，可根据评估目的和对象的特点选择相应的指标。因此，在设计和构建生态系统服务评估指标体系时，应考虑以下原则。

①科学性原则。生态系统服务评估指标应该在对生态系统内涵及生态过程深入理解、考虑社会经济的发展和现实中人民需求的基础上进行选取，选取的指标能够科学地评估生态系统自身情况，准确反映指标和服务之间的关系，从而保证评估结果准确。

②系统性原则。在设计评估指标框架时，应考虑指标的完整性和框架中指标的相互关联性，以便系统地考虑评估因素、设计评价指标、判断评估过程，并对评价结果进行系统分析，使评价指标能够充分反映生态系统服务的完整性与协调性，从而创建一个完善完整系统的评价指标体系。

③独立性原则。评估体系里的指标繁多，很多指标之间存在一定的重叠和交叉，因此应该尽量选择相对独立的指标。在指标构建过程中，要通过科学消除许多交叉信息，减少指标重叠，并选择综合性强、代表性强的指标进行评估，从而减少评估程序，实现又快又准地完成系统评估。

④实用性原则。评估体系中并不是所有具有代表性的指标都能够使用，还需要根据评估要求和决策需要进行实用性筛选，或者将已选取的指标进行细分，生成衍生指标使用，进一步减少指标数量，提高评估效率。

⑤可操作性原则。生态系统服务价值评估的一些指标是可以量化的，而有一些则不行，

只能进行定性描述。在选择指标时，要考虑数据的可访问性、可量化性和可操作性，尽可能选择可以量化的指标。

二、水利工程建设生态环境效应的相关理论内容

（一）水利工程生态环境效应的内涵

水利工程生态环境效应是指水利工程引起的生物个体、种群、群落及其生存环境的变化，其内涵是评估其对生态环境系统影响的首要前提。这种影响可能是积极的，也可能是消极的，且其干扰程度在多个层面中均有体现，如个人、生物种群以及整体生态环境等。通常，水利工程建设和运行会对河流生态环境的功能和系统产生多种影响。值得注意的是，国外的环境影响评价与水利工程效果评价没有具体的区别。总的来讲，为了全面而客观地了解水利工程对当地生态环境和社会经济的综合影响，必须深入探讨其生态环境效应，这是一个涉及生态环境和社会经济的复杂系统。

（二）水利工程影响下生态效应的原理

水利工程的生态效应和河流生态学、景观生态学、流域生态学之间存在着密切的关联。自 20 世纪 80 年代起，河流生态学领域逐步形成了河流连续体、河流四维系统、河流不连续体、洪水脉冲、河流复式断面流等概念和理论，这些理论框架为河流生态系统的恢复提供了宝贵的指导。同时，在景观生态学方面，重大工程的陆域生态影响及其流域尺度的评价研究经常借鉴和应用景观生态学的核心理论，如景观生态学中的景观要素理论、尺度—格局—结构理论、异质性—多样性—连通性理论、边缘效应理论、景观稳定性理论等，这些理论为理解和量化水利工程对生态环境的影响提供了有力的工具。当视角转向流域尺度时，水利工程的影响尤为显著，尤其是在维护流域生态安全方面。生态系统服务、生态风险及生态完整性等议题在流域生态学研究中日益受到重视，成为评估水利工程对流域整体健康影响的关键因素。

1.河流生态学相关理论

（1）河流连续体理论

河流连续体是指河流源头集水区的众多溪流以及流经的下一段各级流域是一个完整的连续体。在空间上表现为狭长的网络结构，这种连续不仅是在地理空间上的连续，水体中的生物活动与物质能量同样也是连续的，并且上游的生态系统会影响下游的生态系统。河流连续体运用生态学原理，将河流水系的生态结构和功能看作一个统一的整体系统，因此对于河流水系的生态修复并不能仅通过对某一段特定的河流或水域进行研究，应着眼于其上下游或整个流域的生命活动和自然过程进行研究。

（2）河流四维系统理论

研究四维系统理论，可以更深入地了解河流的复杂性，它将三维空间与时间维度紧密结合，构建出一个完整、多样的生态系统，从而使得河流的发展变得更加有序、稳定。

①横向。研究重点放在河流横向尺度上，探讨河槽水体与周围环境（如河滩、湿地和堤坝）之间的质量流动情况。横跨水域和陆地，水体的上升和下降会导致营养物质的流动，从而促进水生生物的繁殖。

②纵向。研究重点放在河流的纵向变化，特别是从源头到支流的理化特征。

③竖向。通过对河流的垂直尺度分析，可以更好地了解它与地下水、底泥之间的复杂交互作用。通过垂直方向的交叉影响，河流、河床和河岸之间的关联有助于提升河流的生态多样性。

④时间。通过研究河流的演变历史，可以更好地了解不同时期的水文变化，并从中提炼出有价值的信息。这将有助于更好地理解河流的发展历程，并预测它们的未来趋势。

近年来，中国学者经过深入研究，提出了一种新的"水文—生物—生态功能河流连续体四维模型"，它将水流的瞬时流动方向定义为 Y 轴，地面上与水流垂直的方向定义为 X 轴，与地平面垂直向下的方向定义为 Z 轴，并且考虑到时间因素，从而更加清晰地描述河流的生态系统特征。建立一个时间维度，以 t 为单位来描述时间。河水在 Y 轴上的运动构成了它的主要轨迹，这种轨迹具有明显的纵向连续性；洪水活动在河流的 X 轴方向上形成了一个复杂的横向网络，将主河槽、河滩和湿地紧密联系在一起；Z 轴方向的河流具有强大的渗透性，它能够将大量的地表水从空气中吸收到深层次，从而改变地表的水质。研究表明，河流生态系统具有多种特征，可以将其划分为四个不同的时空尺度，以便更好地理解它们的特性。

（3）河流不连续体理论

与河流连续体理论不同，河流不连续体理论强调人类行为对河流形态的影响与干预。特别是水库与河坝的兴建，河流的流动受到更多主观因素的控制干扰。当河流上游兴建拦河蓄水大坝后，河流的径流量很大程度上受到大坝的控制，流量流速的调节改变了下游河流与洪泛平原之间的物质交换，河流温度的变化与物种的丰富性随着与河道下游距离的增加，差异也愈发明显。

（4）洪水脉冲理论

洪水脉冲是指洪水水位涨落引起的生态过程，直接或间接影响河流—洪泛滩区系统的水生或陆生生物群落的组成和种群密度，也会引发不同的行为特点，如鸟类迁徙、鱼类洄游、涉禽的繁殖以及陆生无脊椎动物的繁殖和迁徙。洪水期间，河流水位上涨，水体侧向漫溢到洪泛滩区，河流水体中的有机物、无机物等营养物质随水体涌入滩区，受淹土壤中的营养物质得到释放；当水位回落，水体回归主槽，滩区水体携带陆生生物腐殖质进入河流，洪泛滩区被陆生生物重新占领。

生物生产力在洪水循环中因过程的多变性得以提高，因此洪水脉冲对维持物种多样性、保护特有的自然现象有重要意义。

（5）河流复式断面流理论

河道的复式断面适用于河滩开阔山溪形河道，枯水期时，由于河流水位下降，地势相对较高的滩地得以露出，此时的河滩地能为河道中部分植物与两栖动物提供适宜的生长环境与肥厚的土壤条件，存在一定的生态性，河滩地也因植被动物的繁盛而具有较强的景观性。丰水期时，除了主河槽继续发挥行洪功能，此时复式断面结构下河滩地扩大了过水断面面积，起到降低洪水水位、提高河道过流能力的功能与作用。

2. 景观生态学相关理论

1986年出版的《景观生态学》中美国生态学家福尔曼（Forman）和法国生态学家戈德伦（Godron）详细论述了景观空间结构与形态特征对生物活动与人类活动的影响，20

世纪 90 年代以来,国际上景观生态学开始进入到一个快速发展的时代,新的理论和研究不断深入、蓬勃发展。同时,景观生态学是一门应用性很强的学科,它与地方政府的规划和管理有着密切而直接的关系,另一方面又呈现出多学科知识相互交叉、融合发展的趋势,作为三大基础理论之一的景观生态学在各行各业逐渐得到普及与发展并逐渐在水利工程生态发展领域中显示出其独特的优势与可持续发展的价值。

景观生态学将整个景观作为研究对象,其中最为主要的研究目标是景观的动态变化、结构与功能。景观生态学是利用生态学的原理与研究方法,梳理出景观的结构、动态变化以及景观的功能,可在优化景观结构、改善景观生态、保护与合理利用景观等方面加以利用。在景观生态学的研究中,不仅要考虑景观的结构、设置、优化等方面,还要考虑到景观对人类感知自然世界的重要性,体现出景观的价值与实际功能。

(1)景观要素理论

景观要素主要包含三个方面,分别是基质、廊道和景观斑块。在景观生态学中,斑块—廊道—基质模式是景观空间结构的最基本组成形式,能够广泛地应用于各种类别的景观。

斑块是在景观空间中组成景观空间的最小组成单元;廊道是斑块周围的带状地带,可将廊道看作带状或线性斑块,如自然环境中的河流、绿地、绿道等。廊道具有连通性、中断点和节点等特征,是廊道结构的重要体现方式;基质是景观空间中的综合范围,融合了斑块与廊道。基质可以决定景观的性质,具有引导作用,是重要的景观要素。

(2)尺度—格局—结构理论

①尺度

景观生态学中所谓尺度主观上是指研究某一生态现象时所采用的空间单位,客观上指某一生态过程或现象在空间上关联的范围和发生的频率。河流生态修复需全方位地考虑河流自身的多种效能,研究河流生态系统的综合治理效果。针对不同尺度的河流,分为大、中、小三种尺度,小尺度的河流岸带修复对象主要为水环境、驳岸、河流缓冲带,中尺度旨在对濒水带进行生态修复,大尺度下主要对区域河流流域总体进行规划。所谓流域,在水文学中指地面分水线包围的汇集降落在其中的雨水流至出口的区域。进行河流生态修复规划不能局限于河流廊道本身或具体河段的景观营造,应基于地域环境特征在大尺度流域生态修复的总体规划中对破碎的斑块进行修复与完善。

②格局与结构

景观是一个具有其特定的功能与结构的系统,景观的动态特征是由于其结构与功能在自然生态环境和外部干扰的影响下体现出来的。景观结构由景观的空间分布和构成方式组成。景观中的大小、形状各不相同的景观要素,通过不同的排列方式,主要包括了景观要素的数量、空间布局、配置方式和要素的种类,组成了景观中的空间结构。

(3)异质性—多样性—连通性理论

①景观异质性

异质性是景观生态学中的重要概念,是指景观在空间与时间的层面上的变异程度,主要包括景观中的要素和景观要素的功能与构造的变化。景观系统在本质上是不均匀的,这种不均匀的性质所带来的是景观的发展和发展中的动态平衡。景观的异质性存在于景观系统的各个方面,具有很强的普遍性。景观系统中,大小、排列方式、组合方式不同的廊道、基质、斑块等组成景观元素构成了各色各样的景观。

②景观多样性

景观多样性是指由不同种类的生态系统构成的景观结构、功能、动态的多样性或差异性。景观的多样性表达了景观的繁复程度。景观的异质性与景观的多样性有着密切的联系，但在意义上又有明显的不同。在景观系统中，最小的组成单位斑块的丰富程度说明的是景观的多样性，而景观的异质性表达的是斑块或是组成景观的最小构成单位的结构上的差异。

景观的观赏性、体验性与景观的异质性及多样程度有着紧密的联系，在一定程度上，景观中斑块的数量越多，层次越丰富，满足不同人群需求的能力越强，说明景观的多样性越高。从城市景观生态角度来看，景观多样性程度越高，越能促进城市多维度的发展。在景观生态学的范畴中，把景观多样性指数作为景观异质性参考的指标。

③景观的连通性

景观连通性是衡量景观空间结构单元之间连续性的尺度，更着重于景观功能的表现，即表达景观生态过程的指数。景观连通性表示出景观对一些生物或者某一些生态过程在源与汇地块之间转移程度的正负影响。其中包含了功能连通性（functional connectedness）和结构连通性（strural connectedness），功能的连通性可在对研究对象的研究过程中进行探索，而结构的连通性可以利用卫星地图或其他现代科技手段进行判断。

（4）边缘效应理论

在景观系统中，景观系统附近与其相连的其他生态系统，会对景观系统中的基质或斑块有一定的影响作用。在一般情况下，在斑块或基质的中心区域的物种组成、物质和能量的循环方式，以及光照、风速、温湿度等气候条件会与处于边缘地带的有着或多或少的不同之处，而在一般情况下，景观系统的边缘地带会拥有更多的生物种类和更强的初级生产力。不同的物种依靠其本身的适应能力，有的分布在景观系统的中心，有的分布在边缘地带，还有的分布在两者之间。

（5）景观稳定性理论

景观的稳定性可以简单定义为在外界环境变化的情况下，景观为应对环境变化做出的不同反应，也就是景观系统的恢复能力和抗干扰能力在环境发生变化时做出的反应以及受到变化影响后的状态。景观系统的稳定性也包括了景观的耐受性、弹性（或恢复性）。耐受性是指在环境发生变化时，景观系统对环境变化和潜在的干扰因素抵抗的能力。弹性（或恢复性）是景观系统在受到环境变化影响而发生改变后恢复原始状态的能力。景观系统的稳定性可以用系统在改变后恢复原貌的时间来衡量，阻抗值是用系统与其初始轨迹的偏差量的倒数来测量。

3. 流域生态学相关理论

流域生态学包含流域景观格局、流域间尺度、水陆生态交错带等方面，应用现代生态学的理论和科学的方法，研究流域内高地、沿岸带、水体等各子系统间的物质、能量、信息流动规律。流域生态系统是流域生态学研究的对象，其结构、功能在不同时间、空间维度上呈现出不同的特征。流域生态学在研究流域生态系统的结构和功能基础上，进一步从中大尺度上研究流域内各种资源的开发利用（如建立完整的河流绿色廊道，沿河流两岸控制足够宽度的绿带，并与郊野基质连通，从而保证河流作为生物过程的廊道功能）；同时，为流域中陆地和水体的合理开发利用决策提供理论依据，从而为区域的经济可持续发展做出贡献。然而目前的规划更多的是从单一尺度处理水域生态问题，缺乏统筹规划，因此应考虑水系空间的现状问题，同时提取不同时段的水文信息进行调研分析，提出相应的解决策略，建立不同空间尺度规划策略的联动与互动，使得流域尺度具有传递效应。

（三）水利工程生态环境效应的评价体系

水利工程涉及生态、社会和经济等多个维度，具有高度的复杂性，因此，对其生态环境效应的评价必须全面且客观。这种评价应涵盖自然生物、生态环境以及人类生活发展等多个方面，确保分析的深度和广度。水利工程生态环境效应的评价是一个体系化的过程，包括评价标准、评价指标以及评价方法三个部分，这些部分共同构成了评价工作的基础[1]。

1.评价标准

在设定评价标准时，应追求科学合理性，确保标准能够全面客观地反映水利工程对生物物种生存、人们居住环境、水文情势等多方面的影响。这些标准不仅为评价工作提供明确的指导，而且也为后续的评价分析提供有力的支撑。

2.评价指标

现阶段，在我国水利工程生态环境效应的评价体系中，评价指标体系占据着举足轻重的地位。这一体系包含三种主要模式。首先是基于传统生态环境质量评价方法的改进型评价体系，它通常遵循系统性、动态性等核心原则，以确保评价的全面性和实时性；其次是以压力—状态—响应模式为前提而建立的指标评价体系，这种评价指标模式在生态环境安全问题的评价中表现突出，对维护生态环境稳定具有重要意义，并在环境管理以及生态环境效应决策制定等方面发挥着关键作用；最后一种模式则是基于生态环境的演变历史制订的指标评价体系，它对促进我国生态环境的持续发展至关重要，并对生态环境领域内的其他各个方面产生深远影响。这三种模式共同构成了我国水利工程生态环境效应评价指标体系的核心框架。

3.评价方法

（1）基于经验方面的评价

此种方法常作为水利工程生态环境效应评价的核心手段，涵盖多个评价领域，适用范围广泛。然而，它高度依赖专业人士的经验，因此带有一定的不确定性。此外，这种方法往往人力物力消耗大，不利于我国环境保护方面的持续发展。

（2）以数值为基础进行的评价

此种方法要求工作人员遵循相关准则和规范，对相关的工程项目进行科学的计算，进而形成一种逻辑性强、可信度高的水利工程生态环境效应评价方法。但这种方法在数据定量化方面要求较高，因此常受多种限制。

（3）基于决策的基础上进行智能评价

此种方法通过分析相关决策和规范，结合主观判断提出相关性决策，具有高层次性、高效率和高可信度，通常被认为是可靠且实用的方法。然而，主观色彩浓厚，可能导致评价者对整个水利工程生态环境效应评价过程的细节缺乏必要的认识，从而影响评价质量。

---

[1] 苏觉明.水利工程生态环境效应研究综述[J].农技服务，2014，31（12）：152.

第二节 水利工程建设生态环境效应的功能

一、调节防汛功能

（一）堤坝的抵御功能

水利工程建设需紧密结合我国实际的水资源状况。作为水资源丰富的国家，我国拥有众多河流，主要集中于华中、华南以及长江中下游等地区。每至雨季，强降雨导致河流水位快速上升，进而形成汛情，往往会给当地带来不小的挑战。为有效应对这一挑战，水利工程在修建过程中往往会在河道两侧建造防汛堤坝。这些堤坝不仅增强了河道的排水能力，还起到了对洪水的约束和预防作用。在洪水灾害发生时，堤坝能够保护周边农作物及民众财产安全。

因此，堤坝在防洪体系中占据了不可或缺的地位，它确保符合标准的洪水能够顺畅地从河道中排出，避免洪水漫溢出河道，对河道两侧的地区造成破坏，所以，堤坝的抵御功能在防汛工作中至关重要。以黄河中下游为例，该地区的河流含沙量大，汛情频发，容易出现"地上河"现象，不仅影响了水资源供应，还对本地区人民的生命财产安全构成了严重威胁。针对这一问题，需要在充分考虑地区、环境和水质等多方面因素的基础上，合理规划和建设堤坝，以避免在汛期发生决堤、河水漫道等事故，确保防洪工作的有效进行。

（二）水库的分流功能

水库在水利工程中具有多重功能，不仅能够实现发电和调节气候，还可以在防汛工作中扮演至关重要的分流角色。考虑到我国夏季降雨的集中分布，为确保山地地区居民的正常生活，需要依赖水库来针对雨水进行处理，从而发挥其防汛功能。大型水库的建设对我国水利工程建设的发展起到了至关重要的作用，其中长江三峡和黄河小浪底便是两个显著的例子。在汛期，这两个水库为所在地区的河流防汛工作提供了坚实的支撑和有效的分流功能。

水库的修建通常会巧妙地利用山谷等特殊地形。通过构建拦河坝，能够拦截河道的径流并提升上游水位，从而在坝上形成一个蓄水体。而在一些非山谷的平原区，则常常利用湖泊或洼地等地形来修建水库，并通过围堤和控制闸等设施来确保水库的稳定运行。当洪水的洪峰汹涌而至时，水库能够借助削峰、错峰和分流等方式来缓冲洪水的冲击，从而降低对周边地区的损害。在防汛工作中，削峰和错峰是两个重要的环节。在执行这些操作时，必须全面考虑上下游的基础设施状况，确保它们能够承受洪水的压力。同时，保持汛期通信的畅通无阻也至关重要，以便在汛期及时传递相关信息并协调泄洪工作。

在遭遇洪涝灾害时，水利部门可采取人工泄洪措施，通过排放水库中积聚的水资源，以减轻上游水利工程的压力。这种错峰的方式有助于降低上游洪峰对防汛系统的冲击。一方面，能够防止洪水在下泄过程中对下游区域造成毁灭性的破坏；另一方面，也能够避免洪水溢出对房屋以及公共设施造成的损害，从而保护人们的生命财产安全。然而，水库作为一种特殊的水利设施，具有其独特的属性。在降雨后，水库的水位会迅速上升，这主要是由于水库的汇水面积较大。同时，当上游河水汇入水库时，由于汇水面和汇水量的增加，水库的水位也会逐渐上升。尽管这一过程相对缓慢，但经过仔细分析，可以发现第二次洪峰通常较为平缓，但其峰值却相对较高。因此，在防洪工作中，对第二次洪峰的控制和管理显得尤为重要，它是水库防洪工作的关键所在。

在实际的防汛工作中，水库的汇水面和汇水量因地区降水不均衡而存在一定的数据差异，这会导致上游来水量的峰值出现不规律性。面对这种情况，水利工作人员可以采取分化、量化的处理方式，根据具体时段进行科学合理的规划。这样，泄洪的时间可以与洪水峰值错开，从而避免大量洪峰同时过境给下游地区带来的防汛压力。通过合理利用水库的分流功能，可以更有效地管理洪水，保护下游地区的安全。

（三）蓄滞洪区的分离功能

在水利工程防汛组成中，蓄滞洪区是非常重要的一部分。如果发生洪涝灾害，上游的水量非常急，严重的会超出水库或堤坝的承受范围，甚至会导致堤坝溃堤。此时可以利用蓄滞洪区分担河道上游的洪水压力，以降低河道的水位，减轻洪水对堤坝及下游的危害。我国的水利工程在修建蓄滞洪区时，主要是利用堤坝两旁低洼地或河流滩涂地，并将河道与沿岸进行分离。根据上游洪水情况，已建蓄滞洪区的形式也不同。它们主要用于洪水不能快速流入水库，洪峰难以在短时间内消除的情况，可以更好地帮助分担洪峰对下游和大坝的影响。

二、水质净化功能

河道建设中，水利工程建设占据举足轻重的地位。在积极践行生态环保理念的背景下，充分利用河道的水质净化功能，不仅有助于促使生态环境污染问题得到改善，而且可以实现水资源的合理开发与利用，进而产生巨大的社会效益和环保效益。在工程设计方面，可以考虑引入自然过滤系统，如人工湿地、植物过滤带或潜水植物床。这些系统通过利用微生物的分解能力以及植物的吸收作用，可以实现水质的有效净化，去除废水中的各类污染物，包括营养物质、重金属和有机化合物。同时，水利工程建设还可以通过河岸植被的保留或恢复来减少土壤侵蚀以及污染物的径流入河。植被的存在能够促使相应区域的土壤得到有效净化和维持稳定性，减少营养物质流入河流，进而促使水质得以改善。此外，设计中还可以引入生物调控措施，如放养水生生物或鼓励自然的生态系统服务，如藻类吸附废物物质。这些措施有助于增强水体的自净能力，进一步减少水中污染物的浓度，为生态环境带来长期的益处。

水利工程的建设过程中，可以融入截流系统，其主要目的是防止非点源污染物（如来自农业活动和城市径流的污染物）进入河流。为实现这一目标，可以构建沉淀池、截污沟等设施，这些都能有效拦截和净化污染物。除此之外，河道建设中可以包括生态复苏项目，如重建湿地、恢复鱼类的栖息地以及修复水生植被等。这些项目有助于提高水资源的质量，同时促进生物多样性的恢复，为河道生态系统注入活力。在河道的日常管理中，加强河道的维护和监测工作至关重要。通过收集和分析河道数据信息，能够更准确地了解河道的状况，从而有针对性地清除河道底泥和垃圾。同时，基于这些数据，还可以制定更为科学合理的措施来应对河道污染问题，确保河道持续保持其水质净化能力。通过此种方式，不仅可以改善河道生态环境，还可以为社会生产生活提供干净的水资源，对于维护整个生态系统的平衡具有深远的意义。

三、生境支持功能

水利工程建设过程中精心设计多种直径的孔洞，这些孔洞可以为众多生物提供生存和繁衍的宝贵空间。从广阔的河流到坚固的堤坝，再到河岸边郁郁葱葱的植物群，每一处都构成了一个和谐的整体，共同维系着水生生态系统的平衡。在这些设计中，路堤的建造尤为讲究，堤岸底部特别规划了不同流速的变化区域，以呵护生物的多样性。

同时，水利工程建设始终将水生态环境保护放在重要位置。河道两岸广泛种植绿色植被，不仅可以美化环境，更可以为鸟类和昆虫提供理想的栖息地，促进它们的繁殖。这些举措共同推动了整个水利生态系统的循环发展，确保了水资源的可持续利用，实现了人类活动与自然环境的和谐共生。

四、水土保持功能

水利工程中往往会采用覆盖绿色植物的方法，提高地面土壤的稳定性。湿地的水分含量高，其具备洁净空气、促进循环等作用。因此，促进水利工程的建设，有利于更好地发挥水土资源的价值。需深入了解水文环境和地质构造条件，掌握地下水的分布规律，充分利用水土资源，从而有利于进一步发挥水利工程的水土保持作用。

第八章 水利工程建设对生态水文的效应

水利工程建设对生态水文有着重要的影响，这是因为水利工程改变了自然水文过程，进而影响了生态系统的水文环境。因此，研究水利工程建设对生态水文的效应，对于保护和恢复生态系统具有理论和实践方面的重要意义。一方面有助于更好地了解水利工程对生态系统水文环境的影响机制，从而推动科学合理的水利工程建设方案的制定，最大限度地减少对生态水文的不利影响；另一方面也可以为水利工程建设后的生态恢复提供科学依据，促进生态系统的恢复和保护。本章围绕水电站建设对流域生态水文过程的影响、水利工程泥沙沉积及其生态效应、水利工程建设对水温的影响及其生态效应展开研究。

第一节 水电站建设对流域生态水文过程的影响

水电站建设对流域生态水文过程的影响是一个复杂而全面的问题，需要综合考虑各种因素及其对流域生态水文过程的影响机理，以最大限度减少对生态环境的影响。值得注意的是，由于水电站建设和运营的复杂性，相关考量因素和影响机理仅为一般性概述和解读。在实际应用中，还需要结合具体的工程实例进行深入分析和评估。

一、水电站概述

（一）水电站的内涵

水电站是由一系列建筑物和设备组成的工程。建筑物（如大坝）主要用来集中天然水流的落差，形成水头，并以水库汇集、调节天然水流的流量；基本设备是水轮发电机组。水电站将水的势能和动能转换成电能。水电站可以分为坝式、引水式和混合式三种基本类型。在我国，5 万 kW 及以下的水电站称为小水电或农村水电。

水电站发电的基本过程如下：水流通过水电站引水建筑物（如压力管道）进入水轮机，水轮机受水流推动而转动，将水能转化为机械能；水轮机带动发电机发电，机械能转换为电能，再经过变电和输配电设备将电力送到用户。

比较火电、核电、风电、太阳能、地热能等能源利用形式，水力发电的优点是绿色可再生、能源利用效率高、开发技术成熟、保养维护成本低；缺点是水电站可开发资源受水文、气候、地貌等自然条件的限制大，容易被地形、气候等多方面的因素所影响。

（二）水电站生态流量

生态流量是维持河流基本生态功能的最小流量，对防止河流断流，保护河道内水生生物、维护河流生态系统至关重要。因此，科学地估算和下泄水电站生态流量是保护河流生态系统稳定的有效措施，可为流域水资源配置、水电站的合理调度提供重要参考依据。

1. 生态流量的内涵

①质与量统一性。水是质与量的统一体。水量的保证是生态系统存在的前提，水质的要求是生态与环境系统功能正常发挥的重要基础。

②时空异质性。特定时空范围内的生态系统的生态流量并不是固定不变的，由于人类对水循环的干扰或一些特殊的自然现象，生态系统发生演替，其生态流量也随之而变。

③目标性。生态流量是根据一定的生态环境建设和保护目标所确定的。由于生态系统结构及服务功能的差异，不同地区建立了不同的生态目标，生态流量也就不同。

④阈值性。生态流量并不是一个确定的值，而是在一定的范围内变动，即存在上下限。在阈值范围内，生态系统能维持其健康状况，一旦超出阈值范围，生态系统就会受到胁迫，健康状况受到威胁。

2. 水电站生态流量计算方法

（1）水文学方法

水文学方法的主要原理是以河流水文过程为基础，选取一定比例的多年平均流量，作为最低生态流量。水文学方法的主要优点：该方法简单易行，在生态数据匮乏的地区，可根据水文资料的记载，迅速得到计算结果。其不足之处在于没有将水生态响应机制纳入其中，在方法的科学性上有缺陷。常用的水文学计算方法如表8-1所示。

表 8-1　常用的水文学计算方法

方法名称	指标表达	适用条件
蒙大拿法	多年平均流量 10%～30%	适用于大型常流河
改进蒙大拿法	典型年流量或月均流量 10%	适用于大型河流
频率曲线法	95% 频率下的流量	适用于北方河流
流量历时曲线法	90% 或 95% 保证率下的流量	适用于水文资料 20 年以上河流
年内展布法	多年月均流量乘以天然径流过程的特征变量同期均值比	适用于常流河
保证率法	90% 保证率下最枯月流量	适用于水量小且开发程度高的河流
基本流量法	最小流量系列的流量最大变化点	适用于开发程度高的河流
最枯月流量法	最枯月平均流量	适用于水量小且开发程度高的河流

续表

方法名称	指标表达	适用条件
最小月平均实测径流法	最小月平均实测径流量多年平均值	适用于常流河
7Q10 法	全年的平均流量	适用于水量小且开发程度高河流
NGPRP 法	平水年 90%保证率流量	考虑干旱年、标准年和湿润年差别
月（年）保证率设定法	采用 5 种年平均天然径流量的百分比作为推荐流量	适用于常流河
水生生物流量法	月平均流量中值或代表性月份平均流量中值	适用于无水利工程河段
BF 法	根据流量变化状况确定所需流量	可反映季节性与非季节性河流差异
Q90 法	90%保证率的最枯月平均流量	适用于中国河流
流量比例法	平均径流与所属年型的比例的乘积	适用于中国北方河流
近十年最枯月平均流量法	近十年最枯月平均流量或 90%保证率最枯月平均流量	适用于中国河流
枯水季节最小流量法	多年枯水季节径流量最小值	适用于辽河流域季节性河流
LYON 法	以一定比例的中位数流量作为生态流量	适用于常流河
TESSMANN 法	以年平均流量的 40%和月平均流量的 40%作为标准确定流量	多用于全球尺度生态流量核定
可变月流量法（VMF）	高、中、低流量月份分配平均月流量百分比	适用于湖泊
逐月最小生态径流计算法	月径流系列最小值	适用于大中型常流河
逐月频率计算法	典型年不同保证率下径流量	适用于大中型常流河
变化范围法（RVA）	未受干扰时间序列的流量范围	适用于大型常流河
TEXAS 法	50%保证率下月流量的特定百分率	适用于大型河流

续表

方法名称	指标表达	适用条件
HOPPE法	鱼类生命阶段函数的日流量值，基于流量持续时间曲线	适用于大型河流
环境功能设定法	河段污水排放量与河流稀释系数的乘积	适用于大型河流

上述水文学计算方法中，蒙大拿法是依托于水文资料的经验方法，计算简单，应用较为广泛，但对河道形态、水文参数考虑不足，对流量较小的河流有一定的局限；最枯月流量法、Q90法和近十年最枯月平均流量法都是对最枯月流量进行分析计算，结合相关专家学者研究河流常用方法的总结，这几种方法在计算河流生态流量时应用较多；流量比例法是针对北方季节性河流提出的方法，计算不同年型和不同季节的生态流量，有利于水电站的调度运行，对北方河流计算生态流量具有较好的适用性；TEXAS法偏向于对平水年的生态流量分析计算；年内展布法的计算结果能够反映河流天然径流的丰枯变化特征。综上所述，可选用水文学法中的蒙大拿法、Q90法、流量比例法、TEXAS法和年内展布法计算水电站生态流量。

（2）水力学方法

水力学方法的设计依据是生态系统的功能与河道的水力参数，如湿周、流速、深度和宽度等存在相关关系，该方法以曼宁公式为计算基础，根据相对应的水力参数，确定河流的生态流量，构建出河道地形与生态流量的关系。常用方法有湿周法、R2CROSS法等。水力学方法的优点是，它将河道形态要素考虑在内，还考虑了生物生存环境的需要；另外，它的数据可以从参考水文水力资料中得到。不足之处是，在计算水力参数时，断面的选择会对结果产生一定的影响，需要根据当地的实际情况，根据当地的具体情况来进行分析。水力学方法也可以作为验证方法，为其他方法提供水力学依据，常用的水力学计算方法如表8-2所示。

表8-2 常用的水力学计算方法

方法名称	指标表达	适用条件
湿周法	湿周-流量相关关系拐点或湿周率为50%对应流量	适用于宽浅矩形渠道、抛物线型断面且河床形状稳定的河道
R2CROSS法	根据水生生物栖息地要求的水力学指标评估流量	确定相关参数并将其代表整条河流
生态水力半径法	加入了生态因素的水力学方法，综合考虑河道水力参数和鱼类生存环境参数评估流量	天然河道的流态属于明渠均匀流，生态流速$V_{生态}$是水生生物维持生存环境所需要的流速
生态水深—流速法	根据河道指示物种的适宜生态水深依据明渠均匀流公式推求河流的生态流量	推求的生态流量要在适宜生态流速区间$[V_{Emin}, V_{Emax}]$对应的流量范围内

上述水文学计算方法中，湿周法是最常用的水力学法，可以用于部分流域水电站河床形状稳定的区域；R2CROSS 法适用于水面宽度小于等 30 m 的河流；生态水力半径法和生态水深—流速法综合考虑了水力学、水文学、生物学等方面要素，比较适合应用在具有特殊生物需求的河流，生态水力半径法更偏重流速，生态水深—流速法更侧重于水深，其中，若鱼类适宜水深不确定时，采用生态水力半径法计算，而对于水电站最小下泄生态流量的计算，一般可选用生态水深—流速法。

二、水电站建设对流域生态水文过程的影响机理与典型案例

（一）水电站建设对流域生态水文过程的影响机理

水利工程建设与河流生态水文学之间存在着紧密的联系。河流的水文特征，包括流量、水位、泥沙含量等，对河流生态系统的多个方面产生深远影响。这些影响包括但不限于物质循环、能量传递、物理栖息地的形成与变迁，以及生物之间的相互作用。水库的建设和运行，通过调节河流流量，减少了河道内的水量、降低了泛滥平原和湿地被洪水淹没的频率。这种变化可能导致下游河流生态系统的恶化，影响生物多样性和生态平衡。此外，水利工程建设还会对河道内和河道外区域的各种生态过程产生显著影响。不同的生态过程对水文特征的响应方式各不相同。例如，河流的中高流量过程有助于推动河道中的泥沙输移，维护河道的稳定；大洪水过程则通过连接河漫滩和高地，大量输送营养物质，塑造多样化的漫滩形态，为河道生物提供丰富的食物和栖息地；而小流量过程则对部分典型物种的生存和河流生物量的补充至关重要。值得注意的是，水流的时间、历时和变化率与生物的生命周期紧密相连。以长江流域为例，涨水过程（洪水脉冲）是四大家鱼产卵的必要条件，若在家鱼繁殖期间（每年的 5—6 月）没有一定时间的持续涨水过程，性成熟的家鱼就无法完成产卵，从而对鱼类种群数量和生物多样性构成威胁。

天然河流作为一个独特且完整的生态系统，经过长期自然演化，已形成了相对稳定的生态平衡。然而，水利工程建设与开发活动往往会对这一平衡造成显著干扰。这类大规模人类活动不仅改变了河流的自然结构和功能，还通过引发一系列水文特征的变化，对河流生态系统产生深远影响，可以说这是产生河流生态效应的原因之一。水利工程建设与运行所引发的水文特征变化是多种多样的。这些变化包括径流的年际和年内波动、高地脉冲的频率和持续时间、水文极值的分布、水温波动、泥沙含量以及流速的变化。水库的调度会直接调节流域径流，这种调节不仅改变了河流的横向连通性，还影响了河流生态系统的完整性。具体来说，径流条件的变动会影响河流中的水温、溶解氧浓度、颗粒物的大小和水质等关键栖息地参数，从而间接改变水生、水陆交错带及湿地生态系统的功能和结构；水库调度还可能导致库区高水和低水出现的频率与规模变化，而高流量和低流量的频繁变化会对水生生物的生存构成巨大挑战。此外，水库还会降低极端水文事件（如洪水或干旱）的发生概率，这可能减少河流内水生生物的多样性。值得注意的是，水库引起的水温变化可能对鱼类等水生生物的繁殖周期产生直接影响，同时其对河道浅滩的冲刷作用还会直接导致鱼类产卵场或栖息地的消失；水库在河道的拦截作用会改变流速分布，这对不同流速适应性的生物物种，特别是水生生物的繁殖行为，具有显著影响。

总体而言，水利工程通过改变河流水文特征，如径流量、频率、历时及变化速率对河

流生态系统的稳定性、栖息地的功能和水生生物的生命活动产生显著影响。尽管当前研究多从水文变化入手，并提出了一系列对人类活动敏感的量化指标，但至今仍没有一个指标在全球范围内被广泛接受。这表明，在评估水利工程对河流生态系统的影响方面，仍面临诸多挑战和不确定性。

总之，随着水电站建设的不断增多，其引发的生态退化问题已引起广泛关注。现阶段，关于水电站对河流生态系统干扰的生态水文过程研究，主要集中在两大方面。首先，需要明确并量化那些对河流生态系统结构和功能产生主要影响的水文特征，如流量、水位、泥沙含量等。其次，需深入探索生态系统与水文特征之间的交互影响机制，即研究水文特征如何具体影响生态系统的结构和功能。例如：水量的增减和流速的变化如何影响悬浮物的运输、泥沙的沉积等过程；为实现河流生态系统的保护和恢复，需要发展并应用一系列用于生态水文特性的调控方法和技术。这些方法的制定和实施，需要综合考虑物理、化学、生物等多种因素。

在深入理解水文与生态相互作用机制的基础上，应设定明确的生态目标，并根据河流的具体状况制定科学合理的河流管理规划，这样不仅可以保护河流生态系统的健康与稳定，还能确保其持续地为人类社会发展做出贡献。

（二）水电站建设对流域生态水文过程产生影响的典型案例

1. 锅浪跷水电站建设对流域生态水文过程的影响

锅浪跷水电站位于四川省天全县，属于青衣江支流天全河建设的重点梯级电站之一，主要承担发电功能。其影响区域涵盖了青石爬鮡、重口裂腹鱼和天全鮡三种受省级保护的鱼类。其中，石爬鮡类和裂腹鱼类特别依赖流动的水环境。电站建成后，库区水流将变得平缓，这将导致水环境改变和鱼类饵料供给困难，基于此，预计这些重点保护鱼类的生存数量将大幅下降。此外，电站建设导致减水河段的水生生态环境大幅减少，大型鱼类难以找到藏身之处，从而导致该区域的鱼类数量和种类大幅减少。值得注意的是，这一影响区域不仅是珍稀鱼类保护区核心实验区，还是重点保护水生动物的主要栖息地，具有特殊的生态价值。电站拦水坝运行后，将使天全河原有河流生态环境划分成为坝上和坝下两个不连续环境单元，不仅破坏了河流环境连续性和保护区完整性，还将对库区的水文状况和水量产生影响。这些变化将在一定程度上破坏鱼类和其他水生生物资源的生存条件。

2. 惠州龙颈水电站建设对流域生态水文过程的影响

惠州龙颈水电站为秋香江梯级电站的最下一级，位于惠州市惠城区芦洲镇龙颈村。建设项目营运期的流域生态水文过程影响主要包括以下几方面。

（1）对库区水生生态的影响

水库的形成导致了水面的扩展和流速的减缓，进而对水域生态环境产生了显著的影响。在这种新的环境下，浮游植物，特别是藻类，展现出了迅速的增长趋势。特别是在水库的上游区域，水流变得相对静止，为藻类的生长提供了有利的条件，它们的增长趋势表现得更加明显。同时，水库蓄水后的缓慢水流和增加的腐屑物质为浮游动物提供了丰富的食物来源。这些条件共同促进了浮游动物种类的增多和数量的增长，进一步丰富了水库的生态系统。

此外，水库的建成和蓄水也带来了一些其他的生态变化。水深的增加导致底部光照条件恶化，水温也相应降低。这些变化对底栖藻类的生长产生了不利影响，底栖藻类数量减少，从而影响到底栖生物的群落结构，可能引发一系列的生态响应和调整。

（2）对下游水生生态的影响

水电站完成蓄水之后，会对下游河道的水文情势及水温带来显著影响，进而对水生生态环境带来了一定程度的改变。水电站的建设，往往意味着两种截然不同的生态环境——水库与下游河道的形成，这两种环境在水生生物种群结构方面存在明显的差异。值得注意的是，水库释放的低温水对水生生物的多样性产生了不同的影响。对于藻类、原生动物以及枝角类而言，这种低温水环境对其种类多样性表现出明显的抑制作用。然而，对于轮虫和桡足类来说，这种抑制效果并不显著。此外，低温水环境还会对其种群量的发展产生抑制作用，如藻类、原生动物、轮虫、枝角类、桡足类、底栖动物、高等水生维管束植物等水生生物，在低温环境下其种群数量增长会受到限制。同时，低温水还使得大坝下游河段的鱼类繁殖被推迟，鱼类生长减缓。

龙颈水电站水库的水温结构具备典型的混合型特征。库水频繁交换，加之水库面积相对有限，导致水体在水库中的停留时间较短。因此，水库的建成对上游来水的水温几乎没有产生显著影响，而出库水温与入库水温之间的变化则几乎微乎其微。这种水温的稳定性意味着水库对下游河道水生生态环境的影响相对有限。

3. 霍山县漫水河水电站建设对流域生态水文过程的影响

漫水河水电站坐落于霍山县漫水河镇，其核心使命在于发电，肩负着支撑霍山县电网高峰负荷的重任，其电力供应主要辐射至皖中电网区域。此外，该电站还具有一定调节功能，在大电网的小范围内承担峰荷，从而减轻大电网在调峰过程中的压力。具体来讲，在项目建成后，会对流域内的生态水文过程造成如下影响。

（1）对库区河段水文情势的影响

漫水河水电站水库的竣工，对库区河段的多项水文特征带来了显著的变化。随着电站的建设，坝体发挥了关键的拦截作用，使得库区的水位得以抬升，尽管这种抬升的幅度相对有限。与天然状态相比，库区河段的水域面积已经显著扩大，这为大坝的蓄水能力和调节功能提供了必要的空间。此外，大坝的存在也造成了水流速度的减缓。在天然状态下，水流通常更为湍急，而大坝的阻隔使得水库区内的流速显著降低。这些变化，包括水位上升、水域面积扩大以及流速减缓，都会对坝址上游水库区河段的水文情势产生不容忽视的影响。

（2）对坝后减水河段水文情势的影响

漫水河水电站采取了引水式开发模式，设计中最大引用的流量达到了 $4.76 \text{ m}^3/\text{s}$。随着电站的引水发电运行，位于坝址下游至清水河与漫水河交汇处的约 9 km 天然河道的水文情势发生了相应的变化。

为了保障生态环境的可持续性，电站采取了生态放空洞的方式来控制下泄的生态用水量。经过广泛的公众参与和走访调查，结果显示，自电站建设以来，其生态用水下泄量能够满足清水河减水河段的河道生产生活和生态用水需求，即使在枯水期，生态用水下泄流正常，减水河段用水水流正常。

4.张家河梯级水电站建设对流域生态水文过程的影响

张家河梯级水电站坐落在河栏镇张家村，位于青凤寺张家沟河上，电站发电量合理且充分地利用了现有的水能资源。张家河梯级水电站建设对流域生态水文过程的影响具体表现如下。

（1）水电站对水温的影响

张家河梯级水电站是利用引兰入汤工程所引入的流量进行发电的低水头无调节径流式梯级开发电站。其坝前库容较小，水层深度较浅，上游来水量却相当充沛，导致水体交换十分频繁。这种条件使得水库底层和表层的水温趋于一致，与天然河道的水温相差无几。因此，拦河闸前的水温在一年中的变化，与原河道水温的年内变化基本吻合，说明电站的建设和运行对水温的影响微乎其微。

（2）对水电站下游河道水质的影响

由于不同水质污染物在不同河流流速中的分解净化效应存在显著差异性，因此，水电站的建设对河流水质往往带来利弊并存的复杂影响。具体到张家河梯级水电站，它属于无调节径流式电站，自身不产生污染，对周边水环境的改变相对较小。因此，在电站正式投入运营后，预计不会对下游水质造成显著影响。然而，在水电站的建设施工期间，下游水质可能会受到不利影响。这主要是由于施工过程中涉及大量的施工机械，容易发生跑油、漏油等情况。同时，车辆清洗、机械维修等活动可能产生含油废水，如果处理不当或随意排放，将对下游水质造成污染。此外，基础开挖和进场公路的修建将破坏地面表土层，雨水冲刷后携带的泥土会进入河流，增加水体的混浊度。另外，导流围堰的修建和拆除将产生大量泥沙，会进一步加剧水体混浊，直接影响下游水质。

（3）水电站对水生生物的影响

水电站的建设对水生生物，尤其是鱼类的影响是评估其生态效应的重要方面。经过调查，可以发现该区域的鱼类种群主要由自然生长的普通鱼类构成，并未发现珍稀物种或大型洄游性鱼类，同时也没有发现鱼类产卵的特定场所。基于这些调查结果，可以初步判断该水电站的建设对鱼类的生存状况基本上不会造成显著影响。然而，需要指出的是，水电站的建成将不可避免地会造成区域河流生态环境造成一定程度的改变，进而导致生物多样性的严重退化，破坏河流的生态环境。

第二节　水利工程泥沙沉积及其生态效应

一、水利工程泥沙沉积概述

水利工程在运行过程中，由于设计不合理和管理措施不当，往往会出现严重的泥沙沉积现象，而这一问题重点体现在重要的水利枢纽工程——水库建设方面，因此下面将针对水库泥沙沉积进行重点阐述。泥沙沉积造成的库容损失，使水库的功能、安全和综合效益不断受到影响，是水利工程，尤其是水库可持续利用研究中亟须解决的问题。

（一）泥沙沉积及其特点

天然河流中，水流挟带而淤落的泥沙与河床起动的泥沙相互交换，在长期的演变过程中实现了沉积与冲刷的动态平衡，形成了适应边界条件的河道形态。在河流上修建水库之后，坝前水位抬升，过水断面增大，致使流速降低，进而减弱了水流的挟沙能力，打破了建库前的相对平衡状态，水流挟带的泥沙淤落在库区内。当水库沉积到一定程度时，库区又会逐渐形成适应新边界条件的河道形态，达到新的平衡状态。

入库泥沙中，粗沙一般在水库上游末端沉积成三角洲，细沙则会被水流运送至坝前附近沉积。当水库产生异重流时，如果没能及时将其排放出库，异重流便会在坝前抬升回旋，回流和清水混合后会在库区发生沉积。所以，水库沉积并不只是自然而然地先淤满死库容之后才侵占有效库容，由于大量泥沙在库尾已经淤落，水库有效库容的损失在水库建成蓄水后便已发生。

现阶段在我国，以兴利为目标的许多水库沉积严重，进而引起水电机组等设备损失，并对生态环境产生影响。我国水库泥沙沉积呈现以下两个特点。

①水库泥沙沉积现象普遍。从地域上说，无论是北方还是南方，从河流特性上说，无论是多沙的黄河流域还是含沙量较少的长江、珠江等流域，都出现了不同程度的水库泥沙沉积问题。

②中小型水库泥沙沉积问题尤为突出。中小水库的泥沙沉积速率一般较大型水库高出很多，北方严重水土流失区的中小型水库泥沙沉积速率尤甚。

（二）泥沙沉积形态

1. 沉积形态分类

水库泥沙沉积形态可分为横断面形态和纵剖面形态。

横断面形态在多沙河流与少沙河流的水库中有所不同。多沙河流上的水库普遍有沉积一大片、冲刷一条带的特点。沉积一大片指泥沙在横断面上基本呈均匀分布，库区横断面上不存在明显的滩槽。冲刷一条带指水库在有足够大的泄流能力，并采取经常泄空的运用方式时，库底被冲出一条深槽，形成了有滩有槽的复式横断面。

水库壅水沉积的纵向沉积形态可以概括出三角洲沉积、锥形沉积和带状沉积三种类型，如图8-1所示。三角洲沉积的顶坡段为其主体，此处比降变化较小，水流接近均匀流，沉积较为平衡，导致大量入库水沙输送至坝前段，坝前段比降大，沉积较为强烈，沿程水深骤增，水流流速减小，挟沙能力减弱，发生大量泥沙淤落；锥体沉积的水深和沉积厚度沿程递增，均至坝前深度达到最大，库底比降随着沿程沉积逐年变缓，所有水库不加以人工干预，最终沉积形态均为锥体沉积；带状沉积泥沙沿程分布比较均匀，但这种沉积只是阶段性过度沉积形态，并不稳定，出现这种形态是由于坝前水位变动较大，库型相对狭窄，上游来沙量较少，泥沙颗粒比较细，均匀地分配在回水区范围以内的库段上。

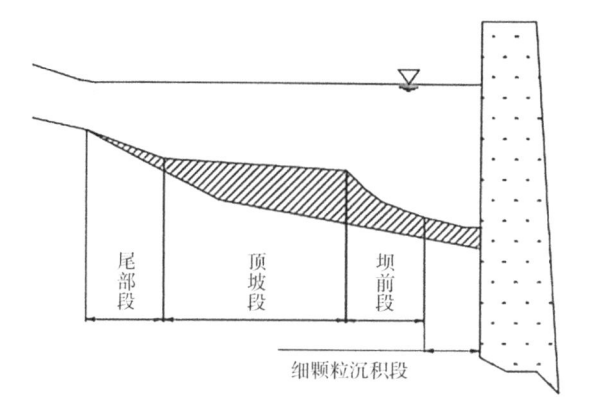

(a)三角洲沉积

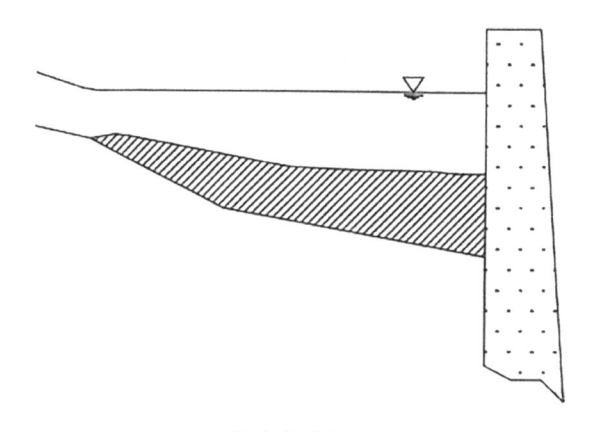

(b)锥体沉积

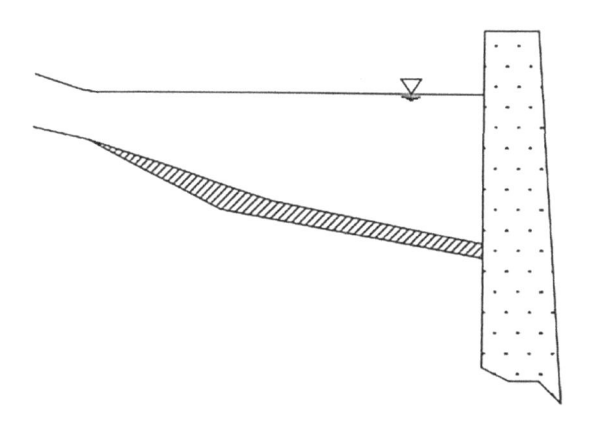

(c)带状沉积

图 8-1　水库泥沙沉积形态典型剖面图

2. 影响沉积形态的因素

水库的运行方式、水库库形特点变化、入库水沙条件以及支流汇入是影响水库泥沙沉积形态的主要原因。

①水库的运行方式：当水库坝前水位发生改变时，随之改变的有库容、回水区范围以及出库水量等。这些改变对水库泥沙沉积形态起决定性作用。

②水库库形特点变化：水库库形不同，导致入库流量沿程损失的幅度也不同，河流中挟沙力也随流量呈正相关关系，从而造成了泥沙沉积的位置存在差异。

③入库水沙条件：主要取决于来水量、来沙量以及入库泥沙颗粒级配。来水量大小决定库区流速及回水区范围，同时入库水沙条件与泥沙颗粒级配影响着泥沙在库区沉积的位置。

④支流汇入：当支流汇入口位于库区内，影响水库泥沙沉积形态的程度取决于支流入库水流的含沙量。

3.纵向沉积形态的判别

关于水库纵向形态的判别，许多学者以实际观测数据为依据提出相应的判别公式。

一般来讲，可以通过 $\dfrac{h}{\Delta h}$ 表示水库的运行方式对纵向沉积形态的影响，以 $\dfrac{\overline{W_s}}{\overline{W}}$ 表征入库水沙条件的影响。当 $\dfrac{h}{\Delta h}$ 值较小，而 $\dfrac{\overline{W_s}}{\overline{W}}$ 值较大时，应有利于三角洲沉积的形成，其经验判别式如下。（当 $\varphi > 0.04$ 时为三角洲沉积；$\varphi < 0.04$ 时为带状沉积。）

$$\varphi = \left(\dfrac{h}{\Delta h}\right)\left(\dfrac{\overline{W_s}}{\overline{W}}\right)^{0.5} \tag{8-1}$$

式中，φ——水库无因式判别系数；

$\dfrac{h}{\Delta h}$——库水位变化程度，表征水库运用方式；

Δh——水库历年平均坝前水位变幅，m；

h——水库历年平均坝前水深，m；

$\dfrac{\overline{W_s}}{\overline{W}}$——表征入库水沙条件；

$\overline{W_s}$——多年平均年入库悬移质输沙量，亿 m^3；

$\overline{W}$——多年平均年入库水量，亿 m^3。

上式只进行三角洲沉积和带状沉积的判别，未包含锥体沉积形态。经验式所采用的是少沙河流水库资料，资料范围不够广泛，适用范围较窄。

经过众多学者对水库纵向沉积形态分类多年的研究，可以得出众多水库泥沙沉积形态的判别式，公式多是根据水库资料建立的，具有一定的代表性，也存在局限性。所以对已建水库纵向沉积形态进行计算，应选取适合的公式。

二、水利工程建设影响下泥沙变化特征定量描述

土壤侵蚀和水土流失是导致河流水利工程面临泥沙问题的核心因素。从长远的视角出发，要有效解决这一问题，关键在于减少人为因素引发的侵蚀，恢复流域植被，并致力于

保护和改善流域内的生态系统，从而减少水土流失。然而，这一目标的实现需要庞大的资金投入，并且生态环境的自然恢复过程往往相当漫长。因此，我国在可预见的未来，水利工程的泥沙问题仍将面临严峻挑战。在河流和流域的水电资源开发及治理过程中，与泥沙相关的工程问题层出不穷。为了确保工程决策符合自然规律，必须深入研究和理解河流泥沙运动的规律。

（一）河流泥沙模拟模型

河流模拟技术涵盖了河流实体模型和泥沙数学模型两大板块，两者各有其独特的优势和局限。对于实体模型，已经形成了一套系统的河工模型相似理论、设计方法和试验技术。在模型制作方面，成功解决了模型几何变态、比降二次变态等关键技术难题。同时，在模型沙的选择、高含沙水流以及宽级配非均匀沙的模拟等方面也取得了显著的成果，为众多工程泥沙问题提供了有效的解决方案。目前，常见的河流泥沙模拟模型包括以下几种。

1. IC 模型

从流域泥沙输移比的研究方法上看，泥沙连通性指数（index of connectivity，IC）可用于流域泥沙输移的计算，泥沙连通性指的是流域内泥沙克服区域阻力，通过分离和输移从坡面到沟道（从源到汇区）的运输程度，最初是用于识别连通路径并评估泥沙在地貌单元中运动的潜能。IC 的计算过程考虑了下垫面条件的时空变化，其计算过程基于景观信息进行评估，可以量化源和汇之间泥沙连通的概率。

（1）IC 模型计算公式

IC 用于表达流域尺度上的单位泥沙从流域中到达河道的可能性。在流域中，从一个位置 A 到另一个位置 B 的泥沙量，取决于上游位置 A 的产沙概率和 A 到 B 传输的概率；泥沙在不同的区域间输移越容易，则其连通性越大，其公式如下。

$$\text{IC} = \log_{10}\left(\frac{D_{\text{up}}}{D_{\text{dn}}}\right) = \log_{10}\left(\frac{\overline{WS}\sqrt{A}}{\sum_{i=k}^{n_k}\frac{d_i}{w_i s_i}}\right) \quad (8-2)$$

式中，D_{up}——上坡组分，其考虑了侵蚀源区坡度和面积，因此它决定了上坡产生的径流和泥沙向下游流动的潜力；

D_{dn}——下坡组分，决定了径流和泥沙沿路线到达指定流域出口或沟道的可能性；

$\overline{W}$——上坡集流区的阻抗因子；

$\overline{S}$——上流集水区的平均坡度；

A——上坡贡献面积；

d_i——第 i 个单元沿着水流路径到汇点的距离；

w_i——第 i 个单元的阻抗因子；

s_i——第 i 个单元的坡度；

下标 k 表示流域中的每个单元有一个 IC 值。

关于上坡集流区的阻抗因子 W 有多种算法。在相关实践中，粗糙度指数（roughness

index，RI）、C 因子和 P 因子被叠加以获得地表指数 IS（index of surface），再由 IS 计算 W 因子。

$$IS = RI + C \times P \tag{8-3}$$

$$W = 1 - \frac{IS}{IS_{max}} \tag{8-4}$$

式中，IS——地形、植被和水土保持措施的综合指数；

IS_{max}——研究区域的最大 IS，其值随植被等发生变化。

$$SDR_{IC} = \frac{SDR_{max}}{1 + \exp\left(\frac{IC_0 - IC_i}{k}\right)} \tag{8-5}$$

式中，SDR_{IC}——第 i 个单元的泥沙输移比；

SDR_{max}——流域理论上最大的泥沙输移比，通常取为 1；

IC_0 和 k——计算泥沙输移比的修正系数。

（2）泥沙连通性与侵蚀存在互馈关系

以往的研究发现，流域景观的可侵蚀性是侵蚀和泥沙输送的主要控制因素，即说明流域内发生高或低侵蚀的区域在很大程度上受景观因素的影响，而不是直接归因于高或低的泥沙连通性。另外，这种不匹配的现象说明泥沙连通性与侵蚀的关系可能存在一些动态变化。实地研究结果表明，即使是侵蚀严重的地区，由于泥沙路径的破坏，其泥沙连通性也会降低。

应注意的是，泥沙连通性似乎更有可能在侵蚀过程发生后表达泥沙的输移路径。高泥沙连通性并不直接意味着侵蚀泥沙可以轻易运输。这种现象也可以描述为流域景观特征为泥沙输移提供了充足的能量，但由于泥沙连通性较低，只有少量的泥沙参与输送，从而限制了土壤侵蚀的发生（如低强度的降雨事件、不同土壤类型或高植被覆盖率）。流域侵蚀的类型、强度和时空分布也会影响泥沙连通性。例如，冲沟的强烈发育和重力侵蚀会导致滑坡和崩塌，从而中断泥沙路径，泥沙连通性会发生巨大变化。人工缓冲带和工程措施也可能导致泥沙连通性的断开，降低泥沙的输送能力。总之，泥沙连通性和侵蚀之间存在动态相关性，而识别泥沙连通性和侵蚀关系需要考虑其动态特征。

（3）基于 IC 模型的泥沙输移比算法适用性

总体上，基于 IC 模型的泥沙输移比算法能够较好地应用于流域研究。首先在模型的构建上，该模型算法易于实施，是重要且易于构建的流域研究模型。模型算法提供了一种流域侵蚀产沙的验证思路，即通过侵蚀模型和基于 IC 模型的泥沙输移比算法的结合获取流域产沙并与水文站实测数据相验证。模型算法具备一定的可推广性，因为该模型算法需要的基础数据均容易获得，且模型构建方法具备可复制性。

2.SWAT 模型

分布式模型主要是针对流域研究，其考虑水文参数和过程的空间异质性，将流域单元化，并且认为水文要素在离散单元之间进行运动和交换，最终汇总于模型设置的流域出口,能较真实地模拟流域径流和泥沙过程。目前得到广泛运用的是典型的分布式水文模型 SWAT(soil and water assessment tool)模型,由于其强大的功能性,能够模拟多种水文过程,包括水质变化、径流泥沙模拟以及营养物质的运输与转移等。

(1) SWAT 模型原理

SWAT 模型可以模拟流域内的各种物理过程,如水文循环过程、土壤侵蚀过程以及污染负荷过程。SWAT 所研究的各种问题均基于水文循环,必须保证模拟的水文循环与流域内的水文循环一致。模型模拟的过程主要包括两个阶段:第一是水文循环陆地阶段,它控制每个子流域的水流和泥沙等向主河道内输入;第二是水文循环的河道演算阶段,该阶段是指水系中的水流和泥沙等向出水口运移的过程,主要包括了河道洪水演算和沉积演算等。该模型可根据流域的地形特征将流域划分为不同的子流域,并能从数字高程模型(digital elevation model,DEM)数据中提取坡度、河流的长度与宽度等水文参数。此外,当流域内不同栅格的土地利用、土壤以及坡度类型相匹配时,SWAT 会将这些栅格划分为一个水文响应单元(hydrologic research unit,HRU)进行处理,并以此计算 HRU 水平上的水文参数、径流量、产沙量等水文水质信息。

①水文循环过程。水文循环过程是所有过程的基础,SWAT 模型的水文循环是基于水量平衡方程的,方程如下。

$$SW_t = SW_0 + \sum_{i=1}^{n}\left(R_d - Q_s - E_a - W_{seep} - Q_{gw}\right)_i \tag{8-6}$$

式中,SW_t——土壤的最终含水量,mm;

SW_0——土壤的前期含水量,mm;

N——时间步长,d;

R_d——第 i 天的降水量,mm;

Q_s——第 i 天的地表径流量,mm;

E_a——第 i 天的蒸发量,mm;

W_{seep}——第 i 天土壤剖面底层的渗透量和侧流量,mm;

Q_{gw}——第 i 天地下水出流量,mm。

发生降雨时,水分一部分会经过植被发生冠层截流,另外一部分会直接到达土地表面,下渗到土壤或者产生地表径流。地表径流会很快汇入河道,下渗到土壤的水分会发生蒸散发或汇入地下流。该模型在 HRU 层面中的水流运动路径如图 8-2 所示。

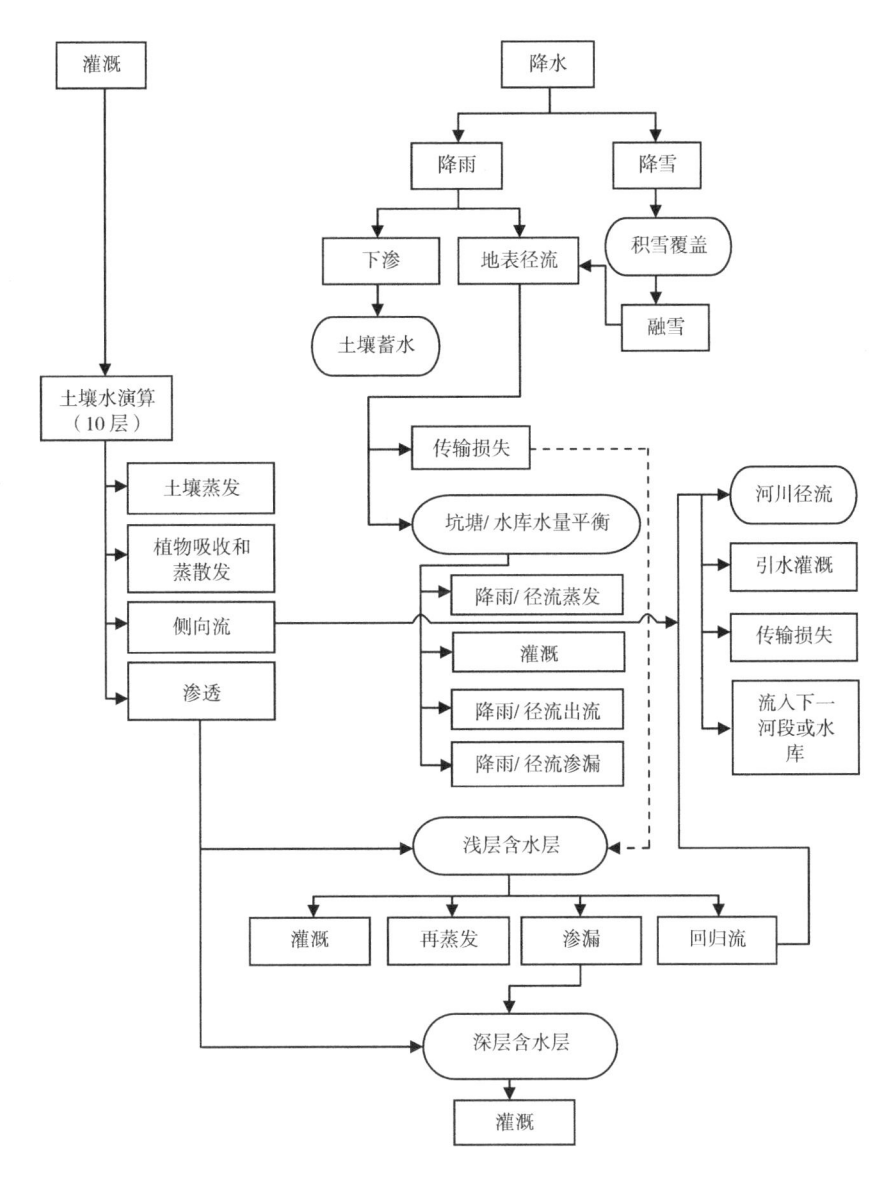

图 8-2　SWAT 模型水流运动潜在路径

在水文循环的河道演算阶段，河流在向下游流动的过程中会随着蒸发以及农业、生活用水等发生损失，通过降雨过程以及排水得到补充。河道演算过程采用特征河长法或马斯京根法进行计算。

②土壤侵蚀过程。土壤侵蚀过程的第一阶段也是基于 HRU 进行计算的，每个 HRU 的土壤侵蚀量和产沙量采用修正后的土壤通用流失方程进行计算。一般来讲，土壤通用流失方程使用径流量代替降雨量模拟侵蚀和产沙量，具有提高模拟精度、可估算单次暴雨产沙量等优点。MUSLE 方程见式（8-7）。

$$\text{Sed} = 11.8 \left(Q_{\text{surf}} q_{\text{peak}} \text{area}_{\text{hru}} \right)^{0.56} K \times C \times P \times \text{LS} \times \text{CFRG} \tag{8-7}$$

式中，Sed——土壤侵蚀量，t；

Q_surf——地表径流量，mm；

q_peak——洪峰流量，m³/s；

area_hru——HRU 的面积，公顷；

K——土壤侵蚀因子；

C——土地覆盖和作物管理因子；

P——保持措施因子；

LS——地形因子；

$CFRG$——碎屑因子。

（2）SWAT 模型及其评价指标

将模型所需数据经过即可伸缩的、全面的 GIS 平台处理，建立 SWAT 模型。模型的输入数据由 DEM 数据、土地利用数据、土壤数据和气象数据四部分组成。模型依据 DEM 数据和集水面积阈值划分子流域，并根据土地利用类型、土壤类型和坡度将每个子流域划分为若干个 HRU，这是模型研究的基础。选取纳什效率系数 NSE 和决定系数 R^2 作为模拟精度的评价指标，选取 P-factor（95%不确定性区间内观测数据所占百分比）、R-factor（95PPU 上下限的平均距离与标准偏差所占比例），选取偏差百分比（PBIAS）作为模型不确定性的评价指标，它们的计算公式分别表示见式（8-8），式（8-9），式（8-10）。

$$\text{ENS} = 1 - \frac{\sum_{i=1}^{n}(Q_{m,i} - Q_{s,i})^2}{\sum_{i=1}^{n}(Q_{m,i} - Q_{m,a})^2} \quad (8-8)$$

$$R^2 = \frac{\left[\sum_{i=1}^{n}(Q_{m,i} - Q_{m,a})(Q_{s,i} - Q_{s,a})\right]^2}{\sum_{i=1}^{n}(Q_{m,i} - Q_{m,a})^2 \sum_{i=1}^{n}(Q_{s,i} - Q_{s,a})^2} \quad (8-9)$$

$$\text{PBIAS} = 100 \times \frac{\sum_{i=1}^{n}(Q_{m,i} - Q_{s,i})}{\sum_{i=1}^{n}Q_{m,i}} \quad (8-10)$$

式中，$Q_{m,i}$ 和 $Q_{s,i}$——实测值和模拟值；

$Q_{m,a}$ 和 $Q_{s,a}$——多年实测值与模拟平均值；

n——时间序列。

其中，NSE 是一个小于 1 的数值，被用来体现模拟数据和实测数据的总体贴合情况，可为负值；R^2 是一个小于 1 的正数，被用来表示模拟值和实测值的拟合优度，两者数值大小越接近上限值 1，模型精度越高。偏差百分比测量模拟数据的平均趋势，可用来评估模型的总水量平衡效果，最佳值为 0，正值表示模型低估，负值表示模型高估。

（3）数据来源

SWAT 模型的输入数据包括 DEM 数据、土壤类型、土地利用等空间数据和气象资料

（如每日最高最低气温、相对湿度、蒸发量及太阳辐射等）、水文资料（如径流、泥沙等）等属性数据，DEM数据用于划分子流域和流域出口，土地利用数据用于地表产汇流情况的计算，土壤数据用于计算壤中流等。详细数据内容、获取来源及说明等如表8-14所示。

在SWAT模型中，为了适应模型输入需求，所有数据都要具有统一的坐标系，方便数据的统一管理。

表8-14　SWAT模型数据详表

数据类型	格式	主要数据	数据来源
DEM数据	GIRD	研究区高程及坡度	地理空间数据云等
土壤类型图	GIRD/SHAPE	土壤主要类型	世界土壤数据库（harmonized world soil database，HWSD）中的中国土壤数据集等
土壤属性		土壤水文分组等	HWSD中的中国土壤数据集等
土地利用图	GIRD/SHAPE	土地利用类型及流域占比	地理监测云平台
气象数据	TXT	温度、相对湿度、降水量、风速等	中国气象数据网等
水文数据	TXT	月径流量、泥沙	黄土高原科学数据中心等

（4）数据库构建及数据处理

①DEM数据处理。DEM是地表高程的集合，在SWAT模型流域划分模块输入DEM数据，通过对集水面积阈值的设置、填洼、流向、流量、河流连接及栅格河网等步骤的分析计算，可得到区域内水系、河网、子流域及HRU的分布。

②土地利用数据处理。土地利用是区域内下垫面状况的综合指示指标之一，也是SWAT模型必要的输入参数之一，对产汇流及泥沙生成起着重要的作用，因此对SWAT输出结果有着不可忽视的影响。因此，应按照SWAT模型的数据要求，对研究区域内土地利用进行重分类，以适应SWAT模型的建模要求。重分类之后的土地利用及其SWAT代码如表8-15所示。

表8-15　土地利用类型统计

二级分类	SWAT分类	SWAT代码
水田	耕地	AGRL
旱地		

续表

二级分类	SWAT 分类	SWAT 代码
有林地	林地	FRST
灌木林地		
疏林地		
其他林地		
高覆盖度草地	草地	RGNE
中覆盖度草地		
低覆盖度草地		
河渠	水域	WATR
水库、坑塘		
城镇	建设用地	URLD
农村居民点		
工交建设用地		
裸岩砾石地	未利用地	SWRN

③土壤数据处理。同土地利用数据一样，土壤数据也是 SWAT 模型必要的输入参数之一。土壤类型控制了水分在土壤中的输移和流动，对产汇流及泥沙生成起着重要的作用。基于下载的世界土壤数据库，模型所需的大部分物理参数可以通过 HWSD 属性表直接获取，将属性表中黏土含量、沙土含量、砾石含量、土壤电导率和土壤有机质含量输入 SPAW 软件中计算得到土壤湿密度（SOL_BD）、土壤层有效持水量（SOL_AWC）、饱和水力传导系数（SOL_K）等其他参数。涉及的土壤质地相关参数来自 HWSD 数据库。其他较难获取的参数均采用模型默认值，之后写入建立的 SWAT 工程。

④水文数据处理。SWAT 模型是基于实测的长序列水文数据来评价模型的模拟精度，也是参数率定的基础。应选择流域内的水文站在特定时期内的实测径流数据进行模型的率定与验证。

⑤气象数据处理。SWAT 模型需要的气象数据包括日降水量、日最高/低气温、太阳辐射、相对湿度和平均风速等，一般可选择来自国家气象科学数据中心的区域内及其周边在特定时期内的多个气象站的逐日观测数据作为 SWAT 模型的驱动数据。SWAT 模型气象数据库的构建是通过天气发生器进行计算的，而少量缺失的数据由天气发生器自动模拟。

（5）SWAT 模型构建

①子流域划分。SWAT 模型通过划分多个子流域并模拟子流域中的水文循环，来达到对整个流域水文过程模拟的作用。首先在模型子流域划分运行界面中导入处理后的流域 DEM 图，并设定单位为 meter。接着定义河网。集水面积阈值是影响子流域数量、大小及

河网精确度的关键，面积阈值越大，河网越稀疏，流域内划分出的子流域越少，反之则子流域越多，河网越密。为最大限度保证流域完整性，参考同流域研究经验和多次调试，可以采用模型模拟推荐阈值。最后添加水文站点，设置流域出口并进行子流域参数计算，完成子流域的划分。

②生成 HRU。作为模型模拟运行中最基本的计算单元，HRU 是根据土壤、土地利用及坡度划分出来的具有相同水文特性的同一组合。通过对子流域生成 HRU，能够体现不同土地利用、土壤及坡度条件组合下水文条件之间的相互差异，从而模拟各 HRU 径流量、产沙量及污染物负荷量等，提高水文模拟和预测的精度。对于模型的坡度划分，模型主要分为 Single Slope 分类形式与 Multiple Slope 分类形式，将《水土保持综合治理规划通则》与相关研究相结合，采用 Multiple Slope 分类方法，以完成坡度的合理划分。

在 HRU 的划分方面主要有两种形式，第一种方法是主要成分划分法，即以子流域中占比最大的土地利用、土壤类型和坡度来代表整个子流域，每一个子流域生成单一的一个 HRU；第二种为多 HRU 划分法，即以模型中对于土地利用、土壤类型和坡度分类的叠加来确定每个子流域中 HRU 的数量和具体类型，每一个子流域中可以有多个不同类型的 HRU。有研究表明，在使用多个 HRU 描述子流域时，SWAT 预测的准确性要远高于在子流域内生成单一主导的 HRU。

③模型数据的写入。继子流域和水文响应单元划分工作完成后，输入区域模型模拟所需要的气象数据，其中包括日降雨量、日最高最低温度、日平均风速、日太阳辐射和相对湿度，进而构建气象数据库。气象数据输入完成，表示构建 SWAT 模型所需的基础数据输入完成。

④模型运行。子流域及 HRU 的划分及气象数据库的构建工作完成后，首先进行原 SWAT 模型的运行。在 SWAT 模型 Setup and Run SWAT Model Simulation 模块进行模拟时间的合理设定；SWAT 版本选择 64-bit，debug，因为该版本在模型运行过程中可提供详细的报错及可能的说明，不足是运行所需时间相对较长；模型输出文件选择 All，输出的文件和数据库选择河道输出文件（output.rch）、子流域输出文件（output.sub）和 HRU 输出文件（output.hru）；点击"运行"按钮 Run Swatcheck，检查并识别模型潜在存在的、可能的问题；最后保存模拟结果。完成上述步骤后，基于 SWAT-CUP 软件进行水文参数敏感性分析及模拟结果的率定与验证等工作，得到模型的校准与验证结果，使其达到区域适用性的条件。至此，完成原始模型的全部运行工作并得到模型结果。此外，基于构建的上述原始模型的各项参数，加入坑塘模块并通过改进后的算法再次构建 SWAT 模型，提高 SWAT 模型的模拟精度。

3. SEDD 模型

分子熵离散扩散模型（sediment delivery distributed model，SEDD）属于分布式泥沙模型，可以直接计算流域单元的泥沙输移比。

（1）SEDD 模型计算公式

该模型首先将流域细分为形态单元，再估计泥沙从形态单元到最近河道的输移路径。

$$\text{SDR}_{\text{SEDD}} = \exp(-\mu \cdot t_i) \tag{8-11}$$

$$t_i = \sum_{i=1}^{N_P} \frac{l_i}{v_i} \tag{8-12}$$

$$v_i = k \cdot S_i^{0.5} \tag{8-13}$$

式中，SDR_{SEDD}——第 i 个单元的泥沙输移比；

μ——流域形态参数；

t_i——第 i 个单元的泥沙输送到最近沟道或河道单元的耗时，h；

l_i——泥沙在第 i 个单元的输移距离，m；

v_i——水流途经第 i 个单元的流速，m/s；

s_i——第 i 个单元的坡降；

K——与土地利用类型有关的摩擦系数，根据不同的土地利用赋值，m/s。

（2）SDR_{SEDD} 算法适用性与局限性

总体上，基于 SEDD 模型的泥沙输移比算法在一定程度上能较好地应用于流域研究。该模型的构建原理较简单，所需数据仅包括地形和土地利用数据，其结果较好地呈现出流域空间泥沙输移比。此外，该模型算法的验证过程能够模拟流域产沙的分布格局，实现流域侵蚀产沙的全过程识别。

然而，该模型算法仍存在不同程度的局限性。首先，在长序列的泥沙输移比模拟时，该算法的模拟精度受到一定制约，实际上，SDR_{SEDD}（基于 SEDD 模型的泥沙输移比算法）的时间特征不够明显，这是由于 SEDD 模型的原理方程所包含的时间变量较少，仅依靠土地利用变化赋予泥沙输移比时间特征，而一些流域在某些年份可能存在较大泥沙输移比事件，往往会使得该模型的模拟效果不佳。另外，基于 SEDD 模型的泥沙输移比算法也包含了 RUSLE 模型的相关局限，包括 P 因子的高估，R 因子的不确定性等。

（二）水库泥沙沉积计算

1. 水库泥沙沉积计算原则

水库泥沙沉积计算是水库沉积和工程泥沙研究中的核心环节，其预报结果对于水库的规划与实际运用至关重要。为确保计算的准确性，通常应遵循以下原则进行水库泥沙沉积计算。

①选择适当的计算方法，这需要根据水库的类型、运行方式以及所掌握的资料条件来确定。可选用的方法包括泥沙数学模型、经验法和类比法。

②采用泥沙数学模型进行计算时，应对所选用的数学模型及其参数进行验证。这可以通过利用本河流或相似河流已建水库的实测泥沙沉积资料来实现。若缺乏这些实测资料，则可以考虑利用设计工程所在河段的天然河道冲淤资料进行验证。

③对于经验法，使用时应深入理解其理论依据和适用条件，并利用工程所在地区的水库沉积资料来验证其有效性。

④当采用类比法时，应详细论证类比水库的入库水沙特性、水库调节性能和泥沙调度方式与水库设计水位的相似性，以确保类比结果的合理性。

⑤对水库泥沙沉积计算成果进行合理性检查。对于存在严重泥沙沉积问题的水库，建议采用多种计算方法进行综合分析，以更准确地确定泥沙沉积情况。

⑥关于水库泥沙沉积计算的数据系列选择，应根据计算要求和所掌握的资料条件选择使用长系列、代表系列或代表年。无论选择哪种系列，都应确保所选用的多年平均年输沙量、含沙量或者代表年的年输沙量、含沙量应接近多年平均值，以保证计算结果的准确性。

2. 水库沉积量的计算方法

（1）基于实测地形的计算方法

水下地形测量可利用仪器确定水底各点的三维坐标数据，从而得到水库地形。通过对比不同时期的水库实测地形，可以直接掌握水库动态沉积情况，不仅能够得到水库沉积量和库容损失，而且可较为准确地确定冲淤位置。根据数据处理的不同方式，基于实测地形的水库沉积计算方法又可分为断面法、等高线法、规则网格镶嵌法和不规则三角网（triangulated irregular network，TIN）模型法等。

①断面法。断面法是大中型水库冲刷量和沉积量计算的常用方法。该方法在水库平面地形图上沿程布设若干横断面，各横断面与正常蓄水位时的水库形态垂直，相邻断面接近平行，平均间距接近水库平均宽度。基于不同时期的实测水下地形，可计算两相邻横断面的冲刷面积和沉积面积。若各级高程河道中轴线上的断面间距变化不大，则断面间距可取正常蓄水位时相邻断面中轴线上的距离，否则取各级高程中轴线距离的算术平均值。结合不同时期相邻横断面的断面间距与冲淤面积，可计算相邻横断面间的冲刷量与沉积量，累积求和后即为整个水库的冲淤量。

②等高线法。等高线法是计算水库冲淤与库容变化的另一种常用方法。该方法的计算模型是将水体按不同高程面微分成若干层，再由积分求得整体的体积。在水库冲淤量的实际计算中，以水库实测地形为基础，按等高线将水库分为若干个梯形，先计算同一高程面的面积，后按梯形体的体积公式计算两高程层面之间的库容，整体库容由多层积分求得。等高线法可较为简便地计算水库库容，获得不同时期的库容变化。

③规则网格镶嵌法。规则网格镶嵌是指用规则的网格集合来逼近不规则的地形曲面，网格单元具有简单形状和平移不变性，便于数据存储与处理。利用规则网格镶嵌法计算水库冲淤量，是在水库实测地形图上覆盖规则网格，读取各网格代表点的高程值，网格的面积与网格代表点高程值之积即为该网格的体积值。库区内的总体积为区域内所有网格体积的总和。不同时期库区总体积的差值即为该时期的冲刷量或沉积量。由于该方法中代表点高程是根据等深线确定而非实测所得，因而存在较大的误差。

④TIN 模型法。规则网格在平坦地形中经常产生大量不必要的数据，增加了数据处理的复杂性。在不调整网格尺寸的情况下，规则网格难以精准捕捉复杂地形中的急剧变化。为了更有效地解决这一问题，TIN 被引入作为数字高程模型的另一种表达方法。TIN 不仅大大减少了数据冗余，还能根据地形的关键特征点来精确描述高程信息。当使用 TIN 模型法进行水库的冲淤量计算时，可直接利用库区实测地形特征点，按照优化组合的原则，将其连接成相互连续的三角面，再按柱体公式计算各三角柱的水柱体积和沉积体积，对库区所有水柱的体积进行累加，即可以精确地得到水库的库容以及冲淤量的结果。这种方法不仅提高了计算的准确性，还使得处理复杂地形变得更为简单和高效。

（2）输沙量平衡法

基于实测水文资料，可根据水文学与河流动力学原理计算水库的沉积量，其中输沙量平衡法具有原理准确和应用简便的优势，在诸多河道及水库泥沙冲淤量的估算中得到应用与论证。

输沙量平衡法需要大量实测水文资料用于统计分析，水库的出入库水文站具有多年同步水沙实测资料，且水沙相关关系较好，是该方法应用的理想条件。当该条件满足时，通过建立出入库水文站在建库前的沙量相关关系，结合入库水文站在建库后的逐年输沙量数据，即可推算出库水文站在假定未建库情形下的逐年输沙量。出库水文站实际建库后的实测逐年输沙量与假定未建库时的逐年输沙量之差，即为该水库的逐年沉积量。水库蓄水后一定时期的总沉积量则由各年份的沉积量累加得到。显然，该方法适用于悬移质输沙为主的水库，库区的推移质沉积量可按推悬比或经验公式估算。

上述方法对实测资料的要求较高，在实测资料的适用条件与范围内进行计算与预报时具有较高的可靠性。但对于许多水库，并无匹配的多年出入库水沙实测资料可供使用。此时可选择水库下游距离较近的水文站，根据其建库前后的多年平均输沙量的差值来估算水库多年沉积量。

输沙量平衡法的准确度主要受水文站悬沙测验与输沙计算的精度影响，支流来沙和区间引沙也是引起误差的因素。相较于需要水下地形测算支持的方法，输沙量平衡法更为方便简洁，但无法确定具体的沉积位置和沉积形态。

（3）水库拦沙率模型

一个水库的沉积量（拦沙量）取决于自身的拦沙率和入库泥沙量。水库的拦沙率（trap efficiency）是指同一时期内沉积在水库中的泥沙量与入库泥沙量之比，常用 TE 表示。

$$\mathrm{TE} = \frac{S_{\mathrm{in}} - S_{\mathrm{out}}}{S_{\mathrm{in}}} = \frac{S_{\mathrm{trapped}}}{S_{\mathrm{in}}} \qquad (8-14)$$

式中，S_{in}——入库泥沙量；

S_{out}——出库泥沙量；

S_{trapped}——沉积在库中的泥沙量。

与水库的拦沙率简单对应的是水库排沙比，即出库泥沙量与同期入库泥沙量之比。不难发现，若已知水库的拦沙率或排沙比，结合入库泥沙量或出库泥沙量资料即可求得某一时期的水库沉积量。

水库的拦沙率受其自身和水文参数等诸多因素影响，其中某些因素是难以现场测定的。为获得水库拦沙率，基于不断积累的水库实测资料和沉积计算成果，一些半经验半理论的计算模型和公式被提出。经验方法和模型无法考虑影响拦沙率的全部因素，通常只对主要因素进行统计分析。根据可用的水库实测资料，点绘水库拦沙率与某个因素的关系曲线，即拦沙率曲线。

（三）水库泥沙计算模型

水库泥沙计算模型通过对河道流量、水位、底床形态、沉积物颗粒的特性等因素的分析来模拟和预测泥沙在水中的输移情况；通过对水库泥沙的沉积和剥蚀过程的分析来模拟河床形态的演变。最后对计算结果进行统计和分析。

1. 基本控制方程

泥沙模型的计算结果基于水力模型的结果，在每个计算步长上采用恒定流模式参与计算。泥沙连续方程如下。

$$\frac{\partial}{\partial x}(QS) + \gamma' \frac{\partial A_0}{\partial t} + q_s = 0 \qquad (8\text{-}15)$$

式中，S——断面平均含沙量；

γ'——沉积物干容重；

A_0——断面冲淤面积；

q_s——侧向输沙率。

模型可使用非均匀沙计算，泥沙连续方程使用泥沙颗粒分级配的形式[①]。

$$\frac{\partial}{\partial x}(QS_k) + \left(\gamma' \frac{\partial A_0}{\partial t}\right)_k + q_{sk} = 0 \qquad (8\text{-}16)$$

式中，k——是泥沙粒径分组下标；

S_k——第 k 粒径组泥沙的含沙量；

$\left(\gamma' \dfrac{\partial A_0}{\partial t}\right)_k$——第 k 粒径组泥沙的冲淤量；

q_{sk}——为第 k 粒径组泥沙的侧向输沙率。

为使延程含沙量方程求解结果封闭，需引入河床变形方程。

$$\gamma' \frac{\partial z_0}{\partial t} = \left[\omega_b s_b + \varepsilon_z \left(\frac{\partial s}{\partial z}\right)_b\right] \qquad (8\text{-}17)$$

式中，ω_b——近底沉速；

s_b——近底含沙量；

z——床面高程；

ε_z——悬移泥沙的重向扩散系数；

$\left(\dfrac{\partial s}{\partial z}\right)_b$——铅直方向上的近底含沙量梯度。

在模型计算中，河床变形方程往往使用断面平均的简化形式。

$$\gamma' \frac{\partial A_0}{\partial t} = B\alpha\omega(S - S_*) \qquad (8\text{-}18)$$

式中，B——水面宽度；

α——恢复饱和系数；

ω——垂线平均沉速；

S——断面平均含沙量；

S_*——水流挟沙力。

对于此模型，使用非均匀沙模式计算，河床变形方程写成分组粒径的形式。

$$\left(\gamma' \frac{\partial A_0}{\partial t}\right)_k = B\alpha\omega_k(S - S_{*k}) \qquad (8\text{-}19)$$

---

① 李珍，江颖，安静泊.2018—2019 年汛期小浪底水库排沙运用分析 [J]. 人民黄河，2021，43（9）：32-37.

式中，ω_k——第 k 组粒径的平均沉速；

S_{*k}——第 k 组粒径的水流挟沙力，显然 $S^* = \sum\limits_{k=1}^{M} S_{*k}$。

2. 泥沙计算的步骤

为了更精细地描述不同位置的水库泥沙沉积情况，模拟每个断面总冲淤面积泥沙沉积在横向上的分布，将河床变形方程离散。

$$\gamma' \frac{\Delta A_{0k,i,j}}{\Delta t} = \alpha \omega_k b_{i,j} \left(S_{k,i,j} - S_{*k,i,j} \right) \quad (8-20)$$

式中，k——粒径组；

i——断面号；

j——子断面号；

b——子断面宽度；

ΔA_0——冲淤面积；

Δt——时间步长。

同理，泥沙连续方程离散如下。

$$\frac{Q_i S_{k,i} - Q_{i+1} S_{k,i+1}}{\Delta x_i} + \gamma' \frac{A_{0k,i} + A_{0k,i+1}}{2\Delta t} + q_{sk,i} = 0 \quad (8-21)$$

经过离散化处理后的泥沙连续方程和河床变形方程，可以通过编程以求解。在执行这些计算时，需要用到一些关键的泥沙参数，如沉速和恢复饱和系数等，以确保计算结果的准确性和可靠性。这些参数的获取通常基于实验数据或经验公式，它们对于模拟河床变形和泥沙运动过程至关重要。

3. 泥沙计算的其他问题

在泥沙基本方程和水力计算模型的整体构成的基础上，需补充若干泥沙计算条件，包括沉速、恢复饱和系数、糙率等。

（1）沉速

沉速是决定含沙量在河道沿线分布变化的关键因素，从而深刻影响着冲刷和沉积的计算。沉速受多种因素影响，其中泥沙粒径是主导因素。为了更精确地模拟实际情况，模型采用非均匀沙计算模式，这意味着需要针对每个粒径组别分别计算沉速。特别地，在处理模型的主要关注点——过渡区时，采用沙玉清公式来确保计算的准确性和可靠性，具体表示如下。

$$\omega_k = S_{am} v_m^{1/3} \left(\frac{\gamma_s - \gamma_m}{\gamma_m} \right)^{1/3} g^{1/3} \left(1 - S_v \right)^{4.91} \quad (8-22)$$

$$S_{am} = \exp\left(2.030\,3 \sqrt{39 - (\lg \varphi_m - 5.777)^2} - 3.665 \right) \quad (8-23)$$

$$\varphi_m = \frac{1}{6}\left(g\frac{\gamma_s - \gamma_m}{\gamma_m}\right)^{1/3} v_m^{-2/3} d_k \qquad (8\text{-}24)$$

式中，ω_k——第 k 组粒径浑水沉速；

v_m——浑水运动黏滞系数；

S_{am}——沉速判数；

φ_m——粒径判数；

γ_s——固相颗粒（如泥沙）的容重，即单位体积固相颗粒的质量；

γ_m——水的容重，即单位体积水的质量；

g——重力加速度。

其中，浑水运动黏滞系数修正选用费祥俊公式。

$$S_{vm} = 0.92 - 0.21 \lg \sum_{k=1}^{N_s} \frac{P_k}{d_k} \qquad (8\text{-}25)$$

$$C_\mu = 1 + 2.0\left(\frac{S_v}{S_{vm}}\right)^{0.3}\left(1 - \frac{S_v}{S_{vm}}\right)^4 \qquad (8\text{-}26)$$

$$\mu_m = \mu_0\left(1 - C_\mu \frac{S_v}{S_{vm}}\right)^{-25} \qquad (8\text{-}27)$$

式中，S_{vm}——浑水极限体积比浓度；

d_k——第 k 组粒径代表粒径；

P_k——第 k 组粒径重量百分比；

C_μ——浓度修正系数；

S_v——浑水的体积比含沙量；

μ_m——浑水及清水的运动黏滞系数；

μ_0——动力黏滞系数。

（2）恢复饱和系数

在河床变形方程中，恢复饱和系数是研究河床变形程度的重要参数，但其具体的取值仍主要使用经验方法。对于模型后续进行的崩岸计算过程，靠近岸边的水力要素和泥沙要素计算结果的精确度和分布情况是崩岸计算的初始条件，对整体模型影响很大。恢复饱和系数影响因素复杂，但简单情况下认为主要与沉速相关。对于模型使用的非均匀沙，假定恢复饱和系数与沉速成反比关系[1]，具体表示如下。

$$\alpha_k = \alpha_0\left(\frac{\overline{\omega}}{\omega_k}\right)^{m_1} \qquad (8\text{-}28)$$

式中，α_k——第 k 组粒径沙的恢复饱和系数；

α_0——待定系数；

---

[1] 金文. 基于泥沙冲淤数值模拟的水库调度方案研究[J]. 水利水电技术，2016，47（4）：83-87.

ω_k——第 k 组粒径沙沉速；

$\bar{\omega}$——混合沙平均沉速。

（3）糙率修正

在模型运行一段时间后，河床形态发生变化，水流要素不再按初始条件运行，此时糙率也应进行修正。当一段时间内模型沉积体主要以冲刷为主时，河床对的冲刷效率的影响理应下降，糙率降低。相反，如果一段时间内河床总是发生沉积，则认为河床形态对水流冲刷效果的影响逐渐减小，糙率增加。具体公式如下。

$$n_i^{t+\Delta t} = n'_i - C_n \frac{\Delta v_i}{\Delta t} \qquad (8-29)$$

式中，Δv_i——Δt 时段内冲淤体积变化量；

n'_i——修正后的糙率；

C_n——经验系数，具体使用中调整。

三、水利工程泥沙沉积的生态效应

水库发生泥沙沉积后会对水库效益的发挥带来一定程度的负面影响，并且会引发相关的次生问题。泥沙在水库中大量沉积之后造成的最直观后果就是水库库容的损失，其中有效库容（除去死库容）的损失会直接造成水库防洪能力削弱、发电效益受损以及供水能力下降等不良影响。此外，沉积上延会增加淹没范围，对变动回水区航道产生影响，受出库水流含沙量的影响使坝下游河床变形，沉积泥沙吸附的污染物可能对水环境造成不利影响等。水库泥沙沉积造成的影响涉及水库正常运行的众多方面，对社会、经济和环境都会带来不利影响，因此有必要深入研究水库泥沙沉积引起的各种问题及生态效应。

水库泥沙沉积的生态效应主要体现在以下几个方面。

（一）有效库容减少，综合效益折损

泥沙沉积使水库有效库容不断减少，导致水库综合效益折损。有效库容包含兴利库容和防洪库容，是水库综合效益得以实现的基本保证。水库的防洪、发电、供水、灌溉和养殖等功能的发挥都会因有效库容的淤损而受到限制，甚至完全丧失。

（二）沉积上延增加淹没范围及其他危害的损失

随着水库蓄水运行，水位不断抬升，回水区也不断上延。回水区内的水位上升，水动力减弱，水流挟沙能力大幅下降，悬移质落淤，导致泥沙沉积伴随着回水区上延，形成水库沉积"翘尾巴"现象，从而增大了城镇农田等的淹没风险和地下水位抬升及土地盐碱化的影响程度。为了控制沉积的不断上延，减轻"翘尾巴"现象的不利影响，水库需要降低运行水位，但与此同时，这也会使水库的兴利效益和防洪效益大打折扣。

（三）变动回水区河道冲淤对航运的影响

水库下闸蓄水后，常年回水区内水深加深、流速降低，对航运条件有较大改善。例如，三峡五级船闸的建设打通了长江上游水道，极大提高了通航能力和通航率。但在变动回水区，沉积可能改变河势，使航道异位或移位，新的航道部分情况下由于基岩出露从而对航

运产生不良影响。

此外，如果变动回水区沉积速度过快，在低水位工况下回水末端会快速下移，造成航道里程的缩短。坝前水位消落期间，变动回水区内会出现沉积物的冲刷现象，随着冲刷向下游发展，当推移至河道宽浅处时，往往会由于沉积物"滚雪球"式累积而对航运产生影响，严重情况下还可能发生海损事故。

（四）坝前泥沙沉积问题

泥沙随水流进入库区后延程淤落，并不断向坝前推进，形成了坝前泥沙沉积。坝前泥沙对取水口、水轮机进口、引航道、船闸及坝体稳定及坝基渗流等都会带来一系列影响。当坝前泥沙沉积至一定高程时会淤堵大坝底孔，影响水库行洪。由船闸冲水泄水引起的往复流、水库异重流等造成的船闸和引航道沉积对航运安全产生不利影响。随着沉积的发展，进入水轮机的泥沙也逐渐增多，加重了水轮机的磨损，不利于电站的平稳运行，增加了电站检修维护频率和成本；拦污栅前的沉积可能会导致拦污栅受泥沙压力而变形，从而也会影响正常引水和发电。坝前泥沙的累积性沉积可能会超过设计范围，这将对坝体增加一个额外的外荷载，对大坝稳定产生不利影响。坝前的泥沙沉积也有有利的一面，有学者实测了小浪底水库坝前基础的渗透压力数据，根据观测资料的分析，坝前泥沙在蓄水期能明显增强垂直防渗效果，高水位运行期沉积形成了天然防渗铺盖，减少了坝基渗漏[①]。

（五）水库下游河床变形问题

水库蓄水后，泥沙被截留在水库内，水库下泄的水含沙量骤减，对河床会产生冲刷作用，这将使下游河道水位下降，甚至改变河势河形，较低的水位也能减轻下游地区的防洪压力。但是，伴随着河势改变也可能出现一些新的险工，造成不利影响。当枯水期调节流量不够大时，冲刷过后的河床内的水深可能使得两岸原有的取水口高程不够，影响两岸取水灌溉等生产生活用水问题。

对于航运而言，水库泄水之后，若闸门快速关闭，使得水流与河势不相适应，水位将无法满足正常通航需求。水库下游河道在长期冲刷作用下，河道的挟沙能力下降，当水库下泄水流含沙量增多时，又可能出现沉积现象。在长期过程中，下泄水流的含沙量与河道下沙能力的不相容使得河道会发生冲淤交替的变化，这种变化将导致河势河形发生转变，对航运和防洪都会产生一定程度的不利影响。

（六）泥沙沉积对水环境的影响

悬移质泥沙因其电化学性质而在表面吸附了大量污染物，随着泥沙的淤落，污染物也被截留在库内，下泄水流水质得到改善，但水库内的水环境将受到一定影响，进而对供水、灌溉、养殖等生产活动造成不利影响。污染物沉积在水库内削弱了水库的自净化能力，像一颗"定时炸弹"般存在着巨大风险。污染物的分解会消耗大量氧气，使水体含氧量快速下降并产生新的有害物质，对水体造成二次污染。污染物底质的释放与气候也有一定关联，如在高温闷热的气候条件下，经二次污染的水体的水质将急剧恶化。此外，汛期或者暴雨天气下，水库沉积物受扰动，加速了污染物的释放，可能使得短期内水体污染程度严重加剧。

---

① 屈章彬，台树辉. 小浪底坝前泥沙淤积对大坝基础渗流影响分析 [J]. 人民黄河，2009，31（10）：93, 95.

(七)河道平衡状态遭受破坏,危及堤防安全

当水库正常运行并蓄水时,泥沙会逐渐沉积在库内。当清水下泄时,下游河道会受到冲刷并下切,可能导致两岸堤防基础悬空,甚至发生坍塌,进而对两岸的引水系统产生影响。此外,当水库进行排沙运行时,排出的泥沙会在下游河道中沉积,导致河道水位上升,有时甚至会超过堤防的顶部,从而引发堤防溃决,对两岸的安全构成严重威胁。

关于大坝建设对水环境影响的研究,在国内外均受到广泛关注。研究显示,大坝建成后,不仅下游的来沙量减少,而且支流水系的水动力条件也发生改变。水流变得缓慢,水体中的泥沙含量急剧下降,导致水体的自净能力降低,污染问题有所加剧。然而,泥沙在河流中扮演着重要角色,它属于水体中氮、磷等污染物的有效吸附剂。研究显示,河流中的泥沙对污染河水中的氮、磷污染物及高锰酸盐指数具有显著的吸附效果。这种吸附作用在泥沙随水流迁移的过程中,可以积极降低河道污染物的负荷。特别是悬移质泥沙,作为污染物的主要携带者,其沉降是减少河水污染负荷的关键环节。污染物被泥沙吸附后,随着泥沙的沉降,进入水体底层,从而从水相中脱离出来,这对于水体的自净过程具有重要的积极意义。

第三节 水利工程建设对水温的影响及其生态效应

水温是水生生态系统中不可或缺的关键因素,深刻影响着水生生物的生存、新陈代谢、繁殖行为及种群的结构和分布,进一步影响到水生生态系统的物质循环和能量流动过程、系统结构及其功能。

大坝不仅调节了流域的水流量分配,还在区域热量调节中占据重要地位。水利工程的存在改变了河道径流的年内分配和年际分配模式,进而对水体的年内热量分配产生影响。这种变化导致水温在流域沿程和水深方向上呈现出梯度性变动。值得注意的是,这种变化在下游 100 km 以内都难以消除。若两级大坝间的距离小于这一阈值,将会产生累积效应,给河岸带以及水生两方面的生态系统带来了一系列生态后果。

特别地,一些深水大型水库在夏季会呈现出稳定的水温分层现象,上层水温较高而下层水温较低。这种现象导致下层库水的温度明显低于河道状态下的水温,进而使得下泄水的水温降低,并对下游梯级的入库水温产生影响。水利工程对水温的影响主要体现在库区垂直方向上的水温分层现象和低温下泄水两个方面。

一、水库水温分层与下泄水形成

(一)水温分层

水库水温结构的研究是水温研究的基础,也是水温研究的传统领域。水库的修建创造了一个巨大的停滞水环境,由于到达不同深度的太阳辐射水平不同,同时加上风、潮汐和垂直流的影响,水库的水温会沿着深度出现一定的分层。水温分层是水库的重要水力学特

征，不同的水库分层结构就有一定的差别[①]。

根据水温在垂向分布上均匀度的大小以及库底水温的年际差大小，可将水温结构划分为混合型、分层型和过渡型。稳定分层型水库大多是调节性能较好的大水库，这是由于库深较大致使水库形成后流速减缓，从而蓄水后河流如同天然湖泊一样，最终出现了水温垂向分层现象。

分层型水库沿着垂向温度可以分为3个层次，如图8-3所示，表层温度较高的是变温层，变温层和大气直接接触，受到风和热辐射作用较大，因此在这一层多发生水温的增暖和变冷；底层是滞温层，这一层由于位于库底，水温热量交换少导致温度较低；中间层是温跃层，温度在这一层迅速变化而产生温度梯度。

混合型水库一般为库内流速较大的中小型水库，垂向温度差异较小。过渡型水库的水温分布特点则介于两者之间。

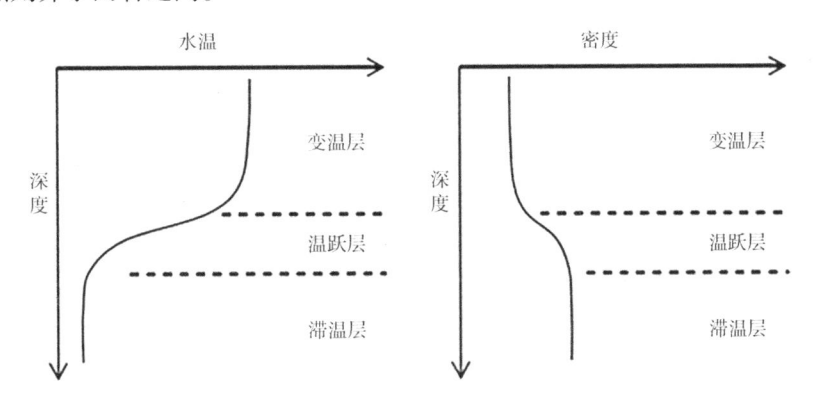

图8-3 稳定分层型垂向水温结构示意图

水库中水温结构循环的本质，是强化分层的力量和削弱分层的力量在四季消长的动态变化过程中相互竞争相互对抗的结果，通过一定的方法和手段对水库水温结构进行预判别，可为更进一步的水温相关研究奠定基础。

目前，国内外确定水库水温结构最常用的是判别水交换次数的 $\alpha-\beta$ 法、水库宽深比法、密度傅汝德数法、热平衡因子法。

在我国，目前的水库环境影响评价中，广泛采用 $\alpha-\beta$ 法和密度傅汝德数法来初步确定水库水体的温度分层结构。但是上述指标判别方法并不能准确描述水温分层的物理机制，而且由于实验数据和经验有限，往往很难确定水温分层的特征与某些内部因素之间的关系，从而不能在预测中提供合理的结果。

（二）下泄水形成

水库与湖泊存在显著差异。水库拥有闸门等泄流设施，这些设施允许人工控制泄流过程。通过开启不同高程的闸门（如表孔、中孔、深孔、底孔、水力发电厂尾水孔和旁侧溢洪道等），可以实现对泄流的精细调控。当水库中的水体出现温度分层时，启用不同高程的闸门进行泄流会明显影响到水体温度分层现象。此外，强风的作用也有助于打破水体温度分层，因为它能够断续地混合不同温度的水层，从而有利于促使下层水体升温。

---
① 张士杰,刘昌明,王红瑞,等.水库水温研究现状及发展趋势[J].北京师范大学学报(自然科学版),2011,47(3): 316-320.

值得注意的是，水库的泄水口通常位于坝体的下部，因此下泄的水主要是下层的低温水。这种现象被称为滞温效应。这种低于同期天然河水温度的低温水会对下游生态环境造成影响。然而，也有例外情况。在冬季，一些水库的下泄水温可能会高于天然水温，这通常是因为在冬季，上游来水的温度已经较低，而水库的水深增加了河水接收太阳光照射的面积，从而吸收了更多的热量[1]。因此，这些水库在冬季下泄水温会高于天然河水水温。

二、水温分层与下泄水的生态效应影响

（一）水温分层对水质的影响

水库水温的垂向分层是一个复杂的过程，它直接对其他水质参数如溶解氧、pH、化学需氧量等产生影响，使得这些参数在垂向上呈现出明显的变化，从而对整体水质造成负面影响。在水温分层的影响下，水动力特性会发生变化。在适宜的气温条件下，浮游植物会在水库表面温跃层中大量繁殖，并通过光合作用产生大量氧气，使溶解氧浓度保持在一个较高的水平。

然而，当水库水温结构为混合型或过渡型时，库表水体与深层水体之间的对流交换会增强，使得深层水体中的溶解氧浓度也能维持一定的水平，但这种交换作用并不总是有效的。特别是当水库水温结构为分层型时，上下层水体之间的交换被阻断，导致温跃层以下的水体垂向掺混的概率减少。这意味着上层富含溶解氧的水体很难通过水体交换传递至下层，导致下层水体的溶解氧浓度急剧降低。

此外，由于阳光无法穿透到深层水体中，浮游植物的光合作用无法产生足够的氧气，而好氧微生物则不断消耗氧气，使得深层水体的溶解氧浓度进一步降低。低氧环境促进了厌氧生物的分解作用，导致库底的氮、磷等营养物质从土壤中析出，并释放出 CO_2，从而降低 pH，同时增加含碱量和亚磷酸盐含量，使水质进一步恶化。水库蓄水后，其水动力条件和热力学条件发生变化，导致库水结构由建库前的混合型转变为蓄水后的分层型。这种水温分层现象会进一步导致其他水质参数的分层，对水域生态环境产生不利影响[2]。

重金属元素很容易吸附在水中的颗粒物上，所以水库下泄的底层混浊水含有的重金属含量要高于上层。重金属往往对人体有害，因此需要增加成本来去除水体中的重金属。同时，高混浊度的水体中存在硫化氢，对水轮机等金属水工结构也会产生严重的腐蚀。

（二）低温下泄水的生态影响

大多数水库的泄水口在大坝底部，下泄的水是经过水温分层后的低温水，流到下游会有进一步的生态影响。河流水利工程蓄水成库后热力学条件发生改变，水库水温出现垂向分层结构以及下泄水温异于河流水温的现象。水库水温的变化会对库区及下游河流的水环境、水生生物、水生态系统等产生重要影响，同时还会影响到水库水的利用，主要是用于农业灌溉的水温影响，其中春夏季节水库泄放低温水可能对灌溉农作物、下游河流水生生物和水生态系统等产生重大不利影响，通常称为冷害，这也是水库水温的主要不利影响。

生物的生存和繁殖依赖于多种生态因子的共同作用，其中对生物生存和繁衍产生关键性限制作用的因子被称为限制因子。环境温度是影响鱼类生存和繁衍的重要因素，它不仅

---

[1] 吴锡锋. 对大型深水水库水温分层和滞温效应原因的分析 [J]. 大众科技，2011（12）：82-83.
[2] 戴凌全，李华，陈小燕. 水库水温结构及其对库区水质影响研究 [J]. 红水河，2010，29（5）：30-35.

直接关系到鱼类的摄食行为、饲料转化率、胚胎发育、标准代谢和内源氮的代谢过程，还深刻影响着鱼类的免疫功能、消化酶活性和性别决定机制。在长期的生物演化过程中，各种生物都找到了各自最适宜的生长温度范围。在这个范围内，生物体的生长发育能够顺利进行。然而，一旦超出这个范围，生物体的生长发育就会受到阻碍，甚至可能导致生物体死亡。

水温的变化也会对生物的生命周期产生显著影响。例如，当最高水温出现的时间推迟时，冬季的变暖季节可能会变得更为温和，而夏季的变凉过程可能会减缓。这些变化会导致日温度波动减弱，生物的空间分布和种群动态也可能因此受到影响。

水库采用传统底层方式取水，下泄低温水对下游水生生物的生长繁殖造成一定的不利影响。例如，鱼类属于变温动物，对温度十分敏感。在一定范围内，较高的温度使鱼生长较快，较低的温度则生长较慢，我国饲养的草鱼、鲤、鲢、鲫、罗非鱼等大多是温水鱼类，生活在20℃以上的水体中，适宜水温为15~30℃，最适温度在25℃，超过30℃或者低于15℃食欲减退，新陈代谢减慢，5℃以下停止进食，大多数鱼类在一定温度下才能产卵。

水库的水温分层现象导致了溶解氧（dissolved oxygen，DO）、硝酸盐、氮、磷等离子在水体中形成层次分明的分布格局。上层水体因温度较高而含有相对丰富的溶解氧，为水生生物提供了理想的生长环境。相比之下，下层水体温度较低，水中溶解氧含量相对较低，浮游植物进行氧化作用消耗水体中的溶解氧，产生对鱼类有害的二氧化碳和硫化氢等物质，使得下层水体陷入缺氧状态。当水库从底层取水时，这些处于缺氧状态的水体被排入下游河道，对下游水生生物的生长造成了显著的负面影响，甚至可能威胁到整个水生生态系统的健康。

另外，不论是小规模、中等规模还是大规模的洪水，采用底层取水方式都会导致下游河道出现混浊水的时间相应延长。这种情况通常可以持续1~2个月，有些情况下甚至可能长达4~5个月，而最短的情况下也会达到2个星期左右。河道混浊水的长期存在对下游人民的生产生活用水、景观用水和旅游业、渔业等产生了很大的不利影响。此外，随着水流混浊度的增加，还会降低水中生物群落的光合作用，阻碍水体的自净，降低水体透光吸热的性能，从而间接影响作物生长和鱼类养殖。

水库传统底层取水产生的下泄低温水会对下游农作物，特别是喜温作物如水稻，造成显著影响。水稻的生长发育对水温有特定的要求，这取决于稻谷的品种和稻株的生长阶段。每个阶段都需要特定的温度范围，包括起始温度（最低温度）、最适温度和最高温度。在最适温度下，稻株的生长和发育能够达到最佳状态。然而，水温过高或过低都会对水稻的生长产生不利影响。过高的水温可能导致营养物质的积累受阻，增加病虫害的风险和田间杂草的生长。相反，过低的水温会降低地温，使肥料难以分解，导致稻根生长不良，植株矮小，发育迟缓，谷穗短小，最终降低产量。

水温对水稻生长发育的影响主要表现在对发根力、光合作用、吸水吸肥等，最终将反映在产量上。水库建成后，传统的底层取水方式导致下泄的水温较天然水温大幅降低。这种低温水会减弱稻株的光合作用，抑制根系的吸水能力，减少稻株对矿物质营养的吸收，因而导致水稻返青慢、分蘖延迟、生长不齐、抗逆性降低、结实率低、成熟期推迟及产量下降。

第九章　水利工程建设对陆域生态的效应

水利工程建设是为了满足人类对水资源利用和管理的需求，但同时也会对陆域生态环境产生一定的影响。可以说，水利工程建设对陆域生态的效应是一个复杂而多样的过程，涉及水文环境、物质循环、生物多样性和景观格局等多个方面。对这一效应进行深入研究，不仅可以帮助人们更好地了解水利工程对陆地生物群落和生态系统的影响机制，从而在规划、设计、建设和运营等各个阶段采取科学合理的措施和技术手段，最大限度地降低对陆域生态环境的破坏程度，而且也有助于实现陆域生态环境的改善与优化。本章围绕水利工程对生态系统的影响及评价、水利工程对水陆交错景观的生态效应评价、水利工程建设对库区景观的生态效应展开研究。

第一节　水利工程对生态系统的影响及评价

一、生态系统

（一）生态系统概念以及分类

生态系统是一个自然环境中，相互作用的生物种类及其相关环境因素的综合体。它由动植物种类、气候、土壤、水源、光照等生物及非生物要素组成，它们之间相互作用、互相影响并共同形成一个复杂的、相互联系的整体。生态系统不仅支撑着自然界的稳定性，也满足人类在社会发展中的生存需求，因此在发展中需要保持生态系统的动态平衡。

根据土地利用分类及其功能性的不同，生态系统可以划分为多种不同的类型，包括：由旱地、水田、水浇地组成的农田生态系统；由乔木林地、灌木林地、竹林地以及其他林地组成的森林生态系统；由灌草丛、草甸、草原组成的草地生态系统；由果园、茶园和其他园地组成的园地生态系统；由水库、湖泊、沟渠、河流等组成的水域生态系统；由沼泽地、滩涂等组成的湿地生态系统；由城镇用地、农村居民点、城镇交通用地以及其他建设用地组成的城市生态系统；由裸地、未利用地组成的荒漠生态系统。

1. 农田生态系统

农田生态系统是指在农田土地上形成的生物群落和物理环境以及它们之间的相互作用，包括农田土壤、农作物等生物以及农田气候、水文条件等物理因素。农田生态系统具有许多重要的生态功能，具体包括以下几方面。

①产品提供功能：农田生态系统提供了农作物生长所需的环境，包括土壤、水分、养分等，可为人类社会提供食物和物质产品。

②土壤保持功能：农田生态系统通过植物、动物等生物的作用，保护土壤免受侵蚀、沉积等危害。

③维持养分循环功能：农田生态系统参与水和养分的循环，维护农田的生态平衡。

④病虫防害功能：农田生态系统中的天敌生物可以防治农田病害和农田害虫，减少农药的使用。

⑤生物多样性保护：农田生态系统提供了一个多样性丰富的生存环境，有助于保护农田生物多样性。

2. 森林生态系统

森林生态系统是指森林地区内所有生物、物理因素以及相互作用的总体。森林生态系统是生态系统的重要组成部分，具有重要的生态功能和社会经济价值，可以提供多种服务功能。

①固碳释氧功能：树木通过光合作用吸收二氧化碳和其他温室气体并产生氧气，促进了空气质量的改善，减缓全球变暖的影响。

②水土保持功能：森林地区的水源丰富，可以缓解地面径流和洪水，维护了地区的水资源，防止水土流失。

③生物多样性保护：森林地区的生物多样性丰富，是各种生物的栖息地和生长环境，对于生物多样性的保护具有重要意义。

④防风固沙功能等。

3. 草地生态系统

草地生态系统是指以草地植物为主的生态体系，分布非常广泛，既能出现在极寒的北极，也可出现在热带地区，受自然条件影响较大，可提供多项生态服务，具体包括以下几方面。

①固碳释氧功能：与林木一样能进行光合作用吸收二氧化碳，释放氧气。

②水土保持功能：草地生态系统可以维护地表的稳定，防止水土流失。

③生物多样性保护：草地是许多动植物的家园，有助于保护生物多样性。

④美学景观功能：草地能美化环境，使人们能更好地享受室外景观。

4. 园地生态系统

园地生态系统的概念强调了农业实践与生态学原理之间的融合，旨在提高农田的可持续性、生产力和生态效益。它关注农田中生物多样性的维持和促进，通过最大限度地利用自然过程和生态系统服务来提供农作物生长所需的支持。在当前土地规划分类中，园地与耕地、林地属于同级别，在促进当地经济发展、维护生态平衡方面同样发挥着重要作用。

5. 水域生态系统

水域生态系统是指沼泽、河流、湖泊、河岸、滩涂等含水区域的生物环境和生态过程。这些地区具有特殊的生态环境和生态功能，是生物多样性的重要保护区，也是人类社会的重要资源。可提供的服务功能主要包括以下几方面。

①洪水调蓄功能：水域生态系统可以抵御洪水的冲击，保护人类居住地不受灾害。

②水质净化功能：水域生态系统中的植物和生物可以净化水体中的污染物，保证水资源的品质。

③气候调节功能：水域生态系统能够缓冲气候的变化。

6. 湿地生态系统

湿地生态系统是指由湿地环境所形成的生态系统，它是陆地和水体之间的过渡区域，具有独特的生物多样性和生态功能。湿地生态系统包括沼泽、湿地、草地、河流洪泛区、湖泊、沿海湿地等各种类型。湿地是人类拥有的宝贵资源，对水资源管理、生态平衡和人类福祉具有重要意义。

7. 城市生态系统

城市生态系统由自然环境和人工环境组成，与城市人口、经济、环境等因素密切相关，它们互相影响并影响城市的发展。城市生态系统可以净化空气、降低温度、缓冲噪声等，对城市居民的生活质量和健康具有积极的影响。但其往往基于自然生态系统进行加工改造，能提供的生态服务价值有限。

8. 荒漠生态系统

荒漠生态系统基本属于价值洼地，由耐干旱、耐低温的生物群落组成，一般其生存环境较为恶劣。荒漠生态系统所能提供的生态服务通常为美学景观等文化服务。

（二）生态系统健康评价

生态系统健康的内涵是对生态系统稳定性和可持续性的描述，即生态系统维持自身组织结构、自我调节和自我恢复的能力。对生态系统健康评价进行深入分析有利于为探讨水利工程对生态系统的影响及评价奠定良好的理论基础。

生态系统健康的概念从单纯的生态学范畴逐渐向社会经济领域延伸，不仅包括生态系统生理方面的要素，还包括了复杂的人类价值及生物的、物理的、经济学的观点。其内涵主要包括两个方面，一是生态系统自身健康，即物质能量活跃，结构稳定，能抵御外来干扰胁迫并具有恢复力，维持系统内生物的生理健康；二是能持续为人类提供利益及价值，主要表现为生态系统服务能力。生态系统健康是人类健康的基础，健康的生态系统是人类可持续发展的重要前提。

生态系统健康评价的目的是确定生态系统健康的预期状态，确定生态系统的损害程度，从而提出有效的管理政策及保护策略。

1. 生态系统健康评价方法选择

生态系统健康评价是对生态系统健康状况进行研究分析的一种方法。目前，生态系统健康评价主要采用指示物种法和指标体系法两种方法，用于评估生态系统的健康状况。

①指示物种法。指示物种法一般适于单一生态系统，主要是选用对特定环境条件最敏感的单个或多个指示物种，通过研究其数量变化和结构功能指标来反映生态系统的结构功能和受胁迫程度，近年来常通过生物指标计算生物完整性指数来表征生态系统健康程度，多用于水环境健康评价。

指示物种法评价方法简单，能简单、快速地指示生态系统健康状况。但由于指示物种的筛选标准及其对生态系统的指示作用不明确，缺乏对人类健康和社会经济的考虑，难以全面反映生态系统健康状况。

②指标体系法。指标体系法即多指标综合评价法，是通过综合应用多种类型指标，如水文、生物、物理化学等，从不同的角度和深度反映生态环境质量信息，对生态系统的健康状况进行评价。采用多指标综合评价法有助于全面揭示当前生态系统所存在的问题，并提出相应的解决对策。与指示物种法相比，多指标综合体系法涉及多领域、多学科，考虑了生态、景观、社会因素等方面，因此更加综合全面，应用也更为广泛。

2. 生态系统健康评价指标体系框架的构建

①生态系统健康评价指标构建的方法。生态系统是在一定空间内，生物与环境形成的统一整体。生态系统内部组成成分之间存在着相互联系、影响与制约的关系，并且生态系统的状态也处于不断变化过程中。生态系统的外部又存在着包括自然地理、气候、地质条件和土地利用格局等的影响因素，因此，区域内的任何影响因素的变化都会波及生态系统的健康状况。在构建生态系统健康评价指标体系的过程中，应从生态系统的内部组成和外部环境影响因素两方面出发综合构建指标体系才能完整地反映生态系统的健康状态。

目前许多国外的机构以及学者建立了针对某一区域的河流、湿地等的健康评价指标体系，国外的生态系统健康评价指标要素组成如表9-1所示。

表9-1 国外生态系统健康评价指标要素组成

名称	使用国家	水质	生境环境	河岸质量	水生生物	河道形态	景观娱乐	水文	评价对象
RCE	瑞典		√	√	√	√		√	农业河流
ISC	澳大利亚	√	√	√	√	√		√	溪流
RBPS	美国		√	√	√	√		√	溪流
EHI	南非	√	√		√		√		河口

②驱动力－压力－状态－影响－响应（drives-pressures-state-impacts-responses，DPSIR）模型下的生态系统评价指标体系框架。生态系统健康评价是通过生态系统内部和外部因素构成的评价指标体系来衡量人类活动及自然变化等各种原因对生态系统造成的影响，以供决策依据。目前，国内学者大多采用压力－状态－响应（pressures-state-responses，PSR）及其改进模型基于综合指标法对生态系统健康状况进行评价。DPSIR模型是在PSR和DSR模型的基础上改进而得到，最早于1993年由经济合作与发展组织所提出，并由欧洲环境署（UNPE）建立并使用。考虑到生态系统的复杂性，DPISR在PSR模型已有的压力（pressure）、状态（state）、响应（response）三个子系统的基础上增加了驱动力（driving force）、影响（influence）两个因素的子系统。基于DPISR模型，结合区域的自然及社会

经济发展状况，建立模型框架如图 9-1 所示。

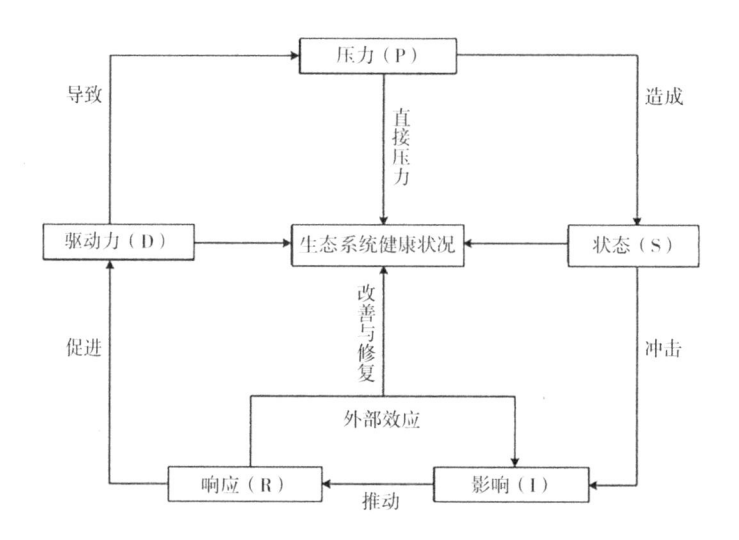

图 9-1 生态健康评价 DPSIR 模型框架

DPSIR 结构模型可以综合考虑区域的自然概况、生态环境、社会经济等因素，将自然环境变化和人为干扰与生态系统健康状况看作成统一整体，综合选取指标表征系统对外在压力的反馈。"驱动力"是推动评价系统发生变化的初始动力，"压力"是由驱动力引起的、导致系统变化的因子，"状态"是刻画系统结构和功能状态的指标，"影响"是指由于系统受到环境状况改变而收到的反馈效应，"响应"指人为改变系统状态采取的措施或是系统对人为措施的响应。

生态系统健康评价的总体框架如图 9-2 所示，目标层为区域生态系统健康状况评价，DPSIR 模型可将准则层分为驱动力、压力、状态、影响和响应五个指标；指标层为总体框架的第三层，为每个准则层下一层的具体评价指标。

客观指标确定后，根据客观数据，需对样本中的数据信息进行标准化的分析和计算，根据客观指标各自的赋分方法，将客观指标数据（输入层数据）统一量纲并归一化到 0~100 区间内，不仅能够避免数据样本数量级与量纲不同带来的影响，也能够减小误差。

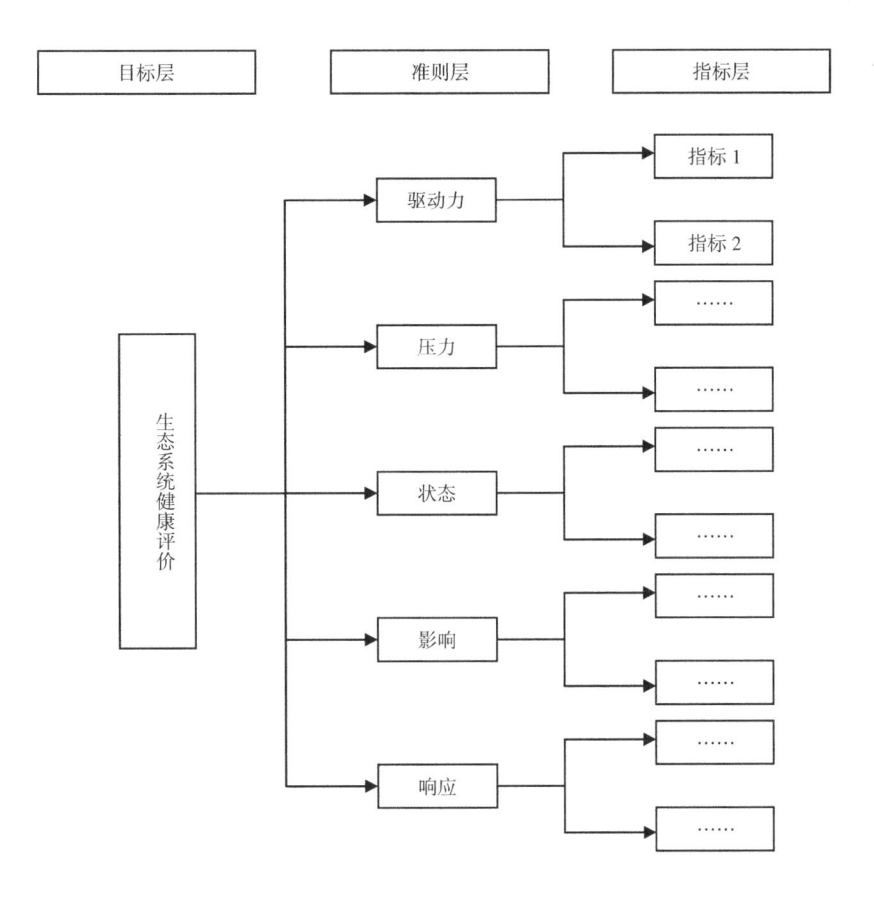

图 9-2 生态系统健康评价的总体框架

③不同角度下的生态系统评价指标选取。指标体系的选择对生态系统评价结果的准确性有重要意义，当前，生态系统健康评价的研究理论体系尚不完善，专家学者所采用的方法存在差异，缺乏公认的定量研究方法。因此，在指标、评价体系和评价模型等方面存在较大差异。

对目前生态系统健康评价指标体系的构建、量化方法、数据来源等进行全面分析，确定具有参考价值的生态系统健康评价指标体系；构建指标库，综合考虑国内外选用的指标，结合区域生态环境特点和社会服务特征，筛选出相对独立的指标，可以从水文完整性、形态结构完整性、化学完整性、生物完整性、社会服务功能几个方面进行合理选择，如表 9-2 所示。

表 9-2 生态系统健康评价指标体系示意表

目标层	准则层	指标层
生态系统健康综合状况	水文完整性	指标1 指标2 ……
	形态结构完整性	指标1 指标2 ……
	化学完整性	指标1 指标2 ……
	生物完整性	指标1 指标2 ……
	社会服务功能	指标1 指标2 ……

3. 生态系统健康评价量表构建

在评估生态系统健康状况时，选择评价维度和条目必须充分考虑当地的环境因素和人为活动特点，以确保评价结果的针对性和有效性。这种因地制宜的原则要求在制定评价量表时，要紧密结合典型区域的环境要素和人为要素特征。同时，构建量表框架也是关键步骤之一，它包括确定评价维度和打分方式。

评价维度需要根据评价目标和对象的差异性进行适当的调整，以确保评价的准确性和实用性，同时打分方式则应根据量表的特点和实际需求确定，以确保评价结果的客观性和公正性。

完成评价指标集的制定后，需要以二级评价因子为重要参考依据设计相应的调查量表。这些量表在生态系统健康评价中扮演着结构化评价的角色，能够将专家的知识和经验转化为可量化的数据，从而为后续的科学化、数理化定量分析提供基础。通过这种方式，可以更加客观、准确地评估生态系统的健康状况，为生态保护和可持续发展提供有力的科学依据。

评价量表采用李克特量表的打分形式，在确定评价维度及条目后对打分形式做了适当的调整。考虑到后续数据分析、建模的方便性和对专家意见表达的精确性，量表打分采用百分制，因此将 100 分按照李克特量表 5 分制的打分形式重新进行了划分，即 0~20、21~40、41~60、61~80、81~100，生态系统健康状况评价量表初步形式如表 9-3 所示。

表 9-3 生态系统健康评价初步量表形式

目标层	分值(0~100)	准则层	分值(0~100)	指标层	分值(0~100)
生态系统健康状况		驱动力		指标1 指标2 ……	
		压力		指标1 指标2 ……	
		状态		指标1 指标2 ……	
		影响		指标1 指标2 ……	
		响应		指标1 指标2 ……	

4. 生态系统健康评价模型的建立

上述量表提供了获取专家知识的工具，量表评分的目的是获取后续建立评价模型的数据，供计算机学习和模仿。

生态系统中各因子之间相互联系，相互影响，构成了极其复杂的关系网，生态系统的健康受到多种因子的共同制约[1]，采用传统方法大概率会使评价结果不够准确，人工神经网络具有构建简单、映射能力强的特点，能反映各评价指标之间的非线性关系，在评价的可靠性和完善性上非常突出，可以解决生态系统健康评价这种指标多且不确定性较强的问题。生态系统健康评价模型的建立步骤如图 9-3 所示。

---

[1] 张天琪.基于BP神经网络算法的河湖生态健康评价研究[J].江苏水利，2020（6）：15-19.

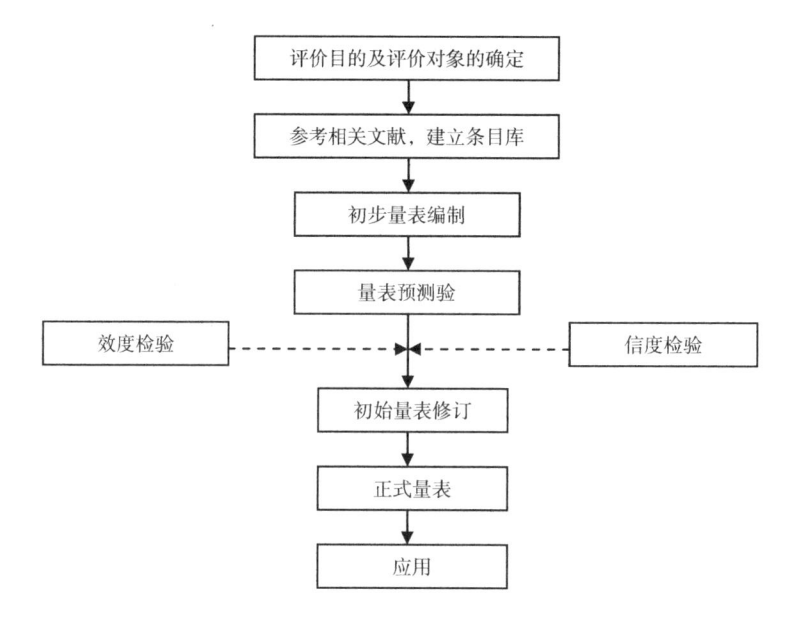

```
         评价目的及评价对象的确定
                    ↓
         参考相关文献,建立条目库
                    ↓
             初步量表编制
                    ↓
             量表预测验
                    ↓
   效度检验 ←------- ------→ 信度检验
                    ↓
             初始量表修订
                    ↓
              正式量表
                    ↓
                应用
```

图 9-3　生态系统健康评价模型的建立步骤

确定神经网络模型结构之后,即可运用神经网络进行建模工作,运用模型对生态系统健康状况进行评价,建模过程总体可分为两个阶段:模型训练阶段和模型检验阶段[1]。在训练阶段,由各生态评价指标组成的样本被分为两个子集:训练集和测试集。对于训练集与测试集数量的划分,没有特定的数学公式,目前主要是根据相关领域的专家们的经验确定,划分的方式一般分为以下两种:将数据集的80%作为训练集,剩余数据集的20%作为测试集;选取数据集的70%作为模型的训练集,剩余的30%作为测试集。实际建模过程中根据数据集样本的数量及实际情况综合确定。

训练集和测试集划分完成后,接下来就可对两个模型进行训练,模型的训练过程及迁移工作均在 Python 中的 TensorFlow 模块下完成。

衡量神经网络模型好坏的两个方面主要为网络的相关性和误差指标,这两方面可以表示神经网络的拟合性能。相关性指标指的是神经网络拟合过程中的相关系数 R,其取值范围为 [0,1],表示两个变量的相关性。在一定的样本容量下,相关系数越接近 1 时,变量之间的相关性越高。

误差是指网络预测与实际输出值之间的差异。常见的误差表达有绝对误差、平均绝对误差、平均相对误差、均方误差及均方根误差。各个误差的作用如表 9-4 所示。

表 9-4　各种误差的作用

误差	作用
绝对误差	反映预测数据与实际值之间的偏离程度
平均绝对误差	反映预测数据的误差情况
平均相对误差	用于组间预测结果的精确度对比

---

[1] 李雪莹,李玉宝,梁伟.基于SOM神经网络的通辽市库伦旗森林健康评价[J].内蒙古林业调查设计,2021,44(4):68-74,58.

续表

误差	作用
均方误差	用作回归算法的损失函数
均方根误差	用于评估网络模型的预测性能

（三）陆地生态系统

1. 陆地生态系统的概念

陆地生态系统是指特定陆地生物群落与其环境通过能量流动和物质循环所形成的一个彼此关联、相互作用并具有自动调节机制的统一整体。

2. 陆地生态系统的主要特点

陆地生态系统占据地球表面的1/3，它是支撑人类生活、提供食物和衣着的主要场所，也是地球上最为关键的生态系统类型。陆地的生态环境多样且复杂，生物群落的种类亦非常丰富。从炎热的气候带到寒冷的极地，从湿润的近海区域到干旱的大陆腹地，陆地生态系统展现出了丰富多样的形态。这种多样性源于陆地环境与生物群落之间的相互关系，它们相互适应、相互依存，共同构成了地球上独特的陆地生态系统。

3. 陆地生态系统的影响因素

陆地生态系统的分化与分布受到海陆分布、太阳高度角差异引发的季节变化和太阳辐射量，以及与之紧密相关的水热状况（水分和温度）等多种因素的共同影响。在大多数情况下，纬度、经度和海拔高度是水热条件变化的主要驱动因素。纬度对温度条件起决定性作用，从而形成了纬向地带性分布特征；经度则主导水分条件的变化，塑造了经向地带性分布格局；海拔高度则通过影响温度和水分，形成垂直地带性分布特征。此外，地形和岩石性质的差异也对陆地生态系统产生深远影响，共同塑造了地球上复杂多样的生态系统景观。

二、水利工程对生态系统的重要影响及其评价体系构建

（一）水利工程对生态系统的重要影响

1. 陆地生态系统受到的影响

水利工程实施对于草地、林地、农田生态系统的影响主要表现为坝区施工建设及水库蓄水带来的一部分草地植被的损失，使得植被生物量有所下降，从而影响生活在其中的动物。工程建设对草地生态系统结构和功能的影响主要表现在工程建设期和运行期对评价范围内草地生态系统面积和陆生动植物的影响。

2. 对气候系统造成的影响

修建水库会导致库区大范围的聚集河水，当天气较热并且阳光充足时，会出现大量的水分蒸发并聚集在库区的上方，会增大库区以及周边的降雨量。同时，还会导致降雨的季节分布的变化，库区的降水量在夏天因为对流较弱会有所下降，在冬天则会相反。此外，

对于当地的气温水利工程也会有影响，库区的气温会在水库修建以后呈上升趋势。

3. 对社会环境系统造成的影响

在水利工程建设过程中，库区周边广泛的住宅区和农田可能会遭受淹没。因此，水利工程部门在开发建设中需要优先考虑安置这些受影响地区的居民。许多居民因为即将离开他们世世代代生活的土地，可能会产生不满情绪，可能会阻碍水利工程建设工作的顺利进行。考虑到我国当前人口众多和耕地资源紧张的情况，水利部门还需要对库区的土地资源进行合理的开发和利用。随着库区蓄水，水域面积将扩大，可能会增加传染病的传播风险。

（二）水利工程对生态系统影响评价体系构建

1. 水利工程对生态系统影响评价体系构建原则

水利工程通常较为复杂且涉及的方面众多，不同部分对生态环境的影响也不尽相同，为了能够确立构建水利工程生态影响评价指标体系的目标，首先需要确立构建评价指标体系的原则，通过参考国外发达国家的评价体系中心思想，结合我国工程与生态、人文情况的实际现状，将体系的构建原则总结为以下几个部分。

（1）实用性原则

理想的评价体系应当首先具备实用性原则，即在合适的成本、可操作的情况下达到能够普遍适用的效果，从而能够得到社会各界的接受。

（2）科学性原则

构建水利工程生态环境影响评价体系是一项复杂的任务，涉及多个方面的考量。在修订评价规则时，必须遵循科学性原则，以确保评价体系的准确性和有效性。科学性原则主要包括以下三个方面的要求。

①明确性要求是评价体系的核心。这意味着评价指标必须针对具体的生态环境属性，定义明确且具备科学依据。指标的确立应能够客观反映生态环境的现状，并对保护和改善水利工程周边的生态环境提供明确的指导。

②可量化要求是提高评价体系可操作性的关键。评价指标应该是客观的，可以通过数理统计方法进行量化分析。通过量化统计，能够更准确地评估生态环境状况，为制订合适的保护和管理措施提供有力支持。

③标准化要求是确保评价体系被广泛接受和认可的基础。以确保评价结果的公正性和权威性。这有助于提升社会各界对水利工程生态环境影响评价体系的信任度和接受度。

落实科学性原则，可以提高水利工程生态环境影响评价体系的客观性和准确性，从而更有效地评估和管理水利工程对生态环境的影响。这将有助于促进水利工程与生态环境的协调发展，实现可持续发展的目标。

（3）独立性原则

鉴于水利工程生态环境影响评价体系涵盖生态环境的多个层面，涉及众多考量因素，为了降低评价工作的复杂性和提升其实践性，有必要对评价指标进行优化。针对重复或相近的指标，应进行合并或删减，确保指标之间保持一定的独立性。例如，在评估水利工程周边森林环境中某物种分布情况时，物种个体数量与群落数量是两个相似的指标，可在评价过程中进行合并，从而简化评价工作。独立性原则的设立旨在提升评价体系的可操作性，使评价过程更为高效、准确。

2. 水利工程对生态系统影响评价体系构建方法

目前，还没有统一的水利工程建设对环境影响评价指标体系。为保证构建指标体系的科学性和适用性，首先应识别水利工程对生态环境的影响因素；其次要搜集相关案例，对常见的影响后果进行分析和梳理，构建初步的评价指标体系；同时，根据专家和学者的经验，对指标进行删减和完善，形成具有一定普适性的评价指标体系。

3. 水利工程对生态系统影响评价标准

水利工程开发对生态环境影响评价通常包含定量评价和定性评价两个维度。在定量评价方面，可以通过直接的数学计算得出具体指标值。而对于定性评价指标，则通常借助专家打分或层次分析法等方法进行量化转换。一般来讲，可以将水利工程开发对生态环境的影响划分为五个等级，分别是极端、巨大、中度、轻度及弱化。为了更直观地表达这些等级，可以采用百分制进行量化处理，具体标准如表 9-5 所示。

表 9-5　影响程度评价等级赋权表

评价等级	分值范围
极端	$0 \leqslant X < 20$
巨大	$20 \leqslant X < 40$
中度	$40 \leqslant X < 60$
轻度	$60 \leqslant X < 80$
弱化	$80 \leqslant X < 100$

第二节　水利工程对水陆交错带景观的生态效应评价

一、水陆交错带概述

（一）水陆交错带的定义

生态交错带作为过渡性地带的典型代表，其又被称为生态过渡带和生态脆弱带。巴黎会议把生态交错带定义为相邻生态系统间的过渡地带。此外，还有学者把景观交错带定义为相邻物质景观系统之间的特色地带。值得注意的是，水陆交错带既是景观交错带，又是生态脆弱带。水陆交错带是指水生生态系统和陆地生态系统之间进行物质传输、能量转化、信息交换的重要廊道，具有显著的边缘效应与特殊的生态过程，近年来，越来越受到国内外生态和环境学界的重视。水陆交错带是生态交错带的类型之一，其又可以细分为濒湖交错带、濒河交错带、源头交错带和地下水/地表水交错带四种不同的类型。

（二）水陆交错带的特征

水陆交错带立地条件复杂，兼顾水生生态系统和陆生生态系统特征，因此具有其独特的结构特性和水文特征，同时作为水—陆生态系统的过渡带，又体现出其边缘效应及空间异质性和生物多样性。

1. 结构特性

水陆交错带的结构归纳为空间结构和时间结构，空间结构上表现为纵向、横向及垂向的三维层次结构。纵向结构上表现为上游至下游的结构，形状为弯曲长条形；横向结构上体现了河流生态系统的开放性，水陆交错带是相邻生态系统向河流生态系统传送物质和能量的过渡带；垂向结构上表现为河川径流由地表水至地下水的垂直方向的转移。时间结构特征变化则主要体现在生物群落的组成、分布及多样性等随着时间的变化而演替。

2. 水文特性

从纵向上看，受地形、气候等不同因素的影响，河水流速、泥沙含量、水流势能等均可能出现不同程度的变化。另外，可能由于河流跨度较大，因此其水文特征也会存在差异。

从横向上看，水流作为最直接的作用体，对水陆交错带影响较大。水沙条件对水陆交错带的结构影响最为直接，如当枯水期时水流流速较小，水的动能较小，其携带泥沙的能力不足，因此部分泥沙在地势平缓地区沉积，经过长时间淤积形成河漫滩；而在丰水期，水流速度剧增，水陆交错带受水流侵蚀严重，其坡脚结构和坡面形态极易发生变化，出现河岸崩塌、滑坡等情况。水流与水陆交错带之间的作用是相互影响、相互反馈的，在水流作用于水陆交错带同时，由于水陆交错带初始微地貌的不同，受洪水的影响会出现差异性形成新的微地貌结构，反而影响河流的速度与方向等。

从垂直方向上看，水陆交错带地下水以地表河水为补给，由于地表水和地下水化学物质组成存在差异性，两者混合能有效中和或溶解一些营养物质，使得河流表现出一定的去富营养化的能力。一般情况下，水陆交错带地下水位较高，潜水层是位于水陆交错带与河床的下部的饱和沉积层，潜水层水流存在使得水陆交错带植物的根系充分与土壤水分接触，并充分吸收和利用其中的养分。促进水陆交错带内植物的生长。实际上垂向上的水流交换往往伴随着横向上水流交换。

3. 边缘效应

水陆交错带是水域与陆地、地下水与地表水、水生系统与陆地系统的交汇地带，相邻系统之间的纽带和介质。水陆交错带的边缘效应包括地理、缓冲、生态和经济社会四个方面的边缘效应。

第一，地理边缘效应。在水流与水陆交错带相互作用下，水陆交错带物质结构和能量均呈现差异性，造成这种差异的主要影响因素包括坡面径流、地表径流和地下径流，其中地下径流对其影响相对较小，而坡面径流和地表径流对水陆交错带影响较大，故地理边缘效应主要表现为蓄水滞水效应、侵蚀效应以及冲刷和淤积效应。

蓄水滞水效应主要体现在两个方面。首先是河道地表径流的蓄滞效应。当水生植物靠近河岸时，它们增加了地表的粗糙度，这有助于减少水流的动能。这样一来，水流对岸坡的冲蚀和淘蚀作用会得到减缓。然而，从安全性的角度考虑，如果河道中的植被过于茂盛，可能会对行洪产生不利影响。其次是坡面径流的蓄滞效应。岸坡植物的生长能够阻挡并分散坡面径流从而降低径流速度。同时，它们的根系还能改良土壤结构，促进雨水更快地下渗。这样，原本的超渗产流就能转变为蓄满产流，进而减缓坡面土壤流失。因此，在配置水陆交错带植被时，需要在确保河道行洪安全的基础上，尽量提高植被护岸能力。这样做不仅有助于保护河岸生态，还能减少土壤流失和水资源的浪费，实现生态和经济效益的双赢。

侵蚀效应主要表现在降雨强度和降雨时长积累到一定程度时，水陆交错带超渗或蓄满情况下将产生坡面径流，在无保护措施且降水时间持续较长的情况下，地表径流量趋于增大，径流将自动汇集，顺着坡面微地形冲刷出纵横交错的侵蚀沟，水流沿着侵蚀沟将岸坡土壤细颗粒物质带走，造成土壤侵蚀及养分的流失，最后沉积在坡脚的细颗粒物质在纵向水流的作用下被冲刷带走。

水流速度和地形地貌决定着河川径流对水陆交错带冲淤与冲刷效应的强度。在较直的河道水流流速较大，水流将会卷起地表风化物质引起岸坡侵蚀。在较弯曲的河道，若水流流速较小，水流中较大粒径的泥沙颗粒在河道主槽得到沉积，若水流流速较大，水流冲蚀和淘蚀凹岸坡脚。

第二，缓冲边缘效应。位于水体和农田、经济林等之间的水陆交错带，可截留、过滤、沉积和吸收有害物质，能够降低和减少人为活动造成的径流污染。国外学者对此进行了大量研究，如有研究表明，大型水生植物在对湖泊富营养化物质的拦截和吸收方面均有良好表现。

第三，生态边缘效应。水陆交错带兼具陆地生态系统和水生生态系统的特征，提供了良好的动植物生存环境，具有丰富的生物资源，因此水陆交错带的生物多样性也更为丰富。但是水陆交错带又同时受水文干扰及人为干扰的影响，其存在一定的脆弱性，生物多样性也容易发生变化。因此，与相邻的生态系统相比，水陆交错带生态系统的差异显著主要表现在以下方面。

①生物多样性的差异。在水文干扰下，反复冲刷极易造成水陆交错带土壤养分的流失，从而导致对土壤养分条件要求较高的物种退化；而枯水期时，一些丰水期洪水携带滞留下来的外来植物种子，在适宜情况下萌芽，造成物种间的竞争，改变群落的稳定性。

②生物栖息的差异。独特的水生—陆生生态系统，使得水陆交错带栖息环境复杂，鱼类、鸟类活动频繁。例如：丰水期水生植物为鱼类的产卵繁殖和躲避天敌捕食提供屏障；某些水鸟的繁衍期与洪水同期，在洪水消退时，水陆交错带留下的小鱼小虾以及软体动物成为丰富的食物来源，为鸟类繁殖提供了良好的栖息环境；水陆交错带植物种类繁多，禾本科植物种子也为鼠类提供了重要的食物来源。这些都使水陆交错带有别于相邻的生态系统。

第四，社会经济边缘效应。从社会结构方面来说，水陆交错带是在自然因素和人为因素共同作用下产生的交叉地带，包含文化、经济和政治等社会属性。历经了岁月变迁的水陆交错带同时也承载着历史的沉淀。加之其景观观赏度，为其所在地区增加灵气、提升发展潜力，尤其是旅游型河流对当地的社会经济发展具有深远影响。

4. 空间异质性

水陆交错带的空间异质性是由河川水文周期的不确定性加上不定期的洪水作用造成的，它随着时空的变化而发生变化。纵向上，受地形地貌影响，河流曲折蜿蜒，因而，上游至下游生境存差异性较大。横向上，由于河道横断面的差异性，导致河岸受到的水力侵蚀有所不同，进而造成水陆交错带土壤结构、立地条件水文特征空间异质性。

（三）水陆交错带生态功能

水陆交错带是水生和陆地生态系统的过渡带，既具有陆地生态系统的土壤、植被特性，又会受到水生生态系统的强烈影响，因此，水陆交错带有着独特的生态服务功能。具体功能如下。

1. 保护物种多样性

水陆交错带作为和生物之间进行能量传递、物质交换的起源地或汇集地，为带内生物提供了较好的生存条件。由于水陆交错带不同水文时期的交替出现，引起河岸水位起伏，使得来自陆地的物质与能量源源不断地提供给在此栖息繁衍的动植物。水陆交错带微环境存在多种生态类型，能为不同类型的好氧菌和厌氧菌提供适宜的生存空间，因此水陆交错带可保护区域内动植物和微生物的物种多样性。

2. 生物廊道功能

作为水生和陆地两种生态系统的过渡带，水陆交错带可以为陆生和水生动植物的生存提供食物和庇护。水陆交错带可以为蛙类、鱼类幼体和浮游动物提供食物和生存场所，同时也为藻类和植物提供生长所需的氮、磷等营养元素。

3. 净化水质

水陆交错带的水流缓慢会导致水体中的固体有机污染物和泥沙等的沉积，水陆交错带生物的多样性丰富，固体有机污染物会在微生物和动植物的共同作用下被分解转化，从而达到净化水质的效果。

4. 保护河岸、固定堤岸

水陆交错带区域内水生挺水植物及岸边丛生植物的生长可以减缓水流的速度和冲击力，从而缓解了河流对两岸的冲刷与侵蚀作用。区域植被的根系能够显著增强土壤的抗剪切强度，从而达到保护河岸和固定水土的作用。

5. 削减洪峰

当洪水季节水位上涨时，一方面水陆交错带的土壤可以吸收水分，另一方面水陆交错带的植物可以减缓水流的冲击，降低河流的水流速度，进而起到削减洪峰的作用。

（四）水陆交错带生态评价

水陆交错带生态系统是河流生态系统的重要组成部分，随着水体污染、"海绵城市"和"碳达峰、碳中和"理念的提出，关于如何系统科学地评价水陆交错带生态系统的健康，更有效地保护水陆交错带生态系统正在成为民众热议的话题。

水陆交错带评价方法主要包括结构稳定性评价、景观适宜性评价、生态健康性评价和生态安全性评价四个方面的内容。从定性和定量角度分析研究河岸带结构稳定、景观适宜、生态安全、生态健康和水陆交错带现况和发展趋势。

1. 结构稳定性评价

降雨、河水冲刷以及人类活动都有可能造成水陆交错带结构的不稳定。水陆交错带结构稳定性评价是在分析影响河岸带结构稳定性的基础上利用一定的评价模型定量分析各因素的影响程度综合分析水陆交错带结构稳定的状况，从而为水陆交错带的保护提供数据支持。

2. 景观适宜性评价

水陆交错带景观适宜性评价是一个现状评价的概念，它是对水陆交错带区域内的视觉环境、景观构成等生态景观现状进行评定。景观适宜性评价是以景观布局、形状、线条、颜色、结构以及景观多样性等景观特征为研究对象进行评价。通过分析影响水陆交错带景观因素的影响程度来评价水陆交错带景观对人类生存的适宜特性，从而进一步对人类的开发活动对景观可能造成的影响做出预测和评价。

3. 生态健康性评价

生态健康性评价主要是通过分析水陆交错带自身结构功能来判断其健康程度。水陆交错带健康评价是能够定义水陆交错带健康状况的一个定量的期望值，确定其破坏的阈值并在文化、道德、政策、法律、法规的约束下实施有效的生态管理。

4. 生态安全性评价

生态安全评价是对水陆交错带安全素质优劣的定量描述，它是当水陆交错带生态受到一个或多个威胁因素影响后，评估其生态安全和可能对生态安全造成的不利后果，以有效保护水库整个生态系统，在维护水库生态安全的基础上实现水库生态的和谐发展。

二、水利工程对水陆交错带景观的生态效应评价解读

（一）水利工程对水陆交错带景观影响的机理

当前的研究多侧重于水温、水质、土地利用、水文过程以及景观格局等多个方面，对水利工程建设所带来的影响进行深入探讨。然而，这些研究大多聚焦于量化水利工程建设对水生或陆域生态系统的影响程度，而针对处于两者交界处的水陆交错带景观变化的研究则相对匮乏。水陆交错带，由于其独特的边缘性和过渡性特征，其景观常常成为水位波动的直接影响对象。因此，水位波动在水体沿岸和水生态过程中具有举足轻重的地位，它与水陆交错带的景观格局和生态过程之间存在着紧密的联系。

水位波动的形成主要受到两大因素的影响：气候变化和人类活动。气候变化通过影响大气压系统，进而引发降水、气温、蒸散发等季节性的变异，从而导致水量失衡，显著影响河流、水库、湖泊等水体的水文状况。与此同时，人类活动也以相似的方式对水位波动产生影响，有时其影响甚至可以与气候变化相互调节或协同作用。随着人类对河流的干扰逐渐加剧，如水利工程的兴建，河流洪水的时空分布、流量规模和波动程度均发生了显著变化。因此，人为活动引起的水位波动及其对沿岸带的负面影响正日益受到社会各界的关注。值得注意的是，目前对人类活动导致的水位波动变化的理解，主要集中在大坝或水库建设对水位的影响方面，而对于其他人为活动的影响及其综合效应，尚需进一步深入研究和探讨。

水利工程建设带来的水位波动效应极为显著，其规模之大足以通过改变库区的生物地球化学特征等方式，使原本稳定的生态系统发生偏离。此外，非自然状态下的水位波动，其时间和频率的变动，还会对植被的分布格局、物种多样性、水库形态和沿岸泥沙的输移产生深刻影响。因此，水陆交错带中土壤与水体之间相互作用的变化，会进一步影响该区域的土壤养分动态、重金属累积和矿质元素交换等过程，进而对整个生态系统的稳定性和

健康产生不可忽视的作用。

水陆交错带中的土壤养分对多种生态过程具有深远的影响。具体而言，土壤养分对微生物群落的动态变化起着关键作用，同时也在大型植物的分布格局与多样性中发挥着不可或缺的作用。此外，土壤养分还直接影响着浮游植物和底栖生物的种群结构与群落构成，包括鱼类和无脊椎动物等生物。因此，当库区出现水位波动时，它引发的土壤退化现象会直接对库区水陆交错带的栖息地质量产生负面影响。

（二）水利工程对水陆交错带景观生态效应调查与评价方法

1. 调查方法

目前，在探讨水利工程对水陆交错带景观的生态效应时，研究者普遍采用抽样调查方法。这一方法主要涉及对水陆交错景观土壤养分及重金属含量进行详尽的调查和采样分析。特别是在低水位期，当水陆交错景观更多地暴露于空气中时，是进行采样调查的理想时机。在实际操作中，采样工作会在水陆交错景观区域以及未被淹没的参照点同时进行。为了确保样品的代表性，每个样点的样品都是基于同一海拔上相邻的多个随机点进行分层混合后采集的。采集完成后，这些样品会被妥善地装入密封袋中，以确保其不受外界污染。除了样品本身，研究者还会详细记录每个样点的环境信息，包括坡度、坡向以及与大坝的距离（通过记录经纬度的方式获取，并在返回实验室后进行精确计算）。此外，至最高洪水位的垂直距离也是一项重要的记录内容，它有助于更深入地理解水陆交错景观在不同水位条件下的生态变化。

2. 评价方法

通常情况下，为有效评估水陆交错景观的土壤退化状况，可以借助水陆交错景观土壤退化指数和土壤质量指数的变化这两个重要指标。在评价土壤退化状况时，一个常用的方法是对比土壤在退化前后的营养状态，以揭示土壤质量的变化趋势。同样，在评估水位波动对土营养状态的影响时，也会比较土壤在淹没前后的营养状态，以明确水位变动对土壤养分的影响程度。对于某些大坝建设年代较早、水库蓄水前的土壤营养状态数据难以获取的情况，可以采取一种替代性的方法。具体来说，可以选择与水陆交错景观相邻、未受水位波动影响的远离库岸地区的土壤营养状态作为参照。这样的参照点能够近似地反映水库蓄水前的土壤营养状态，从而为对比分析水陆交错景观土壤的退化情况提供有力的依据。

地形、地貌、坡度、海拔等因子与土壤理化性质之间存在紧密的联系，这些联系进而会对土壤质量产生显著影响。为了深入理解水陆交错景观中土壤退化的现象，可借助冗余分析（redundancy analysis，RDA）这一有力工具，深入剖析土壤退化与地形地貌等因子的相关性。RDA 作为一种多变量直接环境梯度分析技术，在多个领域得到了广泛应用。它能够有效地从海量的数据中提取关键信息，并以直观易懂的图形形式展现出来，从而可以更加清晰地看到各个因子之间的关联和相互影响。为了确定影响土壤退化的主要地形地貌因子，并将土壤退化与这些因子在同一低维空间中进行可视化展示，可以考虑使用 CANOCO 4.5 软件对实验数据进行 RDA 约束排序分析。RDA 分析需要构建两个关键矩阵：一个是物种数据矩阵，另一个是环境数据矩阵。在此场景中，将土壤属性的退化程度视为物种变量（响应变量），它反映了土壤质量的变化情况。同时，一系列地形地貌参数，如建设前土地利用类型、采样深度、坡度、坡向、至大坝距离和至最高洪水线垂直距离等，则被视为环境变量，它们描述了土壤所处的环境条件。重要的是，这些环境变量之间不应存在直接的关联，以确保分析的准确性。在进行排序分析之前，为确保各参数在量纲上的可比性，需要对所有参数进行标准化处理。此外，进行 RDA 分析前的一个重要步骤是对物种数据进行降趋势对应分析。降趋势对应分析可以帮助相关研究者参照梯度长度选择恰当的排序模型。具体来说，如果降趋势对应分析得到的四个轴的最大梯度不大于 3，那么线性模型 RDA 将是合适的选择；若最大梯度不小于 4，则单峰模型典范相关模型更为适宜；而当最大梯度介于 3~4 之间时，单峰模型和线性模型均可作为考虑选项。

此外，在确定采用 RDA 进行分析后，可以进一步利用向前筛选法（forward selection）对环境变量进行逐个筛选，以确保分析的准确性和有效性。在筛选过程中，每一步都辅以蒙特卡罗（Monte-Carlo）排列检验，通过 999 次排列重采样来验证结果的可靠性。在排序结果图中，每个环境因子箭头的长度被赋予了直观的意义，它们有效反映了环境变量对物种变量（土壤元素的退化度）的综合影响程度。箭头越长，意味着该环境因子对土壤退化的影响越显著。此外，环境变量箭头与物种变量箭头之间的夹角也为相关研究者提供了宝贵的信息，它们可以被视作反映环境因子与土壤退化之间相关性的量化指标。当夹角处于 0°~90° 时，意味着两个变量之间呈正相关关系，即随着环境变量的增加，土壤退化程度也会相应加剧。相反，当夹角在 90°~180° 时，则表明两者呈负相关关系，在这种情况下，随着环境变量的增大，土壤退化程度反而会降低。而当夹角恰好为 90° 时，意味着两者没有明显的相关关系。通过运用 RDA 分析方法，能够初步揭示环境因子对水利工程水陆交错景观中土壤退化的影响机制，从而为制定有效的土壤保护和修复策略提供科学依据。

第三节 水利工程建设对库区景观的生态效应

一、库区景观概述

库区景观通常包括水域本身、沿岸地形、植被、建筑物、文化遗迹等元素，是一个综合性的景观体系。

（一）库区景观分类

1.库区景观分类的原则

景观分类是开展后续分析景观类型转化特征和景观格局演变特征的前提和基础。在进行库区景观分类时，为了能够尽可能包括区域内所有的景观类型，科学、合理、客观真实地反映区域情况，同时保证分类结果符合有关规定，一般需要遵循以下原则。

①科学性原则。景观分类必须秉承科学、客观、公正的态度，以保证分类结果能够反映库区的实际情况。

②实用性原则。进行景观分类是为了反映库区生态系统的结构、功能以及生态服务价值等状况，以便于库区生态系统的管理和保护，因此，分类标准应该具有实用性、可操作性。

③简单性原则。景观的分类体系能真实反映库区问题即可，不需要贪大求全。根据研究目的，针对性地设置有研究价值和研究条件的库区景观类型即可。

2. 库区景观分类建立

已有研究中关于库区景观分类不尽相同，结合具体情况，考虑到库区植被影响，结合实地调查的土地利用数据，一般可以将景观类型分为9种类型：水田、旱地、高密度植被覆盖林地、中密度植被覆盖林地、低密度植被覆盖林地、建设用地、草地、水域、未利用地，分类体系详情如表9-6所示。

表9-6 景观类型分类及说明

景观类型	分类说明
水田	指有水源保证和灌溉设施，在一般年景能正常灌溉，用以种植水稻、莲藕等水生农作物的耕地，包括实行水稻和旱地作物轮种的耕地
旱地	指无灌溉水源及设施，靠天然降水生长作物的耕地；有水源和浇灌设施，在一般年景下能正常灌溉的旱作物耕地；以种菜为主的耕地；正常轮作的休闲地和轮歇地
高密度植被覆盖林地	林地植被覆盖情况较好，主要是生长良好、郁闭度大于30%的有林地
中密度植被覆盖林地	林地植被覆盖情况一般，郁闭度处于中等，主要包括疏林地以及灌木林地
低密度植被覆盖林地	林地植被覆盖情况较差，郁闭度较低，主要是指其他林地
建设用地	包括城镇用地、农村居民点、其他建设用地
草地	包括覆盖度大于5%的天然草地、改良草地和割草地
水域	指天然陆地水域和水利设施用地，包括湖泊、河渠、滩地、水库坑塘
未利用地	指地表为岩石或石砾，其覆盖面积大于5%的土地，主要指裸岩石质地

（二）库区景观生态安全评价

景观生态安全主要关注的是在景观层面上，如何衡量某一区域在面对人类活动和自然因素时的生态安全响应状况[1]。库区景观格局是库区生态系统各种因素相互干扰作用的结果。这些干扰因素，无论是自然的还是人为的，基于它们在方式、强度以及幅度上的差异性，会对库区景观格局产生不同的影响。库区景观生态安全，实际上是库区景观生态安全格局和景观生态质量综合作用的结果。为了科学地指导库区生态环境的健康、有序和合理发展，需要以土地利用变化数据为基础，构建合理的库区景观生态安全评价框架和相应的评价模型。

在参考其他研究的基础上，可以建立一个基于"功能性—组织性—稳定性"的评估体系。通过这个体系，可以利用不同的指标来衡量生态系统在功能、土地利用程度、景观连

---

[1] 王一山，张飞，陈瑞，等.乌鲁木齐市土地生态安全综合评价[J].干旱区地理，2021，44（2）：427-440.

通性、稳定性等各个维度上的安全状况。这将有助于构建一个科学合理、全面细致的库区景观生态安全评价指标体系，如图9-4所示。通过这个评价体系，可以更加清晰地了解库区景观生态安全的状况，从而为保护和管理库区生态环境提供强有力的科学支撑。

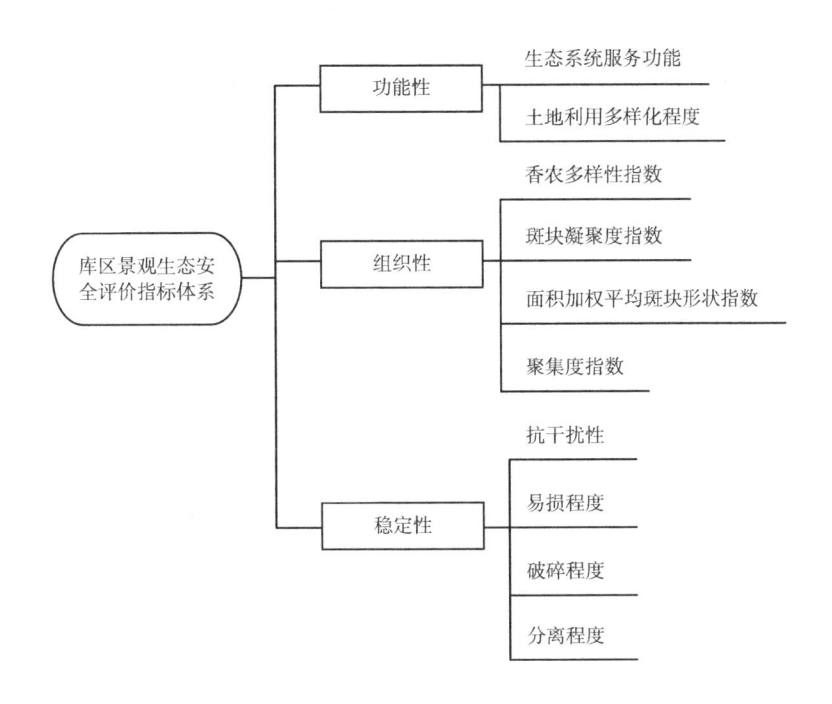

图9-4 库区景观生态安全评价指标体系

在这个评价指标体系中，将评价指标分为功能性、组织性和稳定性三个不同但相互关联的类别。其中，功能性度量了库区景观的生态系统服务价值和土地利用程度，是自然生态系统和人类福祉的一种效率体现[①]。组织性衡量生态系统的结构，描述生态系统各组成部分之间的相互作用，是景观异质性和景观连通性的反映。稳定性描述了景观斑块在自然和人文因素影响下抗干扰的能力，根据该领域中的现有问题选择了10个独立标准。

二、水利工程建设对库区景观的生态效应解读

关于水利工程建设的景观生态效应解读主要集中在水利工程建设对库区景观的影响和水利工程建设对库区景观的生态效应典型案例两个方面。

（一）水利工程建设对库区景观的影响

1. 水利工程建设对景观组成与结构的影响

水利工程建设在产生巨大的防洪、发电、灌溉、航运等经济效益，推动国民经济向前发展的同时，不可避免地会造成生态系统稳定性的失衡，加剧水土流失、土地利用变化和景观格局破碎程度等生态环境问题，对流域生态安全造成不同程度的影响与风险。例如，

[①] 袁毛宁，刘焱序，王曼，等. 基于"活力—组织力—恢复力—贡献力"框架的广州市生态系统健康评估[J]. 生态学杂志，2019，38（4）：1249-1257.

水电站的建设会进一步加大对整体景观格局的破坏作用，景观基质表现出破碎化加剧和离散分布的趋势，同时斑块形状变得更加复杂。不同景观类型之间相互转化频繁，不同时段表现出些微差异：在水电站建设前林地与灌丛和草地之间的转化比较频繁，转移程度较强，表现为大量林地被开垦为灌丛、草地，同时灌丛转化为林地、草地与农田；水电站建设后与建设前有所不同的是蓄水造成水域面积大幅增加，部分林地、灌丛、草地及农田转化为水域，同时水电站建设和移民安置又造成建设用地面积增加。从景观之间的转移可以得知，库区各景观类型之间的转化在水电站建设前已经比较频繁，因此，库区景观变化应该是其他社会经济活动与水电站共同作用的结果。水电站建设后库区综合景观动态度有所降低，但是不同景观类型在不同的时段却表现出不同的空间动态。

2. 水利工程建设对景观格局的影响

世界上有一半以上的河流因为发电、季节洪水控制、灌溉和饮用水供应等被大坝或者水库阻断。水利工程的建设常常被认为对生态环境具有显著的影响，水利工程建设影响有两个主要类别：大坝的存在和水库的运行。大坝的存在，能降低河流的连接度，使流域破碎化，并影响大坝周围的土地资源；水库的蓄水与运行不仅会改变水文和泥沙状况以及水体的化学、生物及物理特性，而且会淹没大量的土地。因此，大坝建设与水库蓄水被认为是改变库区土地利用动态的显著的影响因子。

土地利用动态是人类活动与自然环境相互作用的最重要的一个敏感指标，它与生态过程之间具有最根本的相互作用关系。对于土地利用动态进行研究有利于在空间和时间尺度上对自然景观状态和人类活动影响进行评价和预测管理。水利水电开发作为人类活动对自然环境影响最大的干扰因素之一，能引起土地利用动态的一系列的连锁反应，进而对景观格局产生影响。

3. 水利工程建设对库区景观的影响评价

水利工程库区景观，涵盖了水利工程中的水库工程本身及其所波及范围内的所有自然与人文景象，包括库区内的林地、草地以及各类建筑物等。水利工程的视觉影响尤为显著，主要体现在对库区内部那些具有深厚历史、建筑及考古价值的遗址和文物的外观改变，以及对周边风景区景观风貌的影响，同时也不可忽视地作用于人们的视觉感受。这些影响共同构成了水利工程在视觉层面对库区景观的综合性作用。

水利建设工程的选址通常倾向于沿江、沿河地带，而其中一部分区域往往坐落于风景如画的风景名胜区内，拥有迷人的自然风光。然而，大规模的建设工程必然会对周边自然环境造成广泛的影响，包括可能破坏原有生态系统和景观风貌。为了全面、客观地评估水利工程对当地库区景观可能产生的潜在的、长远的、有利或不利的影响，进而为库区景观的保护、合理利用与科学开发提供坚实依据，必须进行深入的景观环境影响评价工作。这一评价过程涵盖对现状的详细分析以及对未来影响的科学预测。

（1）影响评价的范围

①对某些库区景观要素所产生的直接影响。举例来说，水利工程的建设会导致地形、地貌、植被覆盖以及森林生态发生明显的变化。此外，还包括水利调度措施对下游河道的水文特征，如水位、流量等产生的影响。

②对那些构成库区景观特色、具有区域代表性的库区景观所产生的微妙影响。

③具有特殊价值的景物，如景色独特的地点、具有极高生态或文化价值的景观，以及特有的景观要素所造成的影响。

在进行影响评价时，还需要特别注意研究水利工程的视觉影响，主要包括评估工程在视觉感官上是否与周围环境保持协调，是否会对观赏重要景物造成阻碍，以及是否能够通过设计优化改善景物的视觉效果。此外，还需要关注阳光反射、照射或人工景物发出的强光是否能给人的视觉带来不适，以确保库区景观在视觉上也达到和谐与舒适的效果。

（2）影响评价的方法

库区景观影响评价的方法丰富多样，总体上可归为两大类。首先是优先性评价方法，它侧重于根据普通群众或专家的意见对具体库区景观做出主观评价，常用的优先性评价方法如图 9-5 所示。其次是计值评价方法，它则是基于既定的评价标准和参数指标，对库区景观质量做出评价，常用的计值评价方法如图 9-6 所示。相比之下，优先性评价主要侧重于定性分析，而计值评价则更偏向于定量评估。然而，无论是个人意见的采纳还是评价标准和参数的设定，都不可避免地受到个人审美观念的影响，这使得这两种方法都在一定程度上带有个人偏好和主观色彩。一般在实际运用中，需要根据具体情况灵活选择并综合运用这两种方法。

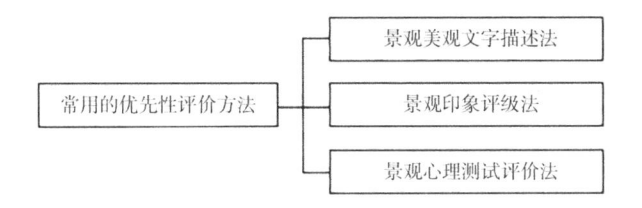

常用的优先性评价方法：
- 景观美观文字描述法
- 景观印象评级法
- 景观心理测试评价法

图 9-5　常用的优先性评价方法

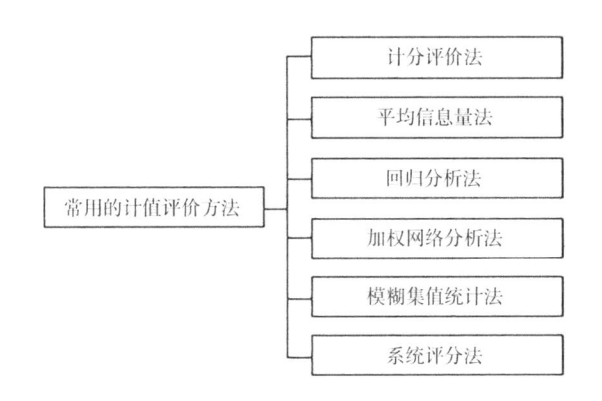

常用的计值评价方法：
- 计分评价法
- 平均信息量法
- 回归分析法
- 加权网络分析法
- 模糊集值统计法
- 系统评分法

图 9-6　常用的计值评价方法

（3）影响评价的程序步骤

水利工程对库区景观环境影响评价的程序步骤主要包含以下几个关键环节：
①明确影响评价的对象，进行有效的范围识别；
②进行现状调查评价；
③进行影响预测和影响评价；
④根据评价结果，提出具体的减缓措施。

(二)水利工程建设对库区景观的生态效应典型案例

1. 三峡工程对三峡库区景观的生态效应

三峡库区位于重庆市与湖北省交界处,是中国地理的历史上的一个相对较新的地理名词,它包含了湖北省下辖的兴山县、宜昌市、秭归县、巴东县等以及重庆市下辖的云阳县、万州区、奉节县、涪陵区、江津区及重庆主要城区等。三峡库区处于中亚热带季风气候,又处于南温带与亚热带交界区域,天气的季节性特点明显。

首先,随着三峡水库的蓄水,库区内的部分主要景观被水体所覆盖。这些被淹没的景观中,包括了涪陵白鹤梁水文石刻、忠县石宝寨、云阳张飞庙、巴东秋风亭秭归屈原祠等重要的建筑物。此外,长江三峡中的自然和人文景观也受到了影响,如瞿塘峡内的粉壁墙、古栈道,巫峡中的孔明碑,以及西陵峡中的兵书宝剑峡、牛肝马肺峡等碑刻及自然景观,都因蓄水而被淹没在水下。

其次,三峡风景景观的总体风貌发生了显著变化。原先,这里主要展现的是大江峡谷的壮丽景色;如今,则演变为大江峡谷与高峡平湖交相辉映的复合景观。这一变化导致部分峡谷景观原有的"奇、险、急"等特色在一定程度上有所淡化。与此同时,库区内的部分风景景观也经历了明显的改变。例如,曾经险峻的三峡危礁和险滩如今已沉于水底,而那些曾令人震撼的奔腾急流也已消失不见。

2. 南水北调中线工程对丹江口库区景观的生态效应

丹江口库区是国家重要水源的保护区,同时也是中国南水北调工程中线的水源区。丹江口水库的表面积为 1 050 km^2,总存储容量为 29.05 km^3。当水达到正常水位时,水库集水区面积 95 200 km^2,年供水量超 95 亿 m^3。丹江口水库地处秦岭与汉江平原过渡带的汉江中游,两大水系即丹江自西北往南、汉江自西往东于库区流域集水区汇合。

总体来讲,在丹江口水库建成后,库区市域景观生态时空分异变化明显,除林草地和建设用地减少外,耕地、水域和未利用地的破碎度指数均有不同幅度的增加,较大斑块被拆分转向较小的零散斑块,景观斑块呈分散化和个体化状态,生态稳定性降低。其中,建设用地破碎度和分离度指数的下降,表明城市的快速建设和公路、铁路、航空、水路等交通设施的逐步完善使旧城范围呈向周边耕地、林地及未利用地等地类扩张的趋势,其面积在增长的同时,建设性景观呈整体集聚状态,库区市域景观连通性增加。未利用地破碎度、分离度和干扰度指数均有增高,表明该地类受人为活动干扰影响较大。在分布空间上,其景观生态风险高值集聚区主要位于丹江口水库南北两侧林草地和耕地所在区域及连通十堰市主城区的丹郧干线,丹江口水库南北两侧的林草地、耕地受外界干扰度大,丹郧路由于建设及交通用地的转入较多,破坏了原景观的稳定性;低值集聚区主要分布于南北部丘陵和中部丹江口库区,低值区斑块类型以林草地和水域为主,南北丘陵地区远离主要道路,受外界干扰度小,其集聚程度逐期增强。

第十章　水利工程建设中的生态环境保护

随着人类对水资源的开发利用的不断深入，水利工程建设在全球范围内广泛开展，并且为人类的生存与发展提供了重要的支撑。然而，水利工程的建设往往伴随着对生态环境的破坏，如河流改道、湿地消失、生物栖息地破坏等。如何在保障水利工程建设的同时，保护生态环境，实现人与自然的和谐共生，已成为当今社会亟待解决的问题。水利工程建设中的生态环境保护，不仅关系到生态系统的完整性和稳定性，更关系到人类的生存环境和未来发展。本章围绕水利工程建设中生态环境保护的要求、水利工程建设项目的水土保持管理、水利工程建设中生态环境保护的措施等内容展开研究。

第一节　水利工程建设中生态环境保护的要求

一、水利工程建设与生态环境保护的关系

水利工程建设作为基础设施建设的核心部分，在现代社会经济发展中占据举足轻重的地位。但是，其建设与发展过程往往伴随着资源的大量消耗、生态平衡的破坏以及环境污染等问题，这些现象导致环境保护与水利工程管理之间存在一定的张力。

（一）水利工程建设带来的挑战

水利工程建设与运营涉及广泛的土地开发、水资源利用及能源消耗，这些活动均可能对生态环境产生深远影响。例如，大型水库的蓄水可能会引发周边生态系统的变化，进而干扰当地的水循环、土壤质量和生物多样性。同时，水电站的运营过程中会产生废水和废弃物，对邻近的水体和土壤环境造成潜在的污染。所以，在推动水利工程发展的同时，必须高度重视如何在追求经济效益的同时，减少生态破坏、保护环境，这已成为我们面临的一大挑战。

（二）环境保护的地位和作用

环境保护在水利工程建设中的地位日益突出，成为不可或缺的一环。水利工程项目在前期阶段，必须进行环境影响评价，这是为了确保通过系统分析评估，充分了解水利工程建设对生态环境的潜在影响，为科学决策提供有力支撑。在水利工程的规划和设计阶段，必须将生态系统的保护纳入考量，采取适当的措施来降低对生态环境的破坏。同时，在水利工程建设和运营过程中，环境监测和评估工作必须持续进行，以监控工程活动对环境的

影响，确保不会造成不可逆的损害。

（三）生态修复与可持续发展

为了降低水利工程建设对生态环境的破坏，生态修复成为一项至关重要的策略。通过实施植被恢复、湿地保护以及生态系统重建等措施，可以尽量恢复受影响的区域至生态平衡状态。此外，绿色基础设施的应用，如生态护岸和湿地过滤等，也有助于减少水利工程对环境的负面影响。这些举措不仅有利于生态系统的保护，还能推动可持续发展，实现经济、社会和环境三大领域的共同进步。

（四）环境保护技术与创新

环境保护技术的创新对水利工程建设具有重要意义。在水利工程建设和运营过程中，可以采用先进的污水处理技术、垃圾处理技术以及节能减排技术，从而减少污染物的排放和资源的浪费。同时，推动绿色技术的应用，如可再生能源的利用、低碳建筑材料的选用等，有助于减少水利工程建设对环境的负面影响，实现资源的可持续利用。

水利工程建设与环境保护之间存在紧密关系。在水利工程建设过程中，充分认识到环境保护的重要性，采取合适的策略和技术，可以实现水利工程发展与生态保护的平衡。通过减少生态破坏、提升水资源利用效率、推动绿色技术创新等举措，可以为未来的水利工程建设和社会可持续发展奠定坚实的基础。

二、水利工程建设中存在的生态环保问题

（一）缺乏生态环境保护意识

一些施工单位在追求水利工程建设进度和经济效益的过程中，由于生态环境保护意识欠缺，常常忽视对生态环境的保护和恢复工作。这种短视行为导致了生态系统的破坏和生物多样性的减少，进而对水利工程的可持续发展和周边生态环境健康造成了严重影响。

（二）环保法规缺乏实施力

在水利工程建设环境保护方面，部分地方政府和相关部门的执法监管存在不够严格的问题，对于违法行为的打击力度也相对不足，导致环保法规在执行过程中的效果不佳。一些企业可能由于环境违法的成本相对较低，缺乏对环保法规的足够敬畏之心。此外，由于处罚力度不够，这些违法行为并不能得到有效的遏制。同时，一些企业在水利工程建设过程中环保投入不足，使得环保设施和技术水平相对落后，无法达到环保法规的要求。

（三）没有完善的生态环境保护设施

在水利工程建设中，存在生态环境保护设施不完善的问题。特别是在山区等复杂地形区域，由于涉及土石方的开挖和填筑等作业，容易引发土壤侵蚀和水土流失。若施工单位未采取有效的水土保持措施，如护坡设置、植被覆盖等，便可能导致大量土壤和泥沙随水流冲刷进入河流，进而引发水体淤积和环境质量的下降。此外，水利工程施工过程中会产生大量的废水，如洗车水和渣土洗涤水等。若施工现场缺乏有效的废水处理设施，这些废水未经妥善处理便直接排放，将会污染周边的土壤和水体。同时，水利工程施工中还会

使用大量的机械设备和工程车辆,这些设备和车辆在运行时会产生大量的颗粒物和有害气体。若缺乏完善的大气污染治理设施,且未采取有效的排放控制措施,将导致大气污染物的扩散和累积,对周边环境和居民健康造成不良影响。

(四)缺乏科学的环评机制

①部分环境评估过于局限,主要聚焦在水利工程项目本身,却忽视了其对生态环境、社会经济等多元领域的全面影响。这种片面的评估可能导致结果无法精准揭示工程对周边环境的潜在影响,进而导致环境保护措施在全面性和有效性方面存在不足。

②环境评估过程中所使用的评估方法和标准存在不规范的问题,可能会引发评估结果的偏差,使其难以真实反映实际情况。缺乏统一和规范的评估方法与标准,可能导致评估结果缺乏客观性和科学性,进而影响环境保护决策的科学性和实施效果。

③一些环境评估专家可能缺乏必要的专业知识和实际经验,这可能导致他们的评估结果缺乏科学性和严谨性。这种不准确性可能会误导环境保护措施的制定和实施,使得这些措施不能有效地解决环境问题。

④环境评估过程中的监督机制尚待完善。如果监督机制不够健全,就可能出现环境评估报告虚假或评估结果被篡改的情况。这将损害评估结果的真实性和可靠性,进而影响环境保护工作的合法性和有效性。

(五)环保档案建设混乱

当前水利工程建设过程中,环保档案建设方面存在显著的混乱现象。在施工过程中,为了评估环境影响、实施环境监测以及处理废物等环保工作,必须建立相应的档案记录。但是,施工单位在环保档案管理方面缺乏健全的制度与规范,导致环保档案建设的非统一性和非标准化。档案的内容和格式五花八门,不规范,使得信息检索和管理变得异常困难。此外,环保档案建设还存在管理上的混乱和信息的不完整性。部分施工单位在环保档案的建设和管理过程中存在明显的不规范行为,如责任不明确、流程不清晰,以及缺乏有效的档案保管措施等。另外,一些施工单位在环保数据采集和记录方面存在不足,导致环保档案中的信息不完整,无法提供精确和全面的环境评估和监测数据。由于这些施工单位未能充分重视环保数据的采集和记录工作,使得环保档案的信息内容显得单薄,无法为环境管理提供有力的数据支撑。此外,环保档案的建设在即时性和有效性方面也存在问题。部分施工单位在环保档案建设过程中未能及时更新和归档相关信息,导致档案信息滞后、失效甚至丢失。这种滞后和失效的档案信息不仅会影响环境监测和评估的准确性和可靠性,还会削弱对环境问题及时有效处理和追踪的能力。

(六)生态环境保护红线划定不够科学

划定生态环境保护红线,是水利工程建设过程中,保护生态环境的重要基础。然而从目前的情况来看,保护红线划定的科学性与合理性还有待提升。

①一些地区生态保护红线的划定过程并未遵循科学的原则,导致其与现行的环保政策要求存在明显的不一致。在红线划定的过程中,相关部门未能充分征求相关企业或建设项目的意见,导致一些环保手续齐全、运行规范的在役项目被错误地纳入生态保护红线范围内,从而面临被迫移建或拆除的风险。

②个别地区生态保护红线政策执行不合理。部分地区存在"一地两证"问题，对水利工程项目开发建设、环境影响评价、环保合规性手续办理等造成不良影响。

③地方层面生态保护红线主管部门不明确、管理责任不清晰、协调机制不完善。具体发挥牵头或协调作用的责任部门不明确，导致在实际操作中，电力企业遇到相关问题时，往往难以确定与哪个政府部门进行沟通协调。由于生态保护红线涉及环境保护、资源管理、城市规划等多个领域，需要多个部门的共同参与和协作。然而，当前的情况是，电力企业仅与单一政府部门沟通，往往难以解决复杂的生态保护问题。而如果要与多个部门协调，不仅难度大，而且周期也较长，严重阻碍了企业解决实际问题的效率和进度。

（七）施工排污处理存在问题

在水利工程建设过程中，施工排污处理也存在一定的问题。

①施工单位在水利工程施工过程中普遍面临着缺乏有效排污处理设施的问题。在这一过程中，会产生大量的废水、废弃物等污染物。然而，令人遗憾的是，一些施工单位在排污处理方面存在明显的不足，未能建设相应的处理设施，导致废水和废弃物无法得到有效处理，直接排放到周围环境中，严重污染了水体和土壤，增加了环境污染的风险。

②在排污处理过程中，存在诸多不合规及不科学的现象。一些施工单位在排污过程中，公然违反规定，未经必要的净化处理，就直接将废水倒入河流或地表水中。此外，也有单位选择了不恰当的处理方法，导致处理效果不尽如人意，远未达到环保标准。这些不负责任的行为严重破坏了周边的生态环境，威胁着生态平衡和公众健康。

③监管和执法的不力也是排污处理问题存在的重要原因之一。在某些地区，水利工程施工的排污管理方面存在明显的监管漏洞和执法不严的情况，导致一些施工单位在排污处理方面采取敷衍和忽视的态度，缺乏应有的责任感和紧迫感。同时，这种监管不力也让施工单位产生了侥幸心理，认为即使存在环境污染问题，也不会受到应有的惩罚。这种心理进一步加剧了环境污染问题的严重性，对生态环境和公众健康造成了严重威胁。

三、水利工程建设中生态环境保护的必要性

（一）实现可持续发展

实现可持续发展的核心在于平衡现在和未来之间的需求，不仅要满足当代人的需求，还要保护自然生态，保证后代人也能够有足够的资源和环境满足其需求。为了实现社会、经济和生态环境的协调发展，在水利工程建设中必须充分考虑对生态环境的保护。

（二）落实生态工程

实施生态系统项目生态工程的主要目标是保护和改善生态环境。通过模拟、优化和控制生态系统的结构和功能，可以实现这一目标。在水利工程施工过程中，可以运用生态工程的理念和方法，提高水利工程适应生态环境的能力，并致力于生态环境的保护。

（三）创建生态系统服务

生态系统服务指的是生态系统为人类所提供的多元化服务，这些服务广泛涉及生产、生活以及环境保护等多个领域。在水利工程建设过程中，必须深刻认识到其对生态系统服

务可能产生的影响,并采取相应的措施来确保生态系统服务的可持续性。以纽约市为例,该市通过精心保护卡茨基尔山脉的水源地,不仅为城市提供了清洁的饮用水,同时也维护了该地区生态系统的健康和稳定。

(四)保障生态安全

生态安全指的是在人类活动对生态系统产生作用的情况下,生态系统依然保持其稳定性、适应性和恢复能力。在水利工程施工过程中,必须高度重视生态环境的安全问题,确保施工活动不会对周边生态环境造成不良影响。

(五)建设生态文明

生态文明建设意味着在社会经济发展的过程中,必须对生态环境保护和生态安全给予足够的重视,以追求人与自然和谐共生的目标。水利工程建设作为其中的一部分,必须遵循生态文明建设的原则,确保水利工程建设与生态环境之间实现协调发展。为了推动社会、经济和生态环境三者的和谐共生,我国政府已经制订了一系列生态文明建设行动计划和政策。这些措施主要包括改革生态环境管理体制、强化生态保护和修复工作,以及积极推动绿色发展。

(六)关乎我国的国际形象

世界正面临严重的环境问题,发达国家对于发展中国家,尤其是我国在发展过程中对生态保护的力度尤为关注,并以此影响国际社会对我国生态建设的客观认识。因此,在水利工程施工过程中,应以大局为重、以生态为重、以我国在国际社会的形象为重,务必放弃过去以生态换发展的落后思路,促进经济发展和生态建设和谐共处、相辅相成。通过研究上述概念,有助于更好地理解和实践水利工程施工过程中的生态环境保护工作。

四、水利工程建设中生态环境保护的基本要求

(一)各设计阶段的环境保护要求

1. 环境保护设计必须按国家规定的设计程度进行

实施环境影响报告书(表)的编审制度,严格遵循这一制度以确保对环境影响的全面评估。此外,还要坚决执行"三同时"制度,即防治污染及其他公害的设施与主体工程在设计、施工和投产阶段保持同步。

2. 项目建议书阶段

在项目建议书中,需要按照建设项目的性质、规模以及建设地区的环境现状等相关资料,对建设项目在建成投产后可能对环境产生的影响进行简要阐述。这一说明的主要内容涵盖以下几个方面。

①所在地区的环境现状。
②可能造成的环境影响分析。
③当地环保部门的意见和要求。
④存在的问题。

3. 可行性研究（设计任务书）阶段

根据《建设项目环境保护管理条例》的规定，所有需要编制环境影响报告书或填报环境影响报告表的建设项目，必须严格遵循该管理办法附件一或附件二所规定的格式和要求来编制或填报相应的环境影响报告。同时，在项目的可行性研究报告书中，必须包含专门的环境保护论述部分。这一论述部分的主要内容应涵盖以下几个方面。

①建设地区的环境现状。
②主要污染源和主要污染物。
③资源开发可能引起的生态变化。
④设计采用的环境保护标准。
⑤控制污染和生态变化的初步方案。
⑥环境保护投资估算。
⑦环境影响评价的结论或环境影响分析。
⑧存在的问题及建议。

4. 初步设计阶段

在建设项目的初步设计阶段，必须包含专门的环境保护篇章，这一篇章需详细规划和实施环境影响报告书或表中提出的各项环境保护措施，并遵循相关的审批意见。环境保护篇章的主要内容包括但不限于以下几点。

①明确环境保护设计的根本依据，包括国家及地方环保政策、法规、标准，以及环境影响报告书或表等。

②详细列出项目的主要污染源，并明确主要污染物的种类、名称、数量、浓度或强度以及它们的排放方式，为后续的治理和管理提供基础数据。

③规划并明确项目将遵循的环境保护标准，这些标准可能涉及排放控制、资源利用、生态保护等多个方面。

④描述项目将采用的环境保护工程设施，包括其简要的处理工艺流程，并预测这些设施的运行效果，以确保环境质量的改善和提升。

⑤针对建设项目可能引起的生态变化，提出具体的防范措施，包括生态修复、生物多样性保护、景观优化等，以减轻对生态环境的潜在影响。

⑥阐述项目的绿化策略，包括绿化面积、植物选择、布局设计等，旨在提升项目的生态质量和美观度，同时为居民提供宜人的休闲环境。

⑦明确项目的环境管理机构设置，包括管理层的构成、职能部门的划分以及所需的专业人员数量和资质要求，确保环境管理的高效运作。

⑧建立环境监测机制，包括监测点的设置、监测项目的选择、监测频率的确定以及监测数据的收集、分析和报告，以便及时发现和解决环境问题。

⑨估算环境保护措施所需的投资，包括环境保护设施建设、运营维护费用、环境监测费用等，为项目的投资决策提供重要依据。

⑩在环境保护篇章中，识别并分析项目在实施过程中可能遇到的问题和挑战，如环保技术难题、资金短缺等，并提出相应的解决建议和改进措施，以确保项目的顺利推进和环境保护目标的实现。

5. 施工图设计阶段

建设项目环境保护设施的施工图设计，必须严格依据已经获得批准的初步设计文件及其环境保护篇章中所明确的各项措施和要求进行。这确保了施工图设计与整体项目的环保规划保持一致，从而有效地实施环境保护措施。

（二）选址与总图布置

1. 建设项目的选线

在规划设计过程中，务必全面考量建设地区所处的自然环境和社会环境，包括但不限于对选址或选线地区的地理、地形、地质、水文、气象等自然条件的细致分析，以及对该地区的历史文化遗迹、城乡规划、土地利用、工农业布局、自然保护区现状及其发展规划等社会因素的深入研究。在掌握这些基本信息的基础上，还需收集并分析建设地区的大气、水体、土壤等基本环境要素的背景资料。综合分析与论证，确保制定的规划设计方案既符合环境保护要求，又能实现社会经济的可持续发展，从而达到最佳的效果。

2. 凡排放有毒有害废水、废气、废渣（液）、恶臭、噪声、放射性元素等物质或因素的建设项目

在城市规划中，严格禁止在生活居住区、文教区、水源保护区、名胜古迹、风景游览区、温泉、疗养区和自然保护区等特定区域内进行建设项目的选址。对于铁路、公路等交通设施的选线工作，应优先考虑减少对沿线自然生态的破坏和污染，采取环保措施，确保生态平衡和环境保护。

3. 排放有毒有害气体的建设项目

生活居住区应位于污染系数最小的上风侧位置，以确保空气质量。对于排放有毒有害废水的建设项目，应将其布局在生活饮用水水源的下游，以避免对饮用水造成污染。同时，废渣堆置场地应与生活居住区和自然水体保持一定的距离，确保环境安全。

4. 环境保护设施用地应与主体工程用地同时选定

建设项目若产生有毒有害气体、粉尘、烟雾、恶臭、噪声等不利因素，必须与生活居住区保持适当的卫生防护距离，以确保居民的健康和安全。同时，为了进一步减轻对环境的影响，应采取绿化措施，如增加植被覆盖，以吸收和减少这些有害物质，提升整体环境质量。

5. 建设项目的总图布置

在满足主体工程需求的前提下，将可能产生最大污染危害的设施设置在远离无污染或污染较小的设施的地段。随后，需合理规划和确定其他设施的位置，以确保它们之间的影响和污染最小化，从而保障整体环境的健康和安全。

6. 新建项目的行政管理和生活设施

建设项目应被安排在靠近生活居住区的一侧，并作为其非扩建端，以优化空间布局，减少对生活区域的影响，并便于未来的扩建和管理。

7. 建设项目的主要烟囱（排气筒）

火炬设施、有毒有害原料和成品的储存设施以及装卸站等，应当安排在厂区的下风侧，即常年主导风向的反方向。这样的布局有助于减少有害物质对厂区及周围环境的影响，确保员工和周边居民的健康安全。

8. 新建项目应有绿化设计

绿化覆盖率的具体要求应根据不同种类的建设项目而有所不同。对于位于城市内的建设项目，必须严格遵守当地有关绿化规划的规定，以确保绿化覆盖率达到既定的标准。

（三）污染防治

1. 污染防治原则

①在工艺设计中，应积极采用无毒无害或低毒低害的原料，并优先选择那些不产生或少产生污染的新技术、新工艺和新设备。这样不仅可以最大限度地提高资源、能源的利用率，还能确保在生产过程中将污染物的排放降到最低限度。

②对于建设项目的供热、供电及供煤气规划设计，应按照实际情况尽量采用热电结合、集中供热或联片供热的方式。此外，还应优先考虑集中供应民用煤气的建设方案，以实现更高效、环保的能源利用。

③在进行环境保护工程设计时，应结合当地的具体条件，因地制宜地采用那些行之有效的治理和综合利用技术。这样不仅能有效改善环境质量，还能实现资源的最大化利用。

④采取一切必要的有效措施，来避免或抑制污染物的无组织排放。

设立专门的容器或其他设施，专门用于回收在采样、溢流、事故和检修过程中产生的物料或废弃物。

为了确保环境安全，所有设备和管道都必须采取严密的密封措施，以防止物料出现跑、冒、滴、漏等现象。

对于粉状或散装物料的储存、装卸、筛分和运输过程，应设置相应的设施，以有效抑制粉尘的飞扬。

⑤为了更准确地掌握废弃物的排放情况，应在废弃物的输送及排放装置上设置计量、采样和分析设施。

⑥在废弃物处理或综合利用过程中，如果产生了二次污染物，必须采取相应的措施来防止这些二次污染物的扩散和影响。

⑦建设项目产生的各类污染或污染因素，必须符合国家或省、自治区、直辖市所制定的排放标准和相关法规要求，确保在达到这些标准后才能对外排放。

⑧涉及储存、运输、使用放射性物质以及放射性废弃物的处理活动，必须严格遵守《放射性防护规定》和《放射性同位素工作卫生防护管理办法》等相关规定，确保操作安全并符合法规要求。

2. 废气、粉尘污染防治

①对于在生产过程中可能产生有毒有害气体、粉尘、酸雾、恶臭或气溶胶等物质的工艺和设备，应设计成密闭式，以最大限度地减少敞开式操作的可能性。若确实需要向外排放这些物质，务必配备除尘、吸收等净化设施，确保排放的气体符合环保标准。

②所有锅炉、炉窑、冶炼等装置排放的烟气，都必须安装除尘和净化设施，以确保烟气中的有害物质得到妥善处理，减少对环境的污染。

③针对含有易挥发物质的液体原料、成品和中间产品等储存设施，应采取有效措施，如设置密封容器、安装通风设备等，以防止挥发物质溢出，确保工作环境的安全和环保。

④对于开发和利用煤炭的建设项目，其设计必须严格遵循《关于防治煤烟型污染技术政策的规定》，确保在煤炭的开发和利用过程中，采取有效的污染防治措施，最大限度地减少煤烟型污染的产生和排放。

⑤废气中所包含的气体、粉尘以及余能等成分，如果具备回收利用的价值，应优先考虑进行回收和再利用。对于无法回收利用的部分，应采取科学合理的处理措施，确保其对环境和人体健康的影响被降到最低。

3. 废水污染防治

①在建设项目的设计阶段，必须坚决贯彻节约用水的原则。对于生产装置产生的废水，应合理回收并重复利用，以提高水资源的利用效率。

②废水的输送设计应遵循清污分流的原则，综合考虑废水的水质、水量和处理方法等因素。通过综合比较，并对废水输送系统进行合理划分，确保废水得到妥善处理。

③针对工业废水和生活污水的处理设计，应按照废水的水质、水量及其变化幅度、处理后的水质要求以及地区特点等因素，确定最佳的处理方法和流程，确保废水得到有效处理。

④在制定废水处理工艺时，应优先考虑利用废水、废气、废渣（液）等资源进行"以废治废"的综合治理。通过合理利用这些废弃物，不仅可以减少环境污染，还能实现资源的循环利用。

⑤废水中的各种物质，包括固体物质、重金属及其化合物、易挥发性物质、酸或碱类、油类以及余能等，只要具备利用价值，都应考虑进行回收或综合利用，以实现资源的最大化利用和减少废物的排放。

⑥当工业废水和生活废水排入城市排水系统时，其水质必须达到相关规定的城市下水道水质标准，以确保不会对城市排水系统造成不良影响。

⑦在输送有毒有害或腐蚀性物质的废水时，沟渠、地下管线检查井等必须采取有效的防渗漏和防腐蚀措施，以防止这些有害物质泄漏对环境造成污染。

⑧在水质处理过程中，应优先选择无毒、低毒、高效或污染较轻的水处理药剂，以减少处理过程中产生的二次污染。

⑨对于可能对受纳水体造成热污染的排水，应采取相应的措施来防止热污染的发生，以保护水体的生态环境。

⑩对于原（燃）料的露天堆场，应采取有效的措施防止雨水冲刷和物料流失，以避免由此造成的环境污染。

4. 废渣（液）污染防治

①废渣（液）的处理设计需综合考虑废渣液的数量、性质以及地区特点等因素，通过综合比较，确定最佳的处理方法。对于具有利用价值的废渣液，应积极采取回收或综合利用措施，实现资源的最大化利用。而对于没有利用价值的废渣液，则可采用无害化堆置或

焚烧等处理措施，确保其对环境的安全性和无害性。

②废渣（液）的临时储存应充分考虑排出量、运输方式以及利用或处理能力等因素，合理设置堆场、贮罐等缓冲设施，确保废渣液得到妥善管理。任何情况下，都不得随意堆放废渣液，以避免对环境和人体健康造成潜在危害。

③为了确保废渣（液）的有效管理和利用，应将不同的废渣（液）分别进行单独储存。当需要混合储存两种或两种以上的废渣（液）时，必须确保满足以下要求。

混合过程不得产生有毒有害物质或引发其他有害化学反应，以保障环境和人类健康的安全。

混合后的废渣（液）应便于进行堆储或综合处理，以提高处理效率并降低处理成本。

④在废渣（液）的输送设计中，必须采取一系列措施来防止环境污染。

特别是在输送含水量大的废渣和高浓液时，应特别注意避免沿途滴洒，以防止对环境造成不良影响。

对于有毒有害废渣和易扬尘废渣的装卸和运输，必须采取密闭和增湿等有效措施，确保操作过程的安全，防止发生污染和中毒事故。

⑤生产过程中产生的各种废渣（液），包括生产装置、辅助设施、作业场所以及污水处理设施等排放的废渣（液），必须进行全面收集和处理。严禁以任何方式将这些废渣（液）排入自然水体或随意抛弃，以保护环境的清洁和安全。

⑥对于可燃质废渣（液）的焚烧处理，必须满足以下要求。

焚烧过程中产生的有害气体必须配备相应的净化处理设施，以确保排放的气体符合环保标准，不对环境造成二次污染。

焚烧后的残渣也需要有专门的处理设施，以确保残渣得到妥善处理，不会对环境和人体健康造成影响。

⑦含有可溶性剧毒废渣的处置需特别谨慎。禁止直接将其埋入地下或排入地面水体。在对此类废渣的堆场进行设计时，必须采取防水、防渗漏或防止扬散的措施，以防止废渣中的有害物质渗漏或扩散到环境中。此外，还应设置堆场雨水或渗出液的收集处理和采样监测设施，以实时监控废渣堆场的环境状况，确保环境安全。

⑧对于一般工业废渣、废矿石和尾矿等，可以设立专门的堆场或尾矿坝进行堆放。然而，为了保护环境和人类健康，必须采取有效的措施来防止粉尘飞扬、淋沥水和溢流水造成的污染，以及废渣自燃等潜在危害。这些措施可能包括覆盖、喷水抑尘、建立排水系统等。

⑨废渣中含有贵重金属时，应根据具体情况采取相应的回收处理措施。这不仅可以实现资源的有效利用，还可以减少对环境的影响。

5. 噪声控制

①在噪声控制方面，首要任务是控制噪声源，包括选择低噪声的工艺和设备，并在必要时采取相应的控制措施，以最大限度地减少噪声的产生。

②管道设计过程中，应注重合理布置和采用适当的结构，以预防振动和噪声的产生。通过优化管道系统的布局和结构，可以有效降低潜在的噪声问题。

③在总体布置时，应全面考虑声学因素，并进行合理的规划。利用地形、建筑物等自然条件作为噪声传播的屏障，同时合理分隔嘈杂区域和安静区域，以减少或避免高噪声设

备对安静区的影响。

④建设项目在产生噪声方面，必须确保其对周围环境的影响符合城市区域环境噪声标准的规定。这要求在项目规划、设计和实施阶段，充分评估噪声对周围环境和居民的影响，并采取必要的控制措施，确保噪声水平在可接受的范围内。

（四）管理机构的设置

1. 新建、扩建企业设置环境保护管理机构

环境保护管理机构的核心职责是组织、实施和监控本企业的环境保护工作，确保所有环保措施得到有效执行，从而为企业和周边环境创造可持续发展的良好条件。

2. 环境保护管理机构的主要职责

①坚决执行并遵循环境保护相关的法规和标准，确保企业行为与环境保护政策一致。

②负责组织并修订本公司的环境保护管理规章制度，同时监督这些制度的执行情况，确保所有员工都遵循这些规定。

③制订并推动实施环境保护的规划和计划，确保企业在发展的同时，也致力于环境保护和可持续发展。

④引领并组织本公司的环境监测工作，确保对环境的影响得到及时、准确的评估，并为后续的环保决策提供数据支持。

⑤负责监控本企业环境保护设施的运行状况，确保其正常运行并达到预期效果，为环境保护工作提供有力保障。

⑥积极推广和应用环境保护领域的先进技术和成功经验，以促进环境保护工作的高效实施和不断创新。

⑦组织开展本企业的环境保护专业技术培训，提升员工的环保意识和专业技能水平，为环保工作提供有力的人才支持。

⑧推动本企业的环境保护科研和学术交流活动，加强内外合作，为企业环保工作注入新的活力和创新动力。

（五）监测机构的设置

1. 对环境有影响的新建、扩建项目

监测机构的设立或监测手段的选择，应当基于建设项目的规模、特性、监测目标和监测范围，以确保监测工作能够准确、有效地进行。

2. 环境监测的任务

①定期对建设项目的排放物进行监测，以确保其符合国家或省、自治区、直辖市所规定的排放标准，从而保障环境的健康与安全。

②深入分析所排放污染物的变化规律，为制定有效的污染控制措施提供科学依据，旨在降低对环境的不良影响。

③在发生污染事故时，负责进行及时、准确的监测，并提交详细的监测报告，为应对污染事故提供有力的支持。

3.监测采样点要求布置合理

能够精准地反映污染物排放情况以及附近的环境质量状况。在执行监测分析时，严格遵守国家的相关规定，确保数据的准确性和可靠性。

（六）环境保护设施及投资

环境保护设施，按下列原则划分。

①所有用于污染治理、环境保护的装置、设备、监测工具以及工程设施等，均可被视为环境保护设施。

②这些设施不仅服务于生产需求，同时也为环境保护作出贡献。

③对于外排废弃物的运输设施、回收与综合利用设施，以及堆存场地的建设和征地费用，应纳入生产投资范畴；而为了保护环境所采取的防粉尘飞扬、防渗漏措施，以及绿化设施所需的资金，则属于环境保护投资。

④所有包含环境保护设施的建设项目，都应明确列出环境保护设施的投资预算。

（七）设计管理

1.设置一名领导主管

对本单位所承担的建设项目的环境保护设计工作负有全面领导责任。确保环境保护设计符合相关法规和标准，并推动其实施，以保护环境、维护生态平衡，为可持续发展做出贡献。

2.设置环境保护设计机构或专业人员

负责编制建设项目在各个阶段的综合环境保护设计文件，确保项目的设计过程符合环境保护的要求。

3.严格遵循国家有关环境保护规定

①负责或参与进行建设项目的环境影响评价工作。

②在接受设计任务后，必须依据环境影响报告书（表）及其审批意见中明确的各种措施，开展初步设计，并精心对环境保护篇章进行编制。

③坚决执行"三同时"制度，确保防治污染及其他公害的设施与主体工程同步进行设计。

④对于未经批准环境影响报告书（表）的建设项目，不得进行任何设计活动。

第二节 水利工程建设项目的水土保持管理

一、水土保持管理的作用

（一）减少水土流失

水土保持管理在减缓水土流失、保护土地资源方面扮演着至关重要的角色。随着城市化进程的加快和人口数量的持续增长，土地资源变得愈发稀缺，而水土流失对土地造成的损害亦日益严重。通过实施水土保持管理，能够有效地减少水土流失，从而保护土地资源，为农业生产提供更加稳定和可持续的支撑。除此之外，水土保持管理对于水资源的保护同样具有重要意义。水是生命之源，也是社会经济发展不可或缺的基础资源。水土流失不仅会导致土地退化，还会引发水体淤积、水质恶化等一系列问题，对水资源造成严重影响。而水土保持措施的实施，能够减缓水土流失，遏制水体污染，确保水资源的可持续利用，从而为我们创造一个更加美好的生态环境。

（二）提高土地利用率

首先，水土保持管理具有显著成效，能够有效遏制水土流失问题。水土流失，主要是由水和风力的侵蚀作用导致土壤遭受破坏，给土地利用带来了严重损失。它不仅使土地面积逐渐减少，还导致土壤质量下降，从而影响农作物的产量。而通过实施水土保持管理，如增加植被覆盖、建设防护构筑物等，能够显著减少水土流失现象，提高土地的利用率。

其次，水土保持管理还有助于土壤质量的改善，增强土地肥力。这些措施能够减少土壤流失，促进土壤中养分的积聚，进而提升土壤的肥力。当土壤肥力增强时，农作物的产量自然也会提高，从而进一步提高了土地的利用率。

（三）改善生态环境

实施水土保持管理对于保护沼泽生态系统、维护其生态平衡和稳定性至关重要，从而有效提升沼泽地区的生态环境质量。沼泽地作为自然环境中不可或缺的一部分，其生态平衡对于整个生态系统健康具有重要影响。实施水土保持管理，可以减少对其的破坏，确保其生态系统的稳定和健康发展。同样，森林作为地球上最为关键的生态系统之一，实施水土保持管理同样具有重要意义，不仅能够保护森林植被，提高森林的生态环境质量，还能有效减少土壤侵蚀和水土流失现象。水土保持管理的实施，有助于促进森林的生态恢复和保护，确保这一宝贵资源的持续利用和发展。此外，河流在地球生态系统中扮演着至关重要的角色，其稳定性和平衡对整个生态系统至关重要。实施水土保持管理措施对于河流环境同样具有重大意义。这些措施能够显著减少河流中的泥沙淤积，从而降低水体污染的风险。这不仅有助于维护河流的生态平衡和稳定性，还能显著提高河流的生态环境质量。

（四）提升社会文化素质

水土保持管理措施的推行，其积极影响远不止水土资源的保护与生态环境的改善，它更是一种推动经济发展与社会文化进步的全面策略。实施这些措施，涉及广泛的人力、物力和财力投入，这种实践过程本身就是一种教育，使人们深刻认识到水土保持的重要性，从而增强他们的环保意识和责任感，间接提升整个社会的文化素质。在水土保持的实际工作中，大量的宣传教育活动是必不可少的。这些活动不仅向公众普及环境保护的理念和方法，还让人们深刻体会到环保工作的紧迫性和现实意义。这种教育和启发，无疑将激发更多的人积极参与到环保事业中，共同为构建更加绿色、和谐的社会环境贡献力量。

此外，水土保持的实践离不开各类专业人才的鼎力支持与积极参与。这些人才的培养与成长，实际上也是推动社会文化进步的重要一环。水土保持工程涉及土壤学、植物学、水文学、气象学等多个领域的知识体系，而这些知识的深入研究和实际应用，均需要专业人才的智慧与努力。所以，水土保持管理措施的实施，不仅可以提升公众的环保意识和责任感，还能为培养各领域的专业人才创造有利条件，进而推动整个社会的文化素质与综合实力的提升。

（五）促进农业可持续发展

水土保持管理在促进农业可持续发展方面发挥着关键性作用，通过维护农田生态环境、提高土壤质量等手段，为农业生产创造了更为有利的条件，实现了经济效益、社会效益和环境效益的有机统一。

①水土保持管理对于农田土壤的保护起到了至关重要的作用。通过有效防止水土流失，它确保农田土壤的完整性和肥沃度。水土流失不仅会导致土壤中的养分流失，还会破坏土壤的肥力和结构，从而影响农田的生产力。为了应对这一问题，水土保持治理工作采取了科学的方法，如植被覆盖和梯田建设，来减缓水流对土壤的冲刷，提高土壤的抗侵蚀能力，为农业土地的可持续利用打下了坚实的基础。

②水土保持管理还能显著提升农田的生产力。通过改善土壤质量，为农作物提供更加优越的生长环境。优质的土壤能够保持养分和水分，为植物的正常发育提供必要的条件。同时，通过科学的耕作方式和合理的施肥制度，水土保持治理工作还有助于提高土壤的有机质含量和肥力水平，从而为高效的农业生产提供了坚实的土壤基础。

③水土保持管理高度重视生态农业的推广，积极鼓励农民采纳可持续的农业经营模式。大力倡导并推动有机农业，提倡减少化肥和农药的使用，采用低化肥、低农药的农业模式。这些措施不仅有助于降低对环境的负面影响，还能减少农产品的生产成本，同时提升产品的品质。这种转变不仅有利于农业的可持续发展，而且满足了社会对绿色、安全农产品的迫切需求。水土保持综合治理通过实施一系列综合性的措施，为农业的可持续发展营造了有利的环境。这种发展策略在经济层面可以提升农田产量，增加了农民收入；在社会层面，能够促进农村的可持续发展，改善农村的生态环境，从而实现经济效益和社会效益的双赢。

④环境效益方面，水土保持管理有助于减缓土地的退化过程，提高农田的生态效益，实现农业、社会和环境的协调发展。然而，要实现更为全面的农业可持续发展，还需要不断优化治理措施，提高农业生产的资源利用效率，推动农业生态化、循环化的发展方向。

二、水土保持管理对水利工程建设项目的必要性

水利工程旨在有效管理和利用水资源，通过防控水灾、旱灾、涝灾等自然灾害，满足社会生产和人民生活的需求。然而，在水利工程建设和运营过程中，由于过度开发、不合理利用以及管理不当等因素，往往导致土地沙化、水土流失、土地退化、水资源枯竭等严峻的环境问题。这些环境问题不仅威胁水利工程的长期稳定运行，而且直接关乎人们的生命和财产安全。所以，采取水土保持管理措施可以最大限度地减轻水利工程的负面影响，保护水资源和土地资源，防止水土流失、土壤侵蚀等环境问题的发生，从而促进水利工程的健康持续发展。在水利工程建设与运营过程中，必须深刻认识到水土保持管理措施的重要性，并采取切实有效的策略来确保水利工程的稳健与持续发展。水土保持管理的具体措施涵盖了植被覆盖、构筑物防护、土地利用调整等多个方面。通过实施这些措施，可以有

效减少水土流失现象，提高土地资源的利用效率，从而改善生态环境质量。这些水土保持措施不仅有助于水利工程的长期稳定运行，更对社会各层次的发展具有积极的推动作用。

三、水利工程建设项目的水土保持管理措施

（一）增强水土保持意识

增强水土保持意识，就是要让相关的水利建设决策者和有关负责人认识到这一工作的重要性和必要性。特别是要了解当前的社会发展情况，以确保相应的水土保持工作的有序进行。当然，要增强水土保持的意识，不仅要让水利部门的管理者自觉地去做，还要加大对他们的宣传力度，增强他们的基础意识，还要从法律和法规的角度，对水利工程的各项制度进行有效的规范，从而达到最大限度地提升其整体经济效益。如此也可以避免出现问题和不足，从而使相应的水利工程项目更加合理，也可以保证水土保持工作的顺利进行。

（二）完善相关的管理制度

工作措施的落实程度与工程建设及水土维护的支持度密切相关，因此需要在提供充足的资金保障条件以及大力配合各类措施落实的前提下展开水土保持工作，进而保证工作措施的落实效果。在由政府牵头给予水土保持工作资金支持的过程中，需要围绕水利工程的实际施工情况进行分析，强调最大限度降低水土流失影响的重要意义，优先对当地的自然环境条件予以恢复。进一步完善相关管理制度是对水土保持工作予以重点管控的关键因素，相关部门应基于水土保持工作的实际情况判断现有的工作缺陷，提高预防与监管制度的实施可靠性。同时，相关部门还应鼓励群众参与水利工程建设，调动其水土保持工作过程中的积极性与主动性，进而实现施工区域全面保护周边生态环境的管控目标。

（三）加强水土保持工作管理

1. 强化项目水土保持的过程管控

生产建设项目须严格执行项目水保方案及水保批复和国家及地方的水土保持有关规范性文件，对标对表，逐项抓好施工现场管理，力争各项水保措施全部落实。

①重视内业管理，做好台账建立，厘清项目水土保持目标和措施任务量，制订切实可行的水保施工方案，同步建立相关档案台账，重点包括措施清单、临时用地、表土剥离、土石方平衡台账等。

②把握工作重点，狠抓措施落实，结合项目实际工作，确定重点水土流失防治分区（如取弃土渣场、弃渣场、隧道洞口、大型临时设施工程等）为管理重点，路隧边坡防护、桥下绿化、防排水工程为次重点的管理思路，细化重点区域措施布置，强化过程管理，充分保障措施落实到位。

2. 重视水保监督检查的问题整改

在施工期间，必须高度重视对水土保持工作的监督检查，并加强对施工单位的监管力度。要充分重视各级水行政主管部门的意见和建议，全面落实整改措施，以确保项目水土保持工作逐步走向规范化和标准化。为此，建设单位和施工单位都应当建立专门的水土保持监督部门和机构，并配备专业的监督人员。他们应定期进行检查和评估工作，对于发现

的任何违规行为，必须采取严厉的惩罚措施，并及时进行纠正和改进，以确保水土保持工作的有效实施。

3. 发挥监理监测等三方单位的作用

充分利用水土保持监理、监测等第三方机构的专业知识和技术，可以极大地加强水土保持工作的执行力度。这些第三方单位具备丰富的经验和专业的技术能力，能够客观地进行现场监督、数据监测、深度分析和评估。他们能够及时识别现场存在的问题，提出明确的整改要求和时限，确保问题得到及时且有效的解决，不仅为水土保持工作提供了有力的技术保障，还在尺度上进行精准把控，确保水土保持措施的正确实施。这不仅可以促进水土保持工作的规范化，也为其可持续发展提供坚实的保障。

4. 加强水土保持培训和宣传教育

加强相关的培训活动，确保相关人员充分掌握水土保持的基本原理和实际操作方法。此外，还需增强工程人员的水土保持意识，让他们深刻理解水土保持工作对于项目可持续发展和生态环境保护的重要性。与此同时，加强与施工人员的沟通交流也至关重要。应当定期组织座谈会、研讨会等活动，为工程人员和施工人员提供一个交流学习的平台。通过这些活动，可以及时了解施工人员在水土保持工作中遇到的困难和问题，并提供有效的解决方案。

5. 完善参建单位沟通和协调机制

积极加入水土保持监督管理交流服务平台，加强与各级地方水行政主管部门的沟通和交流，发现问题及时汇报，协商解决，转变观念，主动接受检查，听取指导意见；同时参照交流服务平台工作经验，建立完善由各参建单位组成的水保工作群，进一步完善沟通协调机制，提高相关水土保持资料的报送效率和整改时效。

（四）做好水土流失预防控制

在农业灌溉建设过程中，各个部门要共同做好水土流失防治工作。例如，对于沟槽和挖掘出的土体采取保护措施，可以有效地防止因降雨而引起的土体损失；在进行施工的时候，应尽可能地在春秋两季进行，这样不仅可以防止在冬天施工过程中出现水资源匮乏、飞尘扬尘等现象，也可以防止因夏天降水量过大而造成的水土侵蚀。在农业灌溉工程的建设过程中，建筑企业要加强对农业灌溉的管理，使农业灌溉行为规范化，防止农业灌溉对农业灌溉区域的生态环境造成损害。

水资源管理机构应当以此为依据，建立与之相适应的生态环境保护与恢复机制。"谁损害，谁恢复"的基本要求，为水土流失防治工作在体制上、权力上、责任上进行了保证。在农业灌溉项目的竣工验收中，要根据农业灌溉项目的水土流失情况来确定农业灌溉项目的质量；当出现的水土流失控制不符合标准时，就应该要求建设单位立即采取相应的技术手段来强化控制，同时进行生态恢复。

（五）做好水土保持方案编制工作

1. 应熟透项目基本情况

所谓"基本情况"，涵盖主体工程设计以及工程所在项目区的整体状况等核心信息。

编制单位在着手工作之初，就应对这些基本情况有深入的了解和掌握。为了确保对技术资料的熟悉程度，编制单位还需深入项目区进行实地调查，从而全面、细致地了解项目区的各项基本情况。方案中的自然简况部分，应包括项目区的地貌形态、气候特点及主要气象参数、土壤种类、植被覆盖类型及其覆盖率、水土保持区域允许的土壤流失量、土壤侵蚀的类型及强度、水土流失的重点防治区域以及涉及的水土保持敏感区等信息。为了获取这些详细数据，编制单位应通过实地考察、访谈等多种方式，或参考当地的统计年鉴、土壤类型分布资料等权威资料。此外，明确施工布置，深入了解施工工艺和方法也是至关重要的。这有助于重点分析影响水土流失的主要环节和因素。通过对比主体工程的施工组织情况，可以更全面地评价水土保持的分析与评估结果，从而科学、合理地布置水土保持措施，确保工程的环境友好性和可持续性。

2. 全面掌握相关规程及技术规范

编制水土保持方案，要掌握《生产建设项目水土保持技术标准》（GB 50433—2018），应遵循相关技术规程及技术标准的要求，以相关技术标准及要求为基础进行编制。如果脱离技术规程及规范的要求，是不能编制合格的方案的。在技术规程中，重点应掌握防治标准、施工工艺、土石方平衡、防治责任范围、主体工程水土保持分析与评价及水土保持措施的布设等重要内容。防治标准是水土保持方案的基础，如果没有标准，所有的水土保持措施都将无据可依[1]。

3. 要紧跟水利部相关文件要求

从行政管理的视角出发，确保水土保持方案编制的合理性至关重要。近年来，水利部水保司发布了一系列文件，对水土保持方案的编制工作进行了详细规范。这些文件不仅涉及生产建设项目水土保持技术文件的编写和印制格式，还包括水土保持监测、技术审查、方案变更以及自主验收等多个方面。这些文件对水土保持工作提出了具体要求，内容广泛且明确。例如，文件明确了在不同情况下应编制何种类型的水土保持方案，如方案报告书或水土保持方案报告表，并详细规定了水土保持补偿费在何种情况下可以免征。为了确保编制单位的方案编制具有合理性，必须全面落实这些文件要求。

4. 提高评审专家综合素质

水土保持方案专家评审是方案能否通过的关键一环，只要每一位专家都能认真负责，严格把控水土保持方案的技术审查要求，认真指出水土保持方案中存在的格式、内容、措施等方面的问题，这样对编制单位再次编制水土保持方案起到一定的督促作用，使得方案编制中存在的问题不会再出现，对水土保持方案编制水平的提高起到一定的推动作用。如果专家缺少严肃、认真的工作态度，则不利于水土保持方案编制水平的提升。

（六）实施地形调整和梯田建设

地形调整和梯田建设是水土保持综合治理中的核心策略。通过科学的规划和精心设计，这些措施能够有效地减缓坡地的水流速度，进而降低水土流失的风险，不仅有助于土壤质量的改善，更为农业的可持续发展提供坚实的支撑。

首先，地形调整与梯田建设在防治水土流失方面发挥着关键作用。特别在坡度陡峭的

---

[1] 姜德文. 开发建设项目水土保持损益分析研究[M]. 北京：中国水利水电出版社，2008：15-16.

区域，由于降雨时水流速度较快，往往容易导致土壤冲刷和侵蚀。为了应对这一问题，可以采取科学的地形调整措施和梯田建设方案。这些举措将原本的陡坡地形转化为一系列坡度适中的梯田，显著降低水流速度，使水分更易于渗透入土壤。这样的调整不仅有助于保持土壤湿润，还能有效减少水流对土壤的冲刷作用，从而降低水土流失的风险。

其次，地形调整和梯田建设在提高农田面源污染控制效果上发挥着至关重要的作用。陡峭的坡地往往容易造成农业面源污染，如农药、化肥等随着水流冲刷进入河道，进而对水质造成不良影响。而进行科学合理的梯田设计和地形调整，可以有效地减缓水流速度，延长水流的路径，增加水分在梯田中的停留时间。这一措施有利于悬浮物和农业面源污染物的沉降，进而保护水体生态系统的健康与稳定。

最后，地形调整和梯田建设在提高土壤利用效率以及农田生产力方面扮演着重要角色。通过精心的梯田设计，可以对水资源进行有效利用，降低农田的水分流失，从而促进水分利用效率的提升。此外，梯田建设还有助于土壤中养分的保留，为植物的生长发育提供更有利的环境，进而提高农田的产量和质量。不仅如此，地形调整和梯田建设在土壤改良和生态环境保护方面也起到了积极的作用。梯田的形成不仅可以减少水土流失，还能够改善土壤的结构和肥力，有助于维护土地的生态平衡和提高土地的可持续利用能力。同时，梯田的美丽景观也为生态旅游提供独特的吸引力，促进农田与生态环境的和谐共生，进而实现经济效益和生态效益的双赢。

（七）优化水土保持监测工作

1. 加强监测人员队伍建设

监测工作人员的技术能力是确保水土保持监测工作质量的核心要素。为了提升水土保持监测工作的整体效果，必须加强监测人员队伍的整体建设，包括提升他们的专业技能、增强他们的实践经验，以及培养他们的团队协作和问题解决能力。

（1）工作前考核

为确保监测工作人员具备足够的技术能力，以顺利推进水土保持监测工作，开展监测工作之前，必须对工作人员的理论知识掌握情况以及实际操作能力进行严格考核。此举旨在降低人为因素在水土保持监测工作中可能带来的不良影响，确保监测结果的准确性和可靠性。

（2）周期培训

周期性的培训是确保工作人员技术能力持续提升的关键手段。通过定期的培训，可以及时识别出水土保持监测工作队伍中需要额外关注的成员，从而为他们提供有针对性的辅导。在此过程中，本单位内部的技术佼佼者可以担任培训讲师的角色，分享他们丰富的工作经验和技巧，助力其他监测工作人员的成长。此外，水土保持单位还应积极寻求外部合作机会，与友邻单位共同开展观摩学习活动。通过观察彼此的工作实践，可以发现各自的优势与不足，并在交流学习中实现共同进步。这种合作模式不仅促进双方工作人员的成长，还为提升水土保持监测工作的整体质量奠定坚实基础。

2. 引入现代化监测技术手段

应用现代化监测技术需要智能化、信息化技术与水土保持监测工作的有效融合，当前最常用的现代化监测技术手段主要包括以下两种。

（1）监控设备监测

随着科技的持续进步，现代监控设备已变得十分普及且分辨率显著提高，使得工作人员可以迅速识别水土流失的根源并记录详细信息。通过在关键监测区域部署这些先进的监控设备，可以实现对目标区域的不间断观察，实时追踪水土流失的动态变化，并总结该区域的水土流失模式。这种持续、高效的监测方式能够确保水土保持监测工作的实际效果，并为制定有效的水土保持策略提供科学依据。

（2）全球定位技术监测

全球定位系统是以太空中的人造卫星为定位媒介，对地球表面进行高精度定位的一种技术，由4颗以上卫星参与定位并经过周密计算得出的测量结果，其误差可以控制在毫米级以内。将全球定位技术应用在水土保持监测工作中，能够以其毫米级的高精度定位对监测目标区域进行全天候监测，提高水土保持监测工作的整体工作效率，保证工作质量。全球定位技术的特点使其受自然环境的影响较小，在大风、暴雨等恶劣气候条件下，均能够完成对目标区域的监测任务。

3.贯彻落实质量管理到监测的全过程标准要求

①在进行水土保持监测工作时，工作人员必须严格遵循工作质量标准，以精确的结果作为评价水土保持监测工作的唯一依据。为了降低个人因素对监测结果的潜在影响，工作人员应秉持专业精神，确保每一项数据的准确性和可靠性。

②面对监测过程中可能因恶劣天气导致的监测中断问题，监测工作人员应积极采取应对措施。例如，利用无人机进行勘察、结合全球定位技术进行辅助监测等，以确保在不利天气条件下仍能获得准确的监测数据，从而保障水土保持监测工作的整体效果。

③监测工作完成后，监测工作人员应迅速对收集到的数据进行整理和分析。通过比较监测目标区域的实际情况，验证监测数据的真实性和准确性。

通过对水土保持监测工作的全过程跟踪管控，能够有效避免人为因素及非人为因素对监测结果造成的影响，保证水土保持监测结果准确无误。

第三节　水利工程建设中生态环境保护的措施

一、坚持水利工程建设优化原则

水利工程建设不仅是满足水资源的管理和利用需求，更是一种对生态环境和社会发展的深刻责任。因此，在水利工程建设过程中，必须始终坚持优化原则，确保每一项工作都能达到最佳的效果。

（一）坚持节水优先原则

节水是保护水资源和水生态的根本途径，也是提高水利工程效益的重要手段。在水利工程建设中，应执行最严格的水资源管理制度，合理确定工程规模和用水标准，充分利用节水技术和设备，提高用水效率和回用率，减少用水损失和浪费，优化用水结构和方式，降低用水强度和压力。[1]

（二）坚持空间均衡原则

空间均衡在维护区域协调发展和生态安全方面发挥着至关重要的作用，同时也是提升水利工程效益的关键手段。因此，在水利工程建设过程中，必须进行科学规划，合理布局，确保水资源的优化配置。这要求人们在考虑流域、区域、城乡、产业等多方面需求的基础上，平衡供需关系，缓解用水矛盾和冲突，促进各地区之间的互利共赢。

（三）坚持系统治理原则

系统治理不仅是实现水安全和水生态保护的关键途径，也是提升水利工程效益的重要策略。在水利工程建设过程中，应当以流域为单位，以河湖为纽带，以工程为基础，以管理为保障，全面构建防洪、供水、排污、灌溉、发电等多元功能于一体的现代化水利基础设施网络体系。这一体系需具备综合性、多功能性和智能化的特点，以更好地满足社会经济发展的需求，确保水资源的高效利用和生态环境的保护。

（四）坚持全过程监理原则

水利工程建造中，全过程监理原则的推广与应用，主要涉及设计、施工、工程运营等全过程的监理工作。在水利工程的设计阶段，充分做好环境监理工作，需要明确监理目标及原则，才可以为施工方制订更贴合工程建造实际的环保措施。[2]为了确保施工期间的环境监理工作得到有效执行，必须紧密结合国家及当地相关部门发布的环境监理文件、细则和计划，制订详尽的实施规定。特别是对于涉及生态环境的施工内容，需要进行深入的具体分析，并针对性地提出解决方案。在施工过程中，要保持高度警惕，一旦发现存在破坏环境的行为，需立即进行制止，并迅速采取补救措施，以最大限度地减少环境损害。水利工程的试运营阶段通常是生态问题暴露最为严重的时期，因此，监理方工作人员必须紧密结合项目的实际情况，确保所有环境保护措施得到有效落实，最终为水利工程的环保验收工作开展到位夯实基础。

二、健全水利工程的监察机制

为了完善水利工程的监察机制，首要任务是设立专门的监察机构或部门，这一机构的核心职责是对水利工程施工过程中的生态环境保护进行全方位、多角度的监督与管理。该机构必须汇聚专业的技术和知识，确保能够以独立、客观、公正的态度执行监察任务，不受任何外部因素的干扰。为了保障监察工作的规范化、制度化，还需要制定健全的监察制度和规章。这些制度和规章应明确界定监察机构的职责、权限和操作流程，确保其在执行工作时既有明确的指引，也有足够的自主性。监察机构需保持对施工现场的密切关注，进行定期与不定期的巡查和检查。一旦发现存在问题或隐患，应立即进行妥善处理，并及时上报相关部门，确保问题得到及时、有效的解决。并且还应建立监察报告和整改追踪制度，对发现的问题及时上报并跟踪整改情况。也可以加强监察的信息化建设，

---

[1] 王慧，韦凤年. 全视角多维度全过程把控水利发展定位　推进节水优先建设幸福河湖——访中国工程院院士邓铭江[J]. 中国水利，2020（6）：7-10，4.

[2] 余薇薇. 水利水电工程施工环境监理重点探讨[J]. 治淮，2022（7）：67-68.

建立相应的数据库和信息系统，方便监察工作的开展和管理。此外，还应充分发挥公众的监督作用，设立投诉举报的热线或平台，接受公众的监督和举报，并及时处理相关问题。监察机制的健全和有效实施，可以保障水利工程施工的规范性和生态环境的保护，促进工程的可持续发展。

三、坚持因地制宜、环境防护的针对性与有效性

不同地域环境下的水利工程环境存在差异，在进行施工规划处理时会相应考虑当地的自然气候条件、施工建设条件，故因地制宜将工程建设与环境保护工作相结合，才能最大限度地发挥合力，提高治理的有效性。在开始水利工程之前，需要进行全面的资源评估，了解当地的水资源状况、土地利用情况和生态环境特征，制定因地制宜的规划方案，确保水利工程的合理性和可持续性。并通过科学规划、科技指导、生态保护、监测管理和社会参与，实现水利工程的可持续发展和环境保护的目标。河道治理工程中，遵守《中华人民共和国环境保护法》，从废水处理、废渣处理、水土保持等方面进行治理，并注意对重点区域的水质、环境变化情况的检测分析。在处理水利枢纽工程建设过程中，依据工程项目的地理位置、植被覆盖情况等进行有选择性的防洪、清淤等操作。

四、加强水电项目开发建设全过程环境风险管控

政府职能部门必须以促进水电站可持续发展为核心目标，对水电站建设的每一个环节实施严格的监督和管理。这涵盖了从项目规划到施工、再到运营和最终报废的整个生命周期。在水电项目的开发建设过程中，生态环保管理和环境风险管控必须得到强化。建设施工单位应坚决执行生态环保的各项制度，确保每一项措施都落到实处。同时，要加强对生态环保工作的监督管理，以及环境风险的预防和控制。尤其要重视项目退出或报废后的生态补偿工作，确保对生态环境的影响得到妥善处理和修复。在整个项目开发利用过程中，应严格遵循生态环保和污染治理的相关政策，尽最大努力减轻对生态环境的破坏和污染。同时，要发挥民众监督的权利与责任，并及时披露有关信息，鼓励公众参与监督。这样做的好处是非常明显的，既可以让环境保护确实得到落实，更重要的是可以让水电业主单位明白水电站建设的真实环境成本，促使其冷静对待水电开发。水利工程建设地区群众应实事求是反映情况，查证属实举报应给予奖励，不实举报应给予惩罚。

五、加强水利工程生态环境保护档案的建设管理

为了确保环保档案的有效建设与管理，施工单位应构建完善的环保档案管理制度。这一制度应详细规定档案的分类、整理及保存要求，确保档案内容的系统性、条理性及完整性。同时，施工单位应编制环保档案目录和索引，以便快速检索和查阅档案内容。在施工过程中，施工单位应负责收集和整理各类环保档案，包括但不限于环保监测数据、环境影响评价报告及环保措施实施情况等关键信息。档案应按照时间和地点进行细致分类和归档，保证档案的完整性和可追溯性。此外，施工单位应重视档案的保存和管理环境，确保档案存放在安全、干燥、防潮、防火的场所，以防损坏和丢失。对于涉及隐私和保密的数据，施工单位应采取严格的保密措施，确保信息安全。为了方便档案的使用和管理，施工单位

应建立档案归档和借阅制度,明确档案的查阅和复制权限。同时,施工单位应定期备份和存储档案,以防数据丢失或损坏。

六、加强水利工程建设过程中的环境保护

(一)空气环境保护

1. 施工粉尘

(1)土石方开挖施工防尘

土石方开挖量较大的工程项目主要是溢洪道尾水渠。在进行土方开挖施工时,为了减少对周边环境的影响,应尽量避免在干燥多风的天气进行。同时,根据实际情况,采取相应的洒水防尘措施控制尘土飞扬。洒水的次数应依据天气情况而定,一般来说,在晴朗的天气条件下,每天早、中、晚各进行 1 次洒水。当遇到特别干燥的天气,且风速超过 3 级时,应增加洒水的频率,每隔 2 h 进行 1 次洒水,以确保施工现场的尘土得到有效控制。

(2)多尘物料运输过程中的除尘

工程运输车辆包括自卸汽车和载重汽车等。为了减少物料运输过程中产生的尘土飞扬对周边环境的影响,可以采取一系列有效措施。首先,加强对运输道路的管理和维护,按照具体敏感点的情况进行有针对性的砂化处理。其次,通过定期洒水、密封运输或加盖篷布、限制车速、及时维护以及加强管理等手段,确保主要物料运输路线的降尘效果。在卸车过程中,尽量减少落差扬尘的产生,并尽量避开村庄等敏感区域,以降低对当地居民的影响。

(3)施工场地防尘措施

施工现场内除作业面场地外均应当进行硬化或绿化处理。作业场地应坚实平整,保证无浮土。临时堆土场土料堆积过程中,堆积边坡的角度不宜过大,堆土场应及时夯实;散装水泥应尽可能避免露天堆放。晴朗多风天气应对露天临时堆放的土料适当加湿。弃渣场采用编织袋装土围护,裸露面用彩条布进行覆盖,并进行洒水抑尘等措施。每个施工区配备洒水车,按照气候和施工场地、道路状况对施工场地和临时营地、弃渣场进行定期洒水降尘,每天至少 2 次,保证地面湿润,不起尘。

2. 燃油废气控制措施

施工机械及运输车辆需定期检修与保养,及时清洗、维修,确保施工机械及运输车辆始终处于良好的工作状态;加强大型施工机械和车辆的管理,执行定期检查维护制度;若其尾气不能达标排放,必须配置消烟除尘设备;同时施工机械使用优质燃料;严格执行《在用汽车报废标准》,推行强制更新报废制度,对老旧车辆,应予更新。

(二)水环境保护

1. 促进水体生态恢复与保护

水利工程项目的建设与发展在满足社会经济需求的同时,也会对水环境产生负面影响,而通过采取一系列措施促进水体生态恢复与保护,可以最大限度地降低这些影响。全球生态系统恢复的例子表明这一策略的重要性。根据国际生态学会的数据,生态系统恢复

每年可以提供约 500 亿美元的经济收益，包括湿地修复、水质改善和栖息地保护等项目，它们有助于提升生态系统的稳定性和健康水平，促进生态服务的供应，如水源保护和生物多样性维护。

淡水生态系统以其物种多样性丰富而著称，尽管仅占地球表面的不到 1%，却为超过 25% 的脊椎动物提供了栖息地，并容纳了全球 41% 的已知鱼类物种。这一事实凸显了保护水体生态系统在维护全球生物多样性方面的重要性。实际上，生态工程的成功案例已充分证明了其在水环境保护中的巨大潜力。例如，美国国家海洋与大气管理局的报告指出，全球范围内的湿地恢复项目不仅提高了水质，降低了洪水风险，还为生态系统提供了每年约 2 200 亿美元的服务价值。这些项目，包括湿地修复、河流重建和植被恢复等，为淡水生态系统提供了更多的自我修复机会，从而有助于维护整个生态系统的健康和稳定。

根据联合国的数据统计，全球有超过 20 亿人口正面临水资源匮乏的风险。为了保障水资源的可持续供应，实施一系列可持续的水资源管理策略显得尤为重要。这些策略包括但不限于减少用水量、提升水资源利用效率以及保护水体生态系统的健康。以澳大利亚为例，该国在过去 20 年中通过水资源管理改革，不仅成功降低了用水量，提高了农业生产效率，还保护了湿地和河流的生态环境。鉴于此，相关部门可以加强公众对水体生态系统的认知和重视，通过环境教育和宣传活动，让公众了解水资源受到的各种威胁，并引导他们采取正确的措施来保护水环境。

借助翔实的数据支持，可以实施一系列有效措施，如生态工程、生物多样性保护、可持续的水资源管理和公众教育，从而促进水体生态的恢复与保护。这些措施不仅有助于缓解水利工程项目对水环境产生的负面影响，更能确保水体生态系统的健康与可持续发展，为社会和经济发展提供不可或缺的生态服务。通过这些努力，不仅能够改善当前的水体质量，还为子孙后代留下了可持续利用的水资源，为他们的未来生活奠定了坚实的基础。

2. 采用可持续的土地管理措施

水利工程项目建设对水环境的影响，通常涉及土地利用和水资源管理方面。为了降低这些影响，需要采取可持续的土地管理措施。

（1）生态恢复与保护

在水利工程项目周边或受影响的地区，实施生态恢复和保护项目显得尤为关键。首先，湿地修复是一项非常有效的手段，它能够通过重建自然湿地，促进水体的净化，并维护生物多样性。为了实现这一目标，可以采取一系列措施，如种植湿地植被、恢复湿地水系等，这些都能为生物提供栖息地，过滤水质，并减少污染物的负荷。其次，栖息地的保护也是不可或缺的一环，因为它对于维持生态平衡具有至关重要的作用。为了实现这一目标，相关部门需要设立保护区，限制开发活动，并采取管理措施，以保护珍稀物种的栖息地。最后，植被的重新种植和管理同样重要，它可以防止土壤侵蚀和泥沙淤积，改善土壤状况，为野生动植物提供适宜的生长环境。综上所述，生态恢复与保护需要在综合考虑各种环境因素的基础上，采取多种手段，以促进生物多样性，提高水体水质，减少对环境的破坏，实现生态平衡和可持续发展的目标。

（2）控制农业面源污染

控制农业面源污染对于维护水环境和生态系统的健康至关重要。在这方面，推广有机农业是一种有效的手段。通过减少化学农药和化肥的使用，有机农业可以显著降低农业活动对水环境造成的负面影响。以欧洲一些农业区为例，通过转向有机农业种植方式，不仅成功减少了农药和化肥的使用量，而且提高了土壤质量，降低了水体中的污染物含量。此外，精准施肥也是控制农业面源污染的关键措施。借助现代技术和科学方法，农民可以按照土壤条件和作物需求进行精确施肥，避免养分流失，从而减轻农业对水环境的压力。以中国某些农业区为例，当地农户采用精准施肥技术，按照土壤养分状况和作物需求合理施用化肥，有效减少了养分流失，改善了周边水体的水质。最后，建设农田污水处理设施是另一个重要的举措。这些设施可以有效拦截和处理农业产生的废水，防止其中的化学物质和养分进入周边水体。一些发达国家已经在农田周边建立了专门的污水处理设施，对农业废水进行处理和过滤，显著减少了对河流和湖泊的污染。

3. 实施水资源循环利用技术

随着我国经济的快速发展和城市化进程的加速推进，水资源的需求不断增加，同时水资源的可持续性也面临严峻挑战，为了确保水利工程的可持续运行和水资源的可持续利用，需要对水资源进行循环利用。水资源循环利用技术是通过将废水、污水等再生利用，减少对自然水体的过度开采，确保水资源的可持续利用。

①我国在城市污水处理领域取得了显著成果。以北京市为例，通过应用地下水补给技术，将经过处理的污水注入地下水层，不仅有效提升了地下水位和水质，而且解决了地下水过度开采的问题，同时实现了污水资源的循环利用。这一创新做法在上海、广州等城市也得到了广泛应用。在农业领域，部分地区已经引入了灌溉用水回收系统。该系统能够将排放的农田灌溉水经过处理后再次用于灌溉，显著降低了农业用水的需求，有效提高了水资源的利用效率。与此同时，一些工业企业也在积极探索工业废水的回收利用。借助高效处理技术，这些企业成功将工业废水转化为可供再利用的水资源，为工业可持续发展提供了有力支持。

②我国在生态恢复和保护方面也采取一系列措施，保障自然水体的健康。例如，我国南水北调工程是一个重大的水利工程，旨在通过调水解决北方地区的水资源短缺问题。然而，该工程也注重生态环境的保护，通过生态补偿等方式维护源地生态平衡，确保调水过程不对生态环境造成严重破坏。

③我国还在科技研发方面取得了一些突破，推动水资源循环利用技术的进一步发展。例如，研究人员正在开发更高效的水处理技术，提高污水处理的效率和水质。同时，智能化水资源管理系统也在不断完善，实现对水资源的更精确监测和管理，以及更好地应对水资源的变化和需求。

（三）固体废弃物处理

1. 生活垃圾

在水利工程建设过程中，生活垃圾的集中点往往位于现场作业人员的临时生活区。考虑到每人每日约产生1 kg的生活垃圾，加之工期长、参与人数众多等因素，施工现场的生活垃圾量将相当可观，不容忽视。所以，在工程现场的固体废弃物处置监理工作中，应重点关注以下几个方面。

①要确保生活垃圾按照施工规定在现场进行集中归置和处理。同时，还需核实垃圾收集配套设施是否符合环境影响评估的要求。

②对于生活垃圾的外运,应实施严格的监管措施。所有垃圾必须统一运输至当地的无害化生活垃圾处理厂进行处理,或者运送至当地的焚烧发电厂进行集中处置。

③为了保持施工现场的整洁,生活垃圾应定期进行清洁检查,并确保每日清理,以维护施工现场的卫生和环境。

2. 建筑垃圾

在水利工程建设过程中,产生的建筑垃圾种类繁多,主要包括废石料、碎金属、渣土、散落的混凝土、废旧装饰材料以及其他各类废弃物等。深入剖析这些建筑垃圾的来源,可以发现它们主要源自道路铺设、大坝砌筑以及建筑施工现场等作业活动。当水利工程施工进入处理这些建筑垃圾的阶段时,环境监测工作显得尤为重要。为确保施工活动的环境友好性和可持续性,环境监测应重点关注以下几个方面。

①针对工程施工中的废弃物做分类,分为可回收和不可回收两类,可回收类包括塑料或金属,并由工程回收部门做专门回收处理。对于不可回收的建筑材料,则需要制定对应的建筑垃圾处理方案,如转移或深埋等。

②针对废旧钢材、废旧机械及车辆、木材、油桶以及钢管等,做回收处理。

③对于部分不具备回收价值的固体废弃物,应监督是否统一运输至工程当地弃渣场内作处理。

参 考 文 献

[1] 姜德文. 开发建设项目水土保持损益分析研究 [M]. 北京：中国水利水电出版社，2008.

[2] 刘景才，赵晓光，李璇. 水资源开发与水利工程建设 [M]. 长春：吉林科学技术出版社，2019.

[3] 贺芳丁，刘荣钊，马成远. 水利工程施工设计优化研究 [M]. 长春：吉林科学技术出版社，2019.

[4] 孙祥鹏，廖华春. 大型水利工程建设项目管理系统研究与实践 [M]. 郑州：黄河水利出版社，2019.

[5] 张永昌，谢虹，焦刘霞. 基于生态环境的水利工程施工与创新管理 [M]. 郑州：黄河水利出版社，2020.

[6] 宋秋英，李永敏，胡玉海. 水文与水利工程规划建设及运行管理研究 [M]. 长春：吉林科学技术出版社，2021.

[7] 严力蛟，蒋子杰. 水利工程景观设计 [M]. 北京：中国轻工业出版社，2021.

[8] 褚峰，刘罡，傅正. 水文与水利工程运行管理研究 [M]. 长春：吉林科学技术出版社，2021.

[9] 陈功磊，张蕾，王善慈. 水利工程运行安全管理 [M]. 长春：吉林科学技术出版社，2022.

[10] 崔永，于峰，张韶辉. 水利水电工程建设施工安全生产管理研究 [M]. 长春：吉林科学技术出版社，2022.

[11] 李战会. 水利工程经济与规划研究 [M]. 长春：吉林科学技术出版社，2022.

[12] 于萍，孟令树，王建刚. 水利工程项目建设各阶段工作要点研究 [M]. 长春：吉林科学技术出版社，2022.

[13] 宋宏鹏，陈庆峰，崔新栋. 水利工程项目施工技术 [M]. 长春：吉林科学技术出版社，2022.

[14] 张晓涛，高国芳，陈道宇. 水利工程与施工管理应用实践 [M]. 长春：吉林科学技术出版社，2022.

[15] 田茂志，周红霞，于树霞. 水利工程施工技术与管理研究 [M]. 长春：吉林科学技术出版社，2022.

[16] 余自业，唐文哲. 数字经济下水利工程建设管理创新与实践 [M]. 北京：清华大学出版社，2022.

[17] 高艳.水利工程信息化建设与设备自动化研究[M].郑州：黄河水利出版社，2022.

[18] 艾强，董宗炜，王勇.城市生态水利工程规划设计与实践研究[M].长春：吉林科学技术出版社，2022.

[19] 陈吉泉.河岸植被特征及其在生态系统和景观中的作用[J].应用生态学报，1996（4）：439-448.

[20] 欧阳志云，王如松，赵景柱.生态系统服务功能及其生态经济价值评价[J].应用生态学报，1999（5）：635-640.

[21] 戴金水.西沥水库构建生态库滨带的实践[J].中国水利，2005（6）：32-34.

[22] 屈章彬，台树辉.小浪底坝前泥沙淤积对大坝基础渗流影响分析[J].人民黄河，2009，31（10）：93，95.

[23] 戴凌全，李华，陈小燕.水库水温结构及其对库区水质影响研究[J].红水河，2010，29（5）：30-35.

[24] 张士杰，刘昌明，王红瑞，等.水库水温研究现状及发展趋势[J].北京师范大学学报（自然科学版），2011，47（3）：316-320.

[25] 吴锡锋.对大型深水库水温分层和滞温效应原因的分析[J].大众科技，2011（12）：82-83.

[26] 李红平.水利工程施工管理的质量控制措施探究[J].城市建设理论研究（电子版），2014（8）：1-4.

[27] 瞿运斌.基于水利工程枢纽布置方案的选择[J].黑龙江水利科技，2014，42（4）：110-112.

[28] 苏觉明.水利工程生态环境效应研究综述[J].农技服务，2014，31（12）：152.

[29] 王黎平，温家皓.水利工程建设对社会经济与生态环境的影响浅析[J].长江工程职业技术学院学报，2016，33（4）：1-3.

[30] 金文.基于泥沙冲淤数值模拟的水库调度方案研究[J].水利水电技术，2016，47（4）：83-87.

[31] 王劲峰，徐成东.地理探测器：原理与展望[J].地理学报，2017，72（1）：116-134.

[32] 郭江，李国平.CVM评估生态环境价值的关键技术综述[J].生态经济，2017，33（6）：115-119，126.

[33] 张小川.小型水利工程建设质量管理现状及解决措施分析[J].水利技术监督，2018（6）：13-14，62.

[34] 陈维江.试论水土保持生态修复在水利工程设计中的应用[J].低碳世界，2019，9（2）：92-93.

[35] 常继成.水利工程建设项目管理模式探讨[J].水利水电工程设计，2019，38（3）：1-4.

[36] 宋丕德.研究水利渠道混凝土的防渗施工[J].智能城市，2019，5（11）：112-113.

[37] 简晓彬，陈伟博，赵洁.苏北工业化发展与生态环境质量的综合评价及驱动效应[J].经济论坛，2019（5）：33-43.

[38] 闫璐.水利水电建筑工程的进度控制管理及优化[J].城市建设理论研究（电子版），2019（35）：56.

[39] 袁毛宁，刘焱序，王曼，等.基于"活力—组织力—恢复力—贡献力"框架的广州市生态系统健康评估[J].生态学杂志，2019，38（4）：1249-1257.

[40] 王慧，韦凤年.全视角多维度全过程把控水利发展定位 推进节水优先建设幸福河湖——访中国工程院院士邓铭江[J].中国水利，2020（6）：7-10，4.

[41] 张天琪.基于BP神经网络算法的河湖生态健康评价研究[J].江苏水利，2020（6）：15-19.

[42] 祁忠云.浅谈初中地理教学中资源环境观教育[J].读写算，2020（10）：76.

[43] 胡广才.水利枢纽工程导流洞洞挖施工技术：以黄藏寺水利枢纽工程为例[J].工程技术研究，2021，6（15）：44-45.

[44] 徐伟.PPP模式下水利工程项目建设管理的难点及应对措施[J].水利规划与设计，2021（8）：117-121.

[45] 江礼富.农村水利工程施工管理中的安全和质量控制策略[J].魅力中国，2021（29）：133-135.

[46] 陈敏，黄维华.水利水电工程EPC模式造价集成管理研究[J].水利经济，2021，39（2）：63-67.

[47] 李雪莹，李玉宝，梁伟.基于SOM神经网络的通辽市库伦旗森林健康评价[J].内蒙古林业调查设计，2021，44（4）：68-74，58.

[48] 王一山，张飞，陈瑞，等.乌鲁木齐市土地生态安全综合评价[J].干旱区地理，2021，44（2）：427-440.

[49] 李珍，江颖，安静泊.2018—2019年汛期小浪底水库排沙运用分析[J].人民黄河，2021，43（9）：32-37.

[50] 康文轩.现代水利工程管理中精细化管理的应用分析[J].中国设备工程，2022（6）：68-69.

[51] 余薇薇.水利水电工程施工环境监理重点探讨[J].治淮，2022（7）：67-68.

[52] 程斌乐.探讨水利工程项目的施工成本控制与管理[J].四川建材，2022，48（6）：199-200.

[53] 巨伟伟.水利水电工程进度控制及其优化研究[J].冶金管理，2022（21）：87-89.

[54] 胡瑜.提升水利工程施工技术和质量管理的策略探讨[J].四川水泥，2022，2：194-195.

[55] 赵德运.信息化时代水利工程施工管理的质量控制策略[J].智能建筑与智慧城市，2022（6）：172-174.

[56] 马宏智，钟业喜，欧明辉，等.基于人地关系视角的鄱阳湖水陆交错带范围划分[J].生态学报，2022，42（12）：4959-4967.

[57] 赵士召.探析水利工程施工中控制混凝土裂缝的技术[J].水上安全，2023（2）：181-183.

［58］ 张建明.L公司水产饲料生产线项目可行性研究[D].南京：南京理工大学，2010.

［59］ 尤杰.水利工程项目施工阶段成本管理与控制研究[D].天津：天津大学，2015.

［60］ 杨帆.人类命运共同体视域下的全球生态保护与治理研究[D].长春：吉林大学，2021.

［61］ 王雷红.北部湾区域生态环境治理中的政府协同问题研究[D].昆明：云南财经大学，2021.